D1752408

Jürgen Brandes

Die relativistischen Paradoxien
und Thesen zu Raum und Zeit

Interpretationen der
speziellen und allgemeinen Relativitätstheorie

2. erw. Aufl.

Mit 64 Abbildungen

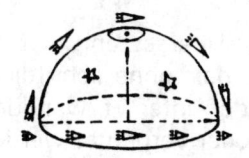

Verlag relativistischer Interpretationen - VRI
Karlsbad 1995

Die Deutsche Bibliothek - CIP-Einheitsaufnahme

Brandes, Jürgen:
Die relativistischen Paradoxien und Thesen zu Raum und Zeit : Interpretationen der speziellen und allgemeinen Relativitätstheorie / Jürgen Brandes. - 2., erw. Aufl. - Karlsbad : Verl. Relativistischer Interpretationen, VRI, 1995
ISBN 3-930879-04-2

Gedruckt auf säurefreiem Papier mit neutralem pH-Wert (bibliotheksfest)

Alle Rechte, auch die der Übersetzung in fremde Sprachen, vorbehalten. Kein Teil des Buches darf ohne schriftliche Zustimmung in irgendeiner Form reproduziert oder unter Verwendung elektronischer Systeme verarbeitet, vervielfältigt oder verbreitet werden.
Copyright: VRI - Verlag relativistischer Interpretationen, Danziger Str. 65, 76307 Karlsbad
Umschlaggestaltung, Abbildung 5.3, 14.1: Stephanie Brandes, Karlsbad
Druck: Boscolo und Königshofer, Karlsruhe
Printed in Germany
ISBN 3-930879-04-2

Titelbild: s. Abb. 14.4

Meiner Mutter, meiner Familie,

*die mich nie gefragt haben, ob mir nichts
Besseres einfällt.*

Vorwort

Enttäuschte Kritiker der Relativtätstheorie waren und sind keine Seltenheit und so ist dieses Buch "für diejenigen geschrieben, die Einsteins Relativitätstheorie studiert haben, von ihr fasziniert wurden, aber letztlich aufgegeben haben, sie zu verstehen" (sinngemäßes Zitat eines Betroffenen)

... und auch für diejenigen, die das überhaupt nicht verstehen können, weil für sie die Lösung der Paradoxien ein - vielleicht noch nicht selbst durchgeführtes - Rechenexempel unter Beachtung der Relativität der Gleichzeitigkeit ist.

Es werden sämtliche Erklärungen und Erklärungsversuche der Fachliteratur, soweit sie Bedeutung haben, diskutiert. Dazu gehört auch eine alternative Interpretation der Relativitätstheorie mit einer besonders einfachen Lösung der Paradoxien, die zumindest didaktische Bedeutung hat. Im Vordergrund steht das Ziel, dem Leser zu ermöglichen, eigene Entscheidungen zur Relativitätstheorie zu treffen und bereits erfolgte zu überprüfen.

Diese Abhandlung verdankt ihre Entstehung der experimentellen Tätigkeit am Deutschen Elektronensynchrotron (DESY) in Hamburg sowie Gesprächen mit dem Philosophen Dr. K. Port, Esslingen und harmoniert mit den Thesen von Prof. Dr. Roman U. Sexl, Wien.

Karlsbad, im September 1994
        und Juni 1995   Jürgen Brandes

Inhaltsverzeichnis

Vorwort   5

1. Einleitung   12

I. Die Paradoxien und das Raum-Zeit-Kontinuum der speziellen Relativitätstheorie   15

2. Die Aussage der speziellen Relativitätstheorie   15

2.1 Einleitung 15
2.2 Die Lorentz- und Galilei-Transformationen. 17
2.3 Relativität der Gleichzeitigkeit und die Einstein-Konvention der Uhrensynchronisation. 21
2.4 Schlußfolgerungen aus Lorentz-Transformationen 24
2.5 Impuls-, Massen- und Energieerhaltungsätze in der speziellen Relativitätstheorie 29
2.6 Die unterschiedliche Gestalt von Naturgesetzen in der speziellen Relativitätstheorie und in der klassischen Physik 36

3. Die experimentellen Beweise der speziellen Relativitätstheorie   37

3.1 Einleitung 37
3.2 Experimenteller Nachweis der Zeitdilatation 38
3.3 Abhängigkeit der Masse von der Geschwindigkeit 39
3.4 Zum experimentellen Nachweis der Konstanz der Lichtgeschwindigkeit 41
3.5 Die Experimente von Michelson-Morley und Kennedy-Thorndike zum Nachweis der relativistischen Längenkontraktion. 43

4. Herleitung der Lorentz-Transformationen 50

4.1 Einleitung 50
4.2 Heuristische Herleitung der Lorentz-Transformationen aus Längenkontraktion und Zeitdilatation. 51
4.3 Alternative Herleitung der Lorentz-Transformationen mit Hilfe des Reziprozitätsprinzips. 57
4.4 Die relativistische und relativistisch-klassische Interpretation der Lorentz-Transformationen 58
4.5 Herleitung aus dem Relativitätsprinzip und dem Prinzip der Konstanz der Lichtgeschwindigkeit für beide Interpretationen. 60

5. Gedankenexperimente zur Unterscheidung zwischen der relativistischen und der relativistisch-klassischen Interpretation 65

5.1 Einleitung 65
5.2 Gedankenexperiment zum Teilchenzerfall 65
5.3 Ein Gedankenexperiment zur Messung der Ein-Weg-Lichtgeschwindigkeit mit Hilfe von Lasern. 68
5.4 Stellungnahmen zur relativistisch-klassischen Interpretation - Mittelstaedt, Treder, Sexl 71

6. Die Begriffe Länge und Abstand in der speziellen Relativitätstheorie 78

6.1 Längen und Abstände relativistisch interpretiert 78
6.2 Längenmessungen relativistisch-klassisch interpretiert 83
6.3 Linear beschleunigte Körper 85
6.4 Kreisförmig beschleunigte Körper 90

7. Paradoxien 95

7.1 Einleitung... 95
7.2 Das Garagenproblem 97
7.3 Das Woodsche Paradoxon 99

7.4 Deckelparadoxie 101
7.5 Die Ehrenfest-Paradoxie 107
7.6 Das Uhren- oder Zwillingsparadoxon 113

7.6.1 Einleitung 113
7.6.2 Vorbemerkung zur Eigenzeit 116
7.6.3 Eigenzeiten relativ zu S, S`, S`` 119
7.6.4 Eigenzeiten mit Wechsel von S` und S`` 124
7.6.5 Widersprüchliche Folgerungen aus der
  Uhrenparadoxie und ihre Eliminierung 126
7.6.6 Die Inertialsystemforderung 130
7.6.7 Die allgemein relativistische Lösung 135

8. Philosophisch-grundlagenwissenschaftliche Überlegungen zur relativistischen und relativistisch-klassischen Interpretation der speziellen Relativitätstheorie 142

8.1 Die Begriffe ein- und mehrdimensional 142
8.2 Ein philosophisches Argument zum Raum-Zeit-
  Kontinuum 148
8.3 Der vierdimensionale Minkowski-Raum 151
8.4 Alternative Interpretation des Minkowski-Raumes 160
8.5 Inertialsysteme mit Lichtgeschwindigkeit 161
8.6 Räumliche Objekte und Zeitabläufe 166

8.6.1 Was sind geometrische Objekte in mathematischen
  Räumen, was Körper im physikalischen Raum? 166
8.6.2 Zeitparadoxien als Folge der Relativität der
  Gleichzeitigkeit 169

8.7 Die physikalischen Konsequenzen aus der Annahme
  eines ausgezeichneten Inertialsystems 176
8.8 Die relativistische und relativistisch-klassische
  Interpretation von physikalischen Größen
  und Meßwerten 181
8.9 Vergleich der Interpretationen 188

II. Der gekrümmte Raum der allgemeinen Relativitätstheorie 189

9. Überblick 189

10. Die Bedeutung der allgemeinen Relativitätstheorie für die speziell-relativistischen Raum-Zeit-Thesen 191

11. Schwarzschild-Metrik 195

11.1 Einleitung 195
11.2 Die experimentellen Beweise für die Gültigkeit der Schwarzschild-Metrik 195
11.3 Grundlagen der Schwarzschild-Metrik 198
11.4 Geometrisches Modell der Schwarzschild-Metrik 203
11.5 Gaußsches Koordinatensystem für zentralsymmetrische Gravitationsfelder 207
11.6 Relativistische und relativistisch-klassische Deutung der Schwarzschild-Metrik 208
11.7 Experimentell überprüfbare Schlußfolgerungen aus der Schwarzschild-Metrik 212
11.8 Die Schwarzschild-Metrik in anderen Koordinaten und der Einwand von Weyl 215
11.9 Die Singularität der Schwarzschild-Metrik 220

12. Die Poincarésche These und der leere, materiefreie Raum der allgemeinen Relativitätstheorie 222

13. Zur Definition des gekrümmten Raumes mit Hilfe der Mathematik 227

13.1 Einleitung 227
13.2 Zweidimensionale Kugelflächen 227
13.3 Dreidimensionale Kugelflächen 235
13.4 Zur Konstruktion eines Koordinatensystems für die dreidimensionale Kugelfläche 241
13.5 Deutung der Metrik als Maßstabsverzerrung 242
13.6 Andere gekrümmte Flächen 245

14. Kosmologie — 249

14.1 Einleitung 249
14.2 Der endliche gekrümmte kosmologische Raum aus der Sicht der Schwarzschild-Metrik 249
14.3 Das kosmologische Prinzip und das mitbewegte Koordinatensystem 251
14.4 Die Robertson-Walker-Metrik 253
14.5 Die relativistisch-klassische Interpretation der Robertson-Walker-Metrik als Maßstabsveränderungen 259
14.6 Beobachtungen im Universum 261
14.7 Die kosmologischen Alternativen zum endlichen sphärischen Raum: das unendliche euklidische und unendlich hyperbolische Weltall. 266
14.8 Die relativistische Interpretation (gekrümmter Raum) und die relativistisch-klassische Interpretation (Maßstabsveränderungen) des endlichen kosmologischen Raumes im Vergleich 268

14.8.1 Überblick 268
14.8.2 Das Newtonsche Gravitationsgesetz und der Urknall 271
14.8.3 Die Robertson-Walker-Metrik und der Gravitationskollaps von Sternen 272

15. Verzeichnisse — 274

15.1 Abkürzungen und Symbole 274
15.2 Nützliche und hypothetische Zahlen 274
15.3 Glossar 276
15.4 Literatur- und Quellenverzeichnis 281
15.5 Stichwortverzeichnis 301

1. Einleitung

Dieses Buch wendet sich an den wissenschaftlich interessierten Laien, Physiker und Philosophen mit dem Ziel, die Lösungen der berühmten Paradoxien und die Thesen zum vierdimensionalen Raum-Zeit-Kontinuum auf der Basis der Fachliteratur anschaulich und elementar zu beschreiben. Es will darüberhinaus aufzeigen, daß sowohl die Lösung der Paradoxien als auch die Raum-Zeit-Fragen beider Relativitätstheorien alternativ in dreidimensionaler räumlicher und unabhängiger zeitlicher Anschauungsform darstellbar sind.

Die erste Frage dazu dürfte lauten, ist eine alternative Interpretation in Hinblick auf die zahllosen, experimentellen Beweise der Relativitätstheorie überhaupt möglich und die zweite Frage, mit welchem mathematischen Formalismus soll das funktionieren? Die Antwort lautet, an der Mathematik, an den physikalischen Formeln - insbesondere den Lorentz-Transformationen - und ihrer Zuordnung zu den experimentellen Fakten und Meßdaten ändert sich überhaupt nichts. Was sich ändert, ist die Deutung der beobachtbaren Daten, vor allem der gemessenen Längen und Abstände und der gemessenen Zeiten als Raum und Zeit. Wie diese alternative Deutung in Einklang mit der Einsteinschen Relativitätstheorie stehen kann, ist leicht und unkompliziert erkennbar, sobald man zusammengefaßt die spezielle Relativitätstheorie vor Augen hat. Sie ist - ganz grob vorweggesagt - identisch mit den Lorentz-Transformationen. Die Lorentz-Transformationen sind ihrerseits aus zwei unterschiedlichen Prinzipien ableitbar - das ist keine Überlegung des Autors allein (48), sondern in der Fachliteratur, weniger in Lehrbüchern, umfangreich belegt (40-49) - und damit hat man zwei unterschiedliche Raum-Zeit-Konzepte. Sie rechtfertigen es, im folgenden von einer relativistischen sowie relativistisch-klassischen Interpretation der speziellen und später der allgemeinen Relativitätstheorie zu sprechen.

Um noch einmal Zweifeln vorzubeugen: Relativistischen Formeln und

1. Einleitung

Experimenten wird nichts an Physik genommen. Was Generationen von Physikern gemessen und nachgewiesen haben, bleibt wie es ist, daran ohne besondere Sorgfalt ändern zu wollen, wäre als abenteuerlich und unwissenschaftlich anzusehen. Das gleiche gilt für die bahnbrechenden Erkenntnisse zu den mehrdimensionalen, nichteuklidischen Geometrien und Räumen der Mathematiker. Die formale, logische Gleichwertigkeit von euklidischer und nichteuklidischer Geometrie sind selbstverständliche wissenschaftliche Tatsache.

Ein Ziel ist es, auch diese Fakten anschaulich zu erklären, damit man weiß, was es mathematisch und physikalisch bedeutet, von Mehrdimensionalität und Gekrümmtheit zu sprechen. Der Leser soll in eigener Sachkenntnis seine Entscheidungen und Bewertungen treffen können - auch in Hinblick auf die Lösungsvorschläge der Paradoxien. So werden die allgemein-relativistische Lösungsvariante der Uhrenparadoxie und das in der Regel übergangene Paradox von Ehrenfest diskutiert.

Ein Blick auf das Inhaltsverzeichnis zeigt die weiteren Themen und ihre Reihenfolge. Welche Voraussetzungen sollte der Leser besitzen und wie kann er den gebotenen Stoff vorteilhaft erarbeiten? Wer über Fachkenntnisse sogar aus der allgemeinen Relativitätstheorie verfügt und die entsprechende Mathematik anwenden kann, wird nur eine Frage haben: Was soll ich noch nicht wissen? Er lese Kap. 7.6.5 und lese die Antwort, vielleicht noch Kap. 8.5. Danach vergewissere er sich, ob Kap. 4.4 noch etwas Neues bietet. Der Autor freut sich über jede Reaktion.

Im übrigen gilt: Man überlese den ganzen Text, erst beim zweiten oder dritten Durchgang versteht man die Einzelheiten. An Voraussetzungen sind notwendig: Weniger an Mathematik und Physik als Sie bei Ihrem Schulabschluß wissen sollten und ein gewisses Problemverständnis. Beides läßt sich aus guten Unterrichtswerken für Physik (1) oder entsprechender Spezialliteratur (2) - (6) entnehmen. Die physikalisch-mathematischen Herleitungen von Formeln muß man nicht nachvollziehen, wenn man die Idee, die Aussage verstehen will. In dem Text zu den einzelnen Formeln wird verbal wiederholt, wozu sie dienen. Die Zahlenbeispiele sollte man nachrechnen, sonst versteht man nicht genug. In der Regel ist zu Beginn das Ziel oder am Ende jedes Kapitels das Ergebnis zusammengefaßt. Es gibt ein Schlagwortverzeichnis und ein Glossar.

Verläuft alles nach Wunsch, wissen Sie: Wie werden die relativistischen Paradoxien gelöst, was ist ein vierdimensionales Raum-Zeit-Kontinuum und was der gekrümmte Raum, in welchem Zusammenhang steht beides zu unserem Raum und unserer Zeit? Ist es denkbar, die mathematisch-geometrischen Erklärungen der Relativitätstheorie physikalisch zu deuten?

I. Die Paradoxien und das Raum-Zeit-Kontinuum der speziellen Relativitätstheorie

2. Die Aussage der speziellen Relativitätstheorie

2.1 Einleitung

Der normale Einstieg in die spezielle Relativitätstheorie bestünde darin, auf Grund allgemeiner Prinzipien wie das der Konstanz der Lichtgeschwindigkeit und des Relativitätsprinzips die Lorentz-Transformationen "herzuzaubern". Eines unserer Ziele ist aber, die spezielle Relativitätstheorie aus unterschiedlichen Prinzipien auf verschiedenen Wegen herzuleiten, um die in ihr enthaltenen Raum-Zeit-Theorien besser zu verstehen. Deshalb beginnen wir mit dem Ergebnis, den Lorentz-Transformationen, und zeigen beispielhaft, wie sich darauf die spezielle Relativitätstheorie aufbaut. Damit ist fest umrissen, was aus allgemeinen Prinzipien herzuleiten ist und es ist leicht zu sehen, ob eine alternative Methode, etwas herzuleiten, vollständig ist.

Der minimale Umfang der speziellen Relativitätstheorie besteht aus den Lorentz-Transformationen und den relativistischen - im Gegensatz zu den klassischen - Energie- und Impulserhaltungssätzen. Was darüber hinausgeht, ist einerseits für die Zielsetzung dieser Abhandlung und andererseits auch für viele praktische Anwendungen relativistischer Formeln nicht erforderlich.

Die Grundlagen der speziellen Relativitätstheorie werden allgemeinverständlich, hinreichend genau vorgestellt. Es ist zu empfehlen, ergänzend und erklärend eine Einführung, wie (1) - (6), zu verwenden.

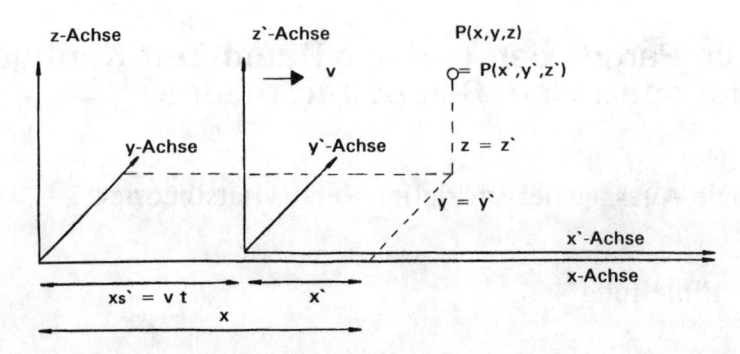

16 Die Paradoxien und das Raum-Zeit-Kontinuum der speziellen Relativitätstheorie

Abb. 2.1 Die Inertialsysteme $S = S(x,y,z,t)$ und $S` = S`(x`,y`,z`,t`)$

Der Punkt $P = P(x,y,z)$ bzw. $P(x`,y`,z`)$ hat die (Orts-) Koordinaten $x,y,z$ in $S$ und die (Orts-) Koordinaten $x`,y`,z`$ in $S`$. $S`$ bewegt sich mit der Geschwindigkeit v in S in Richtung der positiven x-Achse. Die x-Koordinate des Ursprungs von $S`$ hat den Wert $x = v\,t$ in $S$. Die x`-Koordinate des Ursprungs von S hat den Wert $x` = -v\,t`$ in $S`$. Nicht grafisch dargestellt sind die Zeitkoordinate $t$ in $S$ und die Zeitkoordinate $t`$ in $S`$.

---

vor dem Zusammenstoß				nach dem Zusammenstoß	
		klassisch:			
In S`:	o m	----> v	<---- -v	o m	o M = 2 m, ruht in S`
In S:	o m	------------> 2 v		o m	o ----> M = 2 m v
		relativistisch:			
In S`:	o m(v)	----> v	<---- -v	o m(v)	o M(0), ruht in S`
In S:	o m(u)	----------> u < 2 v		o m(0)	o ----> M(v) v

Abb. 2.2 Der ideal unelastische Stoß zweier gleicher Teilchen entgegengesetzter Geschwindigkeit v.

2.2 Die Lorentz- und Galilei-Transformationen

Den Kern der speziellen Relativitätstheorie bilden die sogenannten Lorentz-Transformationen. Mit oder aus ihnen leiten sich alle relativistischen Phänomene ab. Deshalb werden die Lorentz-Transformationen an den Anfang gesetzt - sie sind dafür aber auch einfach genug: Sie beschreiben lediglich den Übergang zwischen Inertialsystemen. Inertialsysteme sind Bezugs- oder Koordinatensysteme mit der Eigenschaft, entweder zu ruhen oder sich geradlinig gleichförmig zu bewegen. Physikalisch bedeutet das, sie bewegen sich kräftefrei und werden nicht beschleunigt. Die Körper in ihnen sind natürlich Kräften unterworfen.

Bezugs- oder Koordinatensysteme ordnen in der Mathematik Punkten Koordinaten zu, in der Physik entsprechen den Punkten Ereignisse oder Positionen von Körpern und die Koordinaten sind die Ortsangaben x,y,z zusammen mit dem zugehörigen Zeitpunkt t. Anschaulich sieht man das in Abb. 2.1, das Koordinatensystem S besteht aus drei zueinander senkrechten Achsen, den Koordinatenachsen x,y,z (genauer: x-, y- und z-Achse) und beliebig vielen Uhren, die in S ruhen. Relativ zum Koordinatensystem S können sich weitere Koordinatensysteme S`,S`` ... in beliebiger Richtung bewegen. Die Koordinatenachsen von S` heißen x`-, y`- und z`-Achsen, von S`` x``- Achse etc.. Weiterhin bezeichnen $x,y,z$ und $x`,y`,z`$ die Ortskoordinaten des Punktes P in S und in S` und entsprechendes gilt für S``. Die in S gemessenen Zeiten werden mit t, die in S` und S`` gemessenen Zeiten mit $t`$ und $t``$ bezeichnet. Um exakt auszudrücken, welche Koordinaten der Punkt P besitzen soll, schreibt man auch $P(x,y.z)$ oder $P(x,y,z,t)$. Entsprechend kann man auch die Koordinatenachsen eines Inertialsystems mit $S(x,y,z)$ oder $S(x,y,z,t)$ kennzeichnen. Ob mit t, $t`$ Zeit an sich gemessen wird oder ob es nur Uhrzeiten sind, wird damit nicht festgelegt. Mit Hilfe der Koordinatensysteme wird lediglich präzisiert, wann sich dieser oder jener Körper wo befindet, welche Längenmessung zu welcher Uhrzeit seine Position beschreibt.

Wie man mit Maßstäben Längen und mit Uhren Zeiten mißt, ist - von der Genauigkeit abgesehen - in der Relativitätstheorie nicht anders als im täglichen Leben. Ein Problem besteht aber darin, alle Uhren so zu stellen, daß sie "gleichzeitig" dieselbe Uhrzeit anzeigen. Das wird in

Kap. 2.3 behandelt, zunächst setzen wir voraus, daß die Uhren in Einklang mit den Lorentz-Transformationen synchronisiert sind.

Ohne Beschränkung der Allgemeinheit dreht man die Koordinatenachsen von S und S` so, daß die x- und x`- Achsen zusammenfallen und in eine gemeinsame Richtung zeigen. Die y- und y`- ,sowie die z- und z`- Achsen liegen parallel zueinander. Der Begriff ohne Beschränkung der Allgemeinheit in diesem Zusammenhang soll besagen, das sich alles, was physikalisch wichtig ist, an solchen Inertialsystemen demonstrieren läßt.

Da man dieselben Ereignisse in verschiedenen Inertialsystemen beschreiben kann, entsteht die Frage, wie deren Koordinaten miteinander zusammenhängen. Wenn man in S ruht, welche Koordinaten hat man dann in S`? Dies leisten die - berühmten - Lorentz-Transformationen (2.1) - (2.3). Wegen ihrer Bedeutung sollen diese Formeln, wie andere später auch, mit Hilfe von Zahlenbeispielen erläutert werden.

(2.1) $\qquad x` = k (x - v t)$

$\qquad\qquad y` = y$

$\qquad\qquad z` = z$

(2.2) $\qquad t` = k (t - v x / c^2)$

wobei für k gilt:

(2.3) $\qquad k = 1 / (1 - v^2 / c^2)^{1/2}$

c ist die Lichtgeschwindigkeit, v die Relativgeschwindigkeit der Inertialsysteme S, S`.

Was man auf jeden Fall kann, ist die obigen Gleichungen so umformen, daß x, y, z und t links stehen:

(2.4) $\qquad x = k (x` + v t`)$

2. Die Aussage der speziellen Relativitätstheorie

$$y = y`$$

$$z = z`$$

(2.5) $\quad t = k (t` + v x` / c^2)$

wobei für k unverändert gilt:

$$k = 1 / (1 - v^2 / c^2)^{1/2}$$

Diese Umformung hatte einen Sinn: (2.4) und (2.5) beschreiben umgekehrt den Übergang von S` nach S. Hierin haben sich die Vorzeichen vor v umgekehrt. Man brauchte nicht zu wissen, daß $a^{1/2}$ eine andere Schreibweise für $\sqrt{a}$ (Wurzel aus a) ist.

Die konkrete Bedeutung der Lorentz-Transformationen ist leicht einzusehen. Sind die Koordinaten eines Punktes P im Inertialsystem S gegeben, kann man mit Hilfe der Lorentz-Transformationen die Koordinaten von P im Inertialsystem S`, das sich mit der Geschwindigkeit v relativ zu S bewegt, berechnen, d.h. aus P(x.y.z.t) ergibt sich P(x`,y`,z`,t`). Vorausgesetzt ist dabei, auch die Zeiten t wurden vorschriftsmäßig gemessen.

Dazu einige *Zahlenbeispiele*:
a) Sind x,y,z,t gleich null, so gilt dasselbe für x`,y`,z`,t`, d.h. der Ursprung von S` bewegt sich zur Zeit t = t` = 0 am Ursprung von S vorbei.
b) Voraussetzungsgemäß zeigen alle Uhren in S stets dieselbe Zeit t an. Es seien: x = 300 000 km, y, z beliebig, t = 0, v = 0.5 c = 0.5 * 300 000 km/s, dann ist k = 1.15 und für x` sowie t` ergibt sich:

$$x` = k (x - v * 0)$$

$$= 1.15 * 300\,000 \text{ km}$$

$$t` = k (0 - 0.5 * 300\,000 / c)$$

$$= 1.15 * (0 - 0.5)$$

$$= -0.57 \text{ s}$$

Entsprechend, wenn $\quad x = -300\,000$ km

$$x` = -1.15 * 300\,000 \text{ km}$$

$$t` = +0.57 \text{ s}$$

y` sowie z` haben stets dieselben Werte wie y und z.

Man sieht, obwohl t = 0, ist t` ungleich null und verschieden für verschiedene x`.

Das heißt allgemein: Für Inertialsysteme besteht eine "Relativität der Gleichzeitigkeit". Zeigen in einem Inertialsystem S alle Uhren dieselbe Zeit an, so zeigen die Uhren in S` für verschiedene x` verschiedene Uhrzeiten an. Die y`- und z`- Koordinaten haben keinen Einfluß auf die Werte von t`, wie die Formel für t` zeigt. Weiteres s.u..

Um die Lorentz-Transformationen besser zu verstehen, sollen sie mit den klassischen Transformationsformeln für den Übergang zwischen Inertialsystemen, den Galilei-Transformationen verglichen werden:

(2.6) $\quad\quad\quad x` = x - v\,t$

$$y` = y$$

$$z` = z$$

$$t` = t$$

Man sieht sofort, hier gibt es keine Relativität der Gleichzeitigkeit. Alle Uhren zeigen in allen Inertialsystemen an allen Orten dieselbe Zeit an, denn es gilt: t` = t.

Zahlenbeispiel: Mit den obigen Werten für x, v ergibt sich

2. Die Aussage der speziellen Relativitätstheorie

$$x` = -300\,000 \text{ km, bzw.}$$

$$x` = +300\,000 \text{ km.}$$

Für $t = 0$ ist auch $x` = x$. Die größere Länge $x` = 1.15 *$ $300\,000$ km erscheint in S nicht zu $x = 300\,000$ km kontrahiert.

(Auf das Multiplikationszeichen " * " wird im weiteren verzichtet.)

Warum die Lorentz-Transformationen die physikalische Wirklichkeit besser beschreiben als die Galilei-Transformationen ist noch zu begründen; als ersten Schritt ging es hier darum, beispielhaft zu klären, was Lorentz- und Galilei-Transformationen aussagen und was sie unterscheidet.

2.3 Die Relativität der Gleichzeitigkeit und die Einstein-Konvention der Uhrensynchronisation

Während die Galilei-Transformation keine Schwierigkeiten aufwirft, wenn Uhrzeiten gemessen werden sollen - alle Uhren werden an einen Ort gebracht, auf die gleiche Zeit eingestellt und dann in den verschiedenen Inertialsystemen an alle Orte verteilt, danach herrscht überall dieselbe Uhrzeit $t` = t$ - haben die Zahlenbeispiele für die Lorentz-Transformationen eine andere Situation aufgezeigt. Sind in einem Inertialsystem alle Uhren synchron und zeigen die Zeit t an, zeigen die Uhren in anderen Inertialsystemen abhängig von x verschiedene Zeiten $t`$ an. (Relativität der Gleichzeitigkeit).

Warum können Uhren nicht in derselben Weise in allen Inertialsystemen einheitlich synchronisiert werden? Das Schlagwort heißt: bewegte Uhren gehen langsamer, das läßt sich an Hand der Lorentz-Transformationen begründen (s.u.) und bedeutet: Sobald man alle Uhren in einem Inertialsystem an einem Ort synchronisiert hat, müssen sie an andere Orte bewegt werden. Sie werden mit einer gewissen Geschwindigkeit unterschiedlich lange und weit verschoben, während dieser Zeit gehen sie langsamer als die ruhenden Uhren, die Synchronisation geht verloren. Es ist keine Methode bekannt - und wegen der umfangreichen Versuche, eine zu finden, darf man sagen, es gibt sie nicht - diese Effekte rechnerisch zu berücksichtigen oder beliebig klein werden zu lassen, es sei denn, die Uhren laufen bereits synchron.

Die Einstein-Konvention der Uhrensynchronisation verwendet Lichtsignale, um dieses Problem zu lösen. Wäre die Lichtgeschwindigkeit unendlich groß, genügte es, von einem Punkt aus, einen Lichtblitz in alle Richtungen zu emittieren und alle Uhren, so wie sie von ihm getroffen werden, auf null zu setzen. Da die Lichtgeschwindigkeit den Wert c hat, muß man die Entfernung berücksichtigen. Um die Entfernung s zurückzulegen, benötigt das Lichtsignal die Zeit s/c. Wird das Lichtsignal zur Zeit $t = 0$ abgesandt, muß die in s stehende Uhr auf die Zeit $t = s/c$ eingestellt werden, wenn das Signal ankommt. Auf diese Weise lassen sich alle Uhren in S auf einen definierten Synchronisationszustand bringen, ohne sie bewegen zu müssen. Entsprechend verfährt man für S`.

Voraussetzung für dieses Verfahren ist die ungewöhnliche Annahme, daß die Lichtgeschwindigkeit in jedem Inertialsystem, gleichgültig wie schnell sie sich relativ zueinander bewegen, denselben Wert c hat. Diese Forderung heißt das Prinzip der Konstanz der Lichtgeschwindigkeit. Es läßt sich aus den Lorentz-Transformationen ableiten:

Sei (2.7) $\qquad x = ct$

oder $\qquad x - ct = 0$

Man multipliziere Formel (2.5) mit c und subtrahiere von (2.4):

$$x - ct = k(x` + vt`) - k(ct` + vx`/c)$$

Nach einfacher Zwischenrechnung:

$$0 = x` - ct`$$

oder (2.8) $\qquad x` = ct`$

d.h. für ein Lichtsignal, das in S von $x = 0$ in positive x-Richtung ausgesandt wird, gilt Formel (2.7) und daraus folgt Formel (2.8) in S`.

2. Die Aussage der speziellen Relativitätstheorie 23

Damit ist die Einstein-Konvention zur Uhrensynchronisation zulässig, sofern die Lorentz-Transformationen gelten.

Die Anwendbarkeit der Einstein-Konvention erlaubt aber zwei verschiedene Interpretationen:

a) Nach der Einstein-Konvention gestellte Uhren sind "in Wirklichkeit" synchron (und daraus folgt, die Aussage "Uhren sind synchron" gilt nur relativ zum jeweiligen Inertialsystem).

b) Die Uhren sind nach der Einstein-Konvention nur zweckmäßig synchronisiert. Allein auf Grund dieser zweckmäßigen Definition haben die Lorentz-Transformationen für alle Inertialsysteme dieselbe Form. Andere Synchronisationen wären prinzipiell erlaubt, insbesondere dann, wenn dadurch die Lorentz-Transformationen vereinfacht würden.

Standpunkt a) wird die relativistische Interpretation der Einstein-Konvention genannt und ist Standard (fast) aller Lehrbücher. Standpunkt b) kennzeichnet die relativistisch-klassische Interpretation. Für beide gelten die Lorentz-Transformationen und damit die gleichen mathematischen Formeln. Für eine Bewertung der Standpunkte ist es, ohne die experimentellen Bestätigungen der Lorentz-Transformationen zu kennen, zu früh.

Beide Standpunkte beinhalten eine unterschiedliche Interpretation des Prinzips der Konstanz der Lichtgeschwindigkeit:

a) Licht hat "in Wirklichkeit" in alle Richtungen den Wert c

b) Die Lichtgeschwindigkeit wird in alle Richtungen zu c gemessen, weil die Uhren entsprechend synchronisiert worden sind, über seine "wirklichen" Werte sind ohne Zusatzüberlegungen keine Aussagen möglich.

Hinweis auf später: Durch die Einstein-Konvention wird die sog. Ein-Weg-Lichtgeschwindigkeit zu c, das ist mehr als experimentell bewiesen ist. Experimentell bewiesen ist nur die Konstanz der sog. Zwei-Weg-Lichtgeschwindigkeit (50). (Anm.: Dieser Sachverhalt ist kein Bestandteil üblicher Lehrbücher, weil dies beim Vergleich mit der klassischen Physik keine Bedeutung hat.)

2.4 Schlußfolgerungen aus den Lorentz-Transformationen

In diesem Kapitel wiederholen wir die bisherigen, elementaren Schlußfolgerungen aus den Lorentz-Transformationen und ergänzen sie um die weiteren, wichtigen der Längenkontraktion, der Zeitdilatation, und des Additionstheorems der Geschwindigkeiten, das in späteren Überlegungen benötigt wird.

1. Die Maximalgeschwindigkeit von Inertialsystemen

In den Lorentz-Transformationen wird der Faktor k unendlich groß, wenn v sich c nähert, da der Faktor $(1 - v^2/c^2)^{1/2}$ sehr klein wird. Diese mathematische Tatsache heißt physikalisch interpretiert, es darf in der Wirklichkeit keine Inertialsysteme geben, die sich relativ zueinander mit c oder gar größerer Geschwindigkeit bewegen, weil für sie keine Transformationsformeln existieren. Nicht widerspruchsvoll ist die Annahme von Teilchengeschwindigkeiten größer oder gleich c. Die Annahme von $x = w t$, $w >= c$, führt innerhalb der Lorentz-Transformationen nicht zu undefinierten Werten und insbesondere ist der Wert $w = c$ für Lichtquanten erfüllt, nur für die Relativgeschwindigkeit von Inertialsystemen ist er nicht erlaubt. Teilchengeschwindigkeiten $w > c$ gibt es in Wirklichkeit dennoch nicht, wie die Diskussion des Energieerhaltungssatzes zeigen wird, da zur Beschleunigung auf Lichtgeschwindigkeit für normale Teilchen, z.B. Elektronen, unendlich große Energiebeträge erforderlich wären.

Zahlenbeispiel: Ist $v = 0,99 c$, ist $k = 7.089$
ist $v = 0.999 c$, ist $k = 22.37$

2. Relativität der Gleichzeitigkeit

Wie bereits diskutiert, zeigt Formel (2.2) der Lorentz-Transformationen unterschiedliche Zeiten t` in S` für konstantes t und veränderliches x in S. Entsprechendes gilt umgekehrt für t bei konstantem t` und veränderlichem x`, s. Formel (2.5). Diese mathematische Tatsache in die Sprache der Physik übersetzt, heißt: Zeigen Uhren in einem Inertialsystem dieselbe Zeit t an, stellt ein Beobachter in S` fest, die Uhren in S laufen für ihn nicht synchron, sie zeigen nur dann dieselbe Zeit an, wenn sie in S` zu unterschiedlichen Zeitpunkten t` verglichen werden.

Es ist nicht möglich, auf Grund der Lorentz-Transformationen einen Beobachter vorzuziehen. Jede der obigen Aussagen ist in gleicher Weise real, es gibt keine absolute Gleichzeitigkeit mehr oder schwächer, sie ist nicht realisierbar. In keinem Falle ist eine absolute Gleichzeitigkeit erlebbar, Beobachter in S und in S` erleben die Gleichzeitigkeit ihrer Uhren in gleicher Weise, und so wie sie die eigene Gleichzeitigkeit erleben, erleben sie die fremde Ungleichzeitigkeit - beides ist Erfahrung.

Die Mißachtung der Relativität der Gleichzeitigkeit ist Ursache verschiedener Paradoxien, wie sich zeigen wird.

3. Konstanz der Lichtgeschwindigkeit

Die Lichtgeschwindigkeit wird in allen Inertialsystemen mit c gemessen, was sich schon daraus ergibt, daß die Uhren in Inertialsystemen mit Lichtsignalen synchronisiert werden müssen. Wir haben aber auch gesehen, daß in Lorentz-Transformationen

(2.10) $\qquad x = c\,t$

$\qquad\qquad x` = c\,t`$

nach sich zieht.

Wie bereits diskutiert, kann das die Folge einer nur zweckmäßigen Definition der Gleichzeitigkeit sein. Die Lorentz-Transformationen gelten in Inertialsystemen erst dann, wenn ihre Uhren nach dieser Definition synchron laufen.

4. Längenkontraktion

Man setze $Dx` = x_2` - x_1`$

$Dx = x_2 - x_1$

$Dx`$ ist die Länge eines in $S`$ ruhenden Stabes, $x_2`$ und $x_1`$ sind die Ortskoordinaten seines Anfangs- und Endpunktes is $S`$. Welche Länge Dx hat dieser Stab in S zu einem bestimmten Zeitpunkt t_0 ?

Wegen $\quad x_1` = k (x_1 - c t_0)$

$\qquad\qquad x_2` = k (x_2 - c t_0)$

$\qquad\qquad x_2` - x_1` = k (x_2 - x_1)$

(2.11) $\qquad Dx` / k = Dx$

k ist stets größer als eins, also erscheint die Länge $Dx`$ des Stabes in S als kleinere, kontrahierte Länge Dx. Bewegte Längen werden kontrahiert.

Anm.: Eine Stablänge ließe sich bequemer mit l abkürzen, mit Dx wird ausgedrückt, daß sich die Stablänge als Differenz von x-Koordinaten darstellt. Statt Dx hieße das:

$\qquad\qquad l`_{Stab} / k = l_{Stab}$

Ein in $S`$ ruhender Stab der Länge $l`$ hat in S die kürzere Länge l.

Zahlenbeispiel: $\quad v = 0{,}5 c, \quad l` = 1m$
$\qquad\qquad\qquad l = 1m / k = 0.866m$

($l`$ wird in S um 13.4 % kürzer gemessen.)

Bei der Längenkontraktion ist wesentlich: Sie wird in S zu einem bestimmten Zeitpunkt t_0 festgestellt, dies ist in $S`$ kein einheitlicher Zeitpunkt. Umgekehrt erscheint ein in S ruhender Stab in S` bewegt und deshalb dort verkürzt. Immer muß man deutlich sehen: Die Messungen bewegter Stablängen liefern Meßergebnisse, die kleinere Werte haben als die Meßergebnisse ruhender Stäbe. Daran ist nichts Widersprüchliches. Die Meßergebnisse beschreiben reale Erlebnisse: Fasse ich einen bewegten Stab zur Zeit t_0 an der Stelle x_2 und x_1 an, spüre ich Anfang und Ende des Stabes in den Händen.

5. Zeitdilatation

Bewegte Uhren gehen langsamer, ihre Zeitangaben werden dilatiert im Vergleich zu ruhenden Uhren.

Sei $Dt` = t_2` - t_1`$ das Zeitintervall einer in S` ruhenden Uhr. In S bewegt sich die Uhr mit der Geschwindigkeit v in positive x-Richtung. Sie passiere eine in S ruhende Uhr an der Stelle x_1 zur Zeit t_1 und danach eine andere ruhende Uhr an der Stelle x_2 zur Zeit t_2. Dann gilt:

$$t_2` = k (t_2 - v x_2 / c^2)$$

$$t_1` = k (t_1 - v x_1 / c^2)$$

außerdem $\quad x_2 - x_1 = v (t_2 - t_1)$

$$t_2` - t_1` = k (t_2 - t_1 - v (x_2 - x_1) / c^2)$$

$$= k (t_2 - t_1 - v^2 (t_2 - t_1) / c^2)$$

$$= k (t_2 - t_1) (1 - v^2 / c^2)$$

$$= (t_2 - t_1) (1 - v^2 / c^2)^{1/2}$$

$$Dt` = Dt (1 - v^2 / c^2)^{1/2}$$

(2.12) $\quad Dt` = Dt / k$

Diesmal ist der Faktor 1 / k auf der rechten Seite. Ist in S das Zeitintervall Dt vergangen, zeigt die bewegte Uhr das kleinere Zeitintervall Dt` an.

Zahlenbeispiel: v = 0,5 c, Dt` = Dt 0.866, sind für die ruhende Uhr 60 Minuten vergangen, sind es für die bewegte Uhr 52 Minuten.

Myonen sind bestimmte Elementarteilchen, wie z.B. Elektronen, sie haben aber nur eine mittlere Lebensdauer Dt` von $2.2 \cdot 10^{-6}$ s, danach zerfallen sie. Mit v = 0.99 c bewegte Myonen haben ohne Zeitdilatation eine Reichweite von

$$s = v \, Dt` = 0.99 \, c \cdot 2.2 \cdot 10^{-6} \, s = 653 \, m$$

Aufgrund der Zeitdilatation leben bewegte Myonen aber länger, sie legen deshalb den Weg

$$s = 0.99 \, c \cdot 2.2 \cdot 10^{-6} \, s / (1 - 0.99^2)^{1/2} = 4629 \, m$$

zurück. Dieser Weg ist gemessen worden und stimmt mit den Berechnungen überein.

Wie erlebt das Myon seine dilatierte Lebensdauer? Es sagt, meine Lebensdauer beträgt $2.2 \cdot 10^{-6}$ s, ich werde nicht länger leben, aber in S lege ich die Strecke s zurück, denn s bewegt sich auf mich zu und wird deshalb um den Faktor 1 / k verkürzt, $2.2 \cdot 10^{-6}$ s genügen mir, um den Endpunkt von s zu erreichen.

Die Meßwerte in den Inertialsystemen sind die Größen, die man erlebt, sie beschreiben die Realität. Man kann nicht erwarten, daß ein bewegtes Myon einerseits länger lebt, andererseits, wenn man es anhält, eine geringere Zeit gelebt hat. Es ist zwar offen, welchen Bezug Längen- und Zeitmessungen zu Raum und Zeit haben, für Physiker und für das menschliche Erleben von Bedeutung sind die Messungen, nicht ihre Interpretation.

6. Additionstheorem der Geschwindigkeiten

Wir haben gesehen, Inertialsysteme bewegen sich relativ zueinander mit geringeren Geschwindigkeiten als c. S` bewege sich relativ zu S mit v = 0.9 c, S`` relativ zu S` ebenfalls mit v` = 0.9 c. Wie groß ist die Geschwindigkeit v`` von S`` relativ zu S? Sicherlich nicht 0.9 c +

2. Die Aussage der speziellen Relativitätstheorie

0.9 c > c, weil für v > c die Lorentz-Transformationen nicht existieren.

Wir übernehmen das Additionstheorem für Geschwindigkeiten aus der Literatur (1)-(10), da die Herleitung mathematisch einfach ist und nichts prinzipiell Neues bietet:

(2.13) $$w = \frac{w` + v}{1 + w` v / c^2}$$

S` hat relativ zu S die Geschwindigkeit v
S`` hat relativ zu S die Geschwindigkeit w
S`` hat relativ zu S` die Geschwindigkeit w`

w, w` kann man auch als eine Teilchengeschwindigkeit ansehen, nämlich aller Teilchen, die in S`` ruhen.

Zahlenbeispiel: Ein Teilchen ruhe in S`` und habe in S` die Geschwindigkeit w` = 0.9 c, S` habe relativ zu S die gleiche Geschwindigkeit v = 0.9 c, dann ist w = 0.995 c, mit dieser Geschwindigkeit bewegt sich das Teilchen in S.

2.5 Impuls-, Massen- und Energieerhaltungssätze in der speziellen Relativitätstheorie

Zum Verständnis der speziellen Relativitätstheorie gehört das Verständnis, wie sich aus den Lorentz-Transformationen Aussagen über Impuls-, Masse- und Energieerhaltung gewinnen lassen, obwohl sie mit Koordinatentransformationen auf den ersten Blick nichts zu tun haben. Allein mit den Lorentz-Transformationen ist das auch nicht möglich, es muß als weitere Voraussetzung hinzugenommen werden, daß auch in der speziellen Relativitätstheorie Erhaltungssätze ähnlich zu denen der klassischen Physik gelten, wobei offen ist, wie sie genau lauten und welche Gestalt sie haben.

Als erstes soll gezeigt werden, wenn die drei obigen Erhaltungssätze in der speziellen Relativitätstheorie weiterhin gelten sollen, muß die Masse eine Funktion der Geschwindigkeit sein. Dabei geht es zunächst nur um diesen qualitativen Nachweis, nicht um den quantitativen Zusammenhang.

Man betrachte in S` den ideal unelastischen Stoß zweier Teilchen der gleichen Masse m und den entgegengesetzen Geschwindigkeiten v und -v.

Impulserhaltung in der klassischen Physik heißt (s. Abb. 2.2):

(2.15) $m v + m(-v) = M 0 = 0$

Massenerhaltung:

(2.16) $m + m = M$

Von S aus betrachtet, aber unter Verwendung des relativistischen Additionstheorems für Geschwindigkeiten, gilt:

(2.17) $m \dfrac{2v}{1 + v^2/c^2} = M v$

$m + m = M$

In S` ist die Summe der Impulse vor und nach dem Zusamenstoß null; mit anderen Worten, der Gesamtimpuls ist stets null und bleibt somit erhalten. In S ruht das Teilchen, das sich in S` mit -v bewegt, sein Impuls in S ist null, der Impuls des anderen Teilchens muß wegen der Impulserhaltung gleich dem Impuls des beim Stoß entstandenen Teilchens mit der Masse M sein. Gleichung (2.17) würde klassisch lauten:

(2.18) $m 2v = (m + m) v = M v$

Gleichung (2.17) kann nur dann gelten, wenn m in S eine größere Masse hat als in S`. Das einzige was m relativ zu S` von m relativ zu S unterscheidet ist seine Geschwindigkeit. Deshalb die qualitative und im Vergleich zur klassischen Physik revolutionäre Konsequenz: Die Masse

2. Die Aussage der speziellen Relativitätstheorie

ist eine Funktion der Geschwindigkeit. Ursache ist das relativistische Additionstheorem, eine Folgerung der Lorentz-Transformationen.

Nun geht es um den quantitativen Zusammenhang und die genaue Gestalt der relativistischen Erhaltungssätze. Man findet sie mit zur klassischen Physik analogen Vorgehensweise. Dort untersucht man Sonderfälle - es genügen die verschiedensten Varianten von elastischen und unelastischen Stöße, es gibt aber auch ganz andere Ansätze - und versucht damit die Gesetze zu entdecken.

Wir beginnen mit der am wenigsten einschneidenden Annahme: Die Masse hänge von der Geschwindigkeit ab, sie ist eine Funktion der Geschwindigkeit, d.h.

$$m = m(v),$$

im übrigen gelten Impuls- und Massenerhaltungssatz für diese Massen m(v), d.h. für die dynamischen Massen, nicht aber für die sog. Ruhemassen von Körpern, das sind die Massen der Körper, wenn sie ruhen, also den mit m(0) bezeichneten Wert haben. Der unelastische Stoß hat jetzt die etwas kompliziertere Gestalt:

(2.19) $m(v) \, v + m(v) \, (-v) = M(0) \, 0 = 0$

(2.20) $m(v) + m(v) = M(0)$

In S:
(2.21) $m(u) \, u = M(v) \, v$

(2.22) $u = \dfrac{2v}{1 + v^2/c^2}$

(2.23) $m(u) + m(0) = M(v)$

Man muß jetzt sehr genau beachten, welche Geschwindigkeit die Massen besitzen, M(0) ist ungleich 2 m(0), wie (2.20) zeigt.

Für die folgende Rechnung ist es von Vorteil, das Ergebnis vorweg zu kennen:

$$m(v) = k\, m(0)$$

$$= \frac{m(0)}{(1 - v^2/c^2)^{1/2}}$$

k ist derselbe Faktor wie in den Lorentz-Transformationen.

Man erhält aus (2.22) und (2.23):

(2.24) $\qquad M(0) = 2\, m(v)$

(2.25) $\qquad m(u)\, u = M(v)\, v$

(2.26) $\qquad m(u) + m(0) = M(v)$

Eliminiert man M(v) aus (2.25) und (2.26)

(2.27) $\qquad m(u)\, u = (\, m(u) + m(0)\,)\, v$

und setzt für u Formel (2.22) ein, erhält man

$$m(u)\, \frac{2v}{1 + v^2/c^2} = (\, m(u) + m(0)\,)\, v$$

Nach einigen Zwischenrechnungen unter Verwendung von

$$\frac{1 - v^2/c^2}{1 + v^2/c^2} = \left[\, 1 - \left(\frac{2v}{1 + v^2/c^2}\right)^2\, \right]^{1/2}$$

erhält man nach Rücktransformation von u das Ergebnis:

$$m(u) = \frac{m(0)}{(1 - u^2/c^2)^{1/2}}$$

2. Die Aussage der speziellen Relativitätstheorie

Mit Verwendung des Faktors k aus den Lorentz-Transformationen hat man allgemein

(2.28) $\qquad m(v) = k\, m(0)$

Zur Bestätigung dieses Ergebnisses kann man noch M(v) bestimmen: Es ist zunächst wegen (2.20)

(2.29) $\qquad M(0) = 2\, k\, m(0)$

Eliminiert man m(u) aus (2.21) und (2.23) und ersetzt m(0) mit Hilfe von (2.29), führt das zu:

$$M(v) = \frac{M(0)\, u}{2\, k\, (u-v)}$$

$$= \frac{M(0)}{(1 - u^2/c^2)^{1/2}}$$

wenn man für u und k entsprechend einsetzt.

Man sieht, unter Annahme von

(2.30) $\qquad m(v) = k\, m(0)$

gilt der Massen- und Impulserhaltungssatz in der gleichen Gestalt wie in der klassischen Physik. Man muß nur die Ruhemasse m(0) durch die dynamische Masse m(v) ersetzen.

Wie lautet nun der Energieerhaltungssatz? Nimmt man das Ergebnis vorweg,

(2.31) $\qquad E = m\, c^2$

so ist der Energieerhaltungssatz der Massenerhaltungssatz multipliziert mit der Konstante c^2. Wie sieht man das? Man entwickle m(v) in eine Reihe:

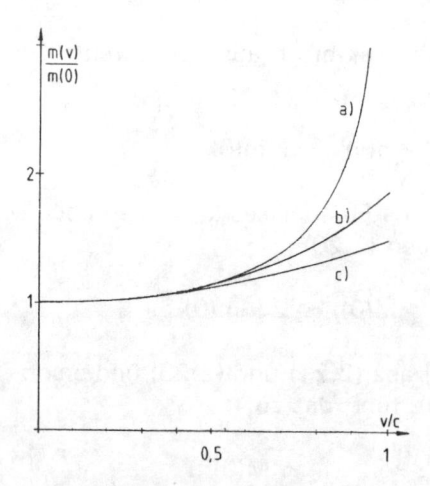

Abb. 2.3 Die Funktion m(v) und Näherungsfunktionen

a) m(v), b) Reihenentwicklung, Formel 2.32, mit 3 Gliedern und c) mit 2 Gliedern. Erst für große Geschwindigkeiten, v > 0.4 c, sind in der Zeichnung Abweichungen erkennbar.

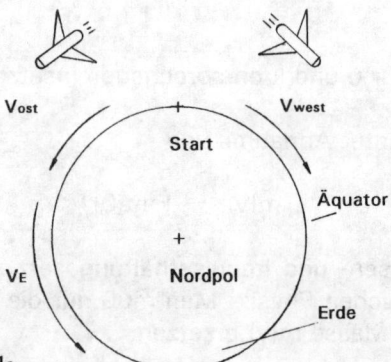

Abb. 3.1 Flugreise um die Erde.

Relativ zum Erdmittelpunkt bewegen sich Uhren in Flugzeugen und auf der Erdoberfläche unterschiedlich schnell. Bewegte Uhren gehen langsamer, am langsamsten die Uhr in Richtung Ost, $v_E + v_{ost}$, am schnellsten die Uhr in Richtung West, $v_E - v_{west}$. Die Geschwindigkeit der Uhr auf der Erdoberfläche liegt dazwischen. (Gravitationskräfte sind vernachlässigt, der Erdmittelpunkt ist für Zeiträume einiger Tage ein Inertialsystem.) Die Messungen mit Atomuhren bestätigen die Vorhersagen.

2. Die Aussage der speziellen Relativitätstheorie

$$m(v) = \frac{m(0)}{(1 - v^2/c^2)^{1/2}}$$

$$= m(0)\left(1 + \frac{1}{2}\left(\frac{v^2}{c^2}\right) + \frac{1}{2}\frac{3}{4}\left(\frac{v^2}{c^2}\right)^2 + \ldots\right)$$

Diese Reihenentwicklung steht in mathematischen Formelsammlungen (15), die einfachste Bestätigung gelingt, indem man beide Kurven auf einem PC zeichnen läßt, s. Abb. 2.3.

Bis auf Glieder höherer Ordnung gilt:

$$m(v) = m(0) + 1/2\ m(0)\ v^2/c^2$$

$1/2\ m\ v^2$ ist die kinetische Energie eines Teilchens der Masse m und der Geschwindigkeit v in der klassischen Physik und deshalb die These:

$$E = m\ c^2$$

Sie ist plausibel, denn bis auf die Konstante $m(0)\ c^2$ ist sie die kinetische Energie. Man sagt daher, $m(0)\ c^2$ ist die Ruheenergie und $m(v)\ c^2$ die Gesamtenergie eines bewegten Teilchens.

Es ist die Erfahrung, die zeigt, daß diese - mit vielen Hypothesen, aber dennoch nicht willkürlich hergeleiteten - Formeln wirklich die gesuchten Erhaltungssätze in der speziellen Relativitätstheorie darstellen. Eine exakte Herleitung gibt es nicht.

Blicken wir noch einmal zurück:
Aus den Lorentz-Transformationen ergibt sich das Additionstheorem (2.13) für Geschwindigkeiten, daraus zwingend die qualitative Abhängigkeit der Masse von der Geschwindigkeit, wenn man zusätzlich den Impulserhaltungssatz fordert. Die quantitativen Zusammenhänge und schließlich $E = m\ c^2$ lassen sich aus speziellen Stoßvorgängen entwickeln. Man darf deshalb sagen, hat man die Lorentz-Transformationen - aus welchen Prinzipien auch immer - hergeleitet, hat man die gesamte

spezielle Relativitätstheorie.

Damit vereinfacht sich unsere Aufgabe, die philosophische Bedeutung der Relativitätstheorie abzuschätzen; es genügt die Beurteilung der Prinzipien, aus denen die Lorentz-Transformationen hergeleitet werden können. Wie wir sehen werden, gelingt das von zwei sehr verschiedenen Positionen aus. Auch die Diskussion der Paradoxien verlangt - von evtl. Kleinigkeiten abgesehen - nur die Kenntnis der Lorentz-Transformationen, so daß die obigen, weitergehenden Ausführungen zu den Erhaltungssätzen nicht vollständig verstanden sein müssen.

2.6 Die unterschiedliche Gestalt von Naturgesetzen in der speziellen Relativitätstheorie und in der klassischen Physik

Was bleibt an der klassischen Physik im Vergleich zur speziellen Relativitätstheorie richtig und was wird falsch - falsch im Sinne von nur näherungsweise gültig?

Richtig bleibt die Idee, Naturgesetze relativ zu Inertialsystemen zu formulieren, und richtig die Idee, daß relativ zu Inertialsystemen Naturgesetze die gleiche Gestalt haben. So wird der Impuls klassisch mit $m(0)$ v relativ zu Inertialsystemen definiert und entsprechend gilt der Impulserhaltungssatz für die klassische Physik in allen Inertialsystemen.

Falsch sind die Übergangsformeln von einem Inertialsystem in ein anderes. In der klassischen Physik werden sie durch die Galilei-Trans formationen beschrieben, richtig ist es, die Lorentz-Transformationen zu verwenden. Deshalb sind auch die Erhaltungssätze der klassischen Physik falsch, sie sind so in Formeln gefaßt worden, daß sie für Galilei-Transformationen die gleiche Gestalt behalten und nicht für Lorentz-Transformationen und gelten deshalb nur noch näherungsweise.

Anders liegt die Situation für die klassische Elektrizitätslehre. Sie baut bekanntlich auf den Maxwellschen Gleichungen auf. Auch für sie gilt das Relativitätsprinzip, sie müssen aber nicht neu geschrieben werden, denn sie behalten für Lorentz-Transformationen ihre klassische Gestalt und behalten ihre Gestalt nicht für Galilei-Transformationen. Wäre das nicht so, hätten auch die Maxwellschen Gleichungen geändert werden müssen (und Einstein oder ein anderer Physiker wären noch berühmter geworden).

3. Die experimentellen Beweise der speziellen Relativitätstheorie

3.1 Einleitung

Die experimentellen Beweise der speziellen Relativitätstheorie sind zahllos. So verschiedenartig sie sind, sie haben nicht alle die gleiche prinzipielle Bedeutung. Uns geht es hier um die experimentelle Absicherung der Lorentz-Transformationen. Deshalb haben, wie sich zeigen wird, der Nachweis der Zeitdilatation und der Längenkontraktion und Nachweise zum Prinzip der Konstanz der Lichtgeschwindigkeit (das in strenger Form nicht experimentell bewiesen ist) größere Bedeutung, denn die Lorentz-Transformationen sind die Basis der relativistischen Raum-Zeit-Theorien und Aufhänger der vieldiskutierten Paradoxien.

Geringere Bedeutung haben in diesem Zusammenhang die experimentellen Beweise der relativistischen Erhaltungssätze, ungeachtet ihrer überragenden physikalischen Tragweite. Um allerdings unsere Diskussion der Erhaltungssätze von Kap. 2.5 abzurunden, soll die experimentelle Bestätigung für die Abhängigkeit der Masse von der Geschwindigkeit mit einbezogen werden.

Alle Experimente zur speziellen Relativitätstheorie sind in vielen Varianten mit ständig zunehmender Präzision wiederholt worden, unter ihnen manche mit dem intensiven Wunsch, die Relativitätstheorie in Schwierigkeiten zu bringen, so daß man nur eine Frage stellen kann: Wie vollständig und lückenlos ist der experimentelle Beweis der speziellen Relativitätstheorie gelungen? Gibt es wesentliche Experimente, die noch nicht durchgeführt werden konnten?

Was als wesentlich anzusehen ist, hängt ab vom jeweiligen theoretischen Standpunkt, unserer liegt in möglichen Varianten zur Raum-Zeit-Theorie. Die Untersuchung wird zeigen, daß an den Lorentz-Transformationen die Synchronisationsvorschriften für Uhren experimentell nicht bewiesen (und wohl auch nicht beweisbar) sind, was für die Raum-Zeit-Konzepte von erheblicher Bedeutung ist; die Längenkontraktion und Zeitdilatation der Lorentz-Transformationen sind hinreichend genau bestätigt.

3.2 Experimenteller Nachweis der Zeitdilatation

Von allen theoretischen Vorhersagen der speziellen Relativitätstheorie ist die der Zeitdilatation die beeindruckenste und die, die am meisten Widerspruch hervorgerufen hat. Der experimentelle Nachweis ist inzwischen auf vielfältige Art erfolgt.

a) Durch die Experimente von Häfele und Keaton (20) (21) wurden hochempfindliche Uhren im Flugzeug von Ost nach West und umgekehrt um die Erde geflogen und die Zeitdilatation unmittelbar gemessen. In Abb. 3.1 ist der Versuch beschrieben. Eine genauere Messung von (22) bestätigte die Zeitdilatation auf 1%.

b) Eine Reihe von Elementarteilchen haben nur eine endliche Lebensdauer, danach zerfallen sie. Solche Elementarteilchen sind Uhren, die ein bestimmtes Zeitintervall anzeigen. Ihre Geschwindigkeitsabhängigkeit ist in verschiedenen Varianten gemessen worden. So auch für Pionen, Elementarteilchen mit einer Halbwertszeit von $t_H = 1.8 \cdot 10^{-8}$ s, d.h. von 10 000 Teilchen sind nach dieser Zeit im Mittel 5 000 zerfallen. Bewegen sich Pionen mit 92% der Lichtgeschwindigkeit, so leben sie um den Faktor

$$1/k = (1 - 0.92^2)^{1/2} = 2.55$$

länger. Erst nach einer Zeit von $t_H \cdot k$ ist dann die Hälfte von ihnen zerfallen. Die andere Hälfte legt einen Weg grösser als

3. Die experimentellen Beweise der speziellen Relativitätstheorie   39

$$s = 0.92 \, c \, t_H / k$$

$$= 12.7 \, m$$

zurück. Ohne Zeitdilatation wären es nur

$$s = 0.92 \, c \, t_H$$

$$= 4.96 \, m$$

Das Experiment bestätigt die Vorhersage mit einer Genauigkeit von 1%. (23) (24)

c) Der erste Nachweis der Zeitdilatation gelang H. E. Ives und G. R. Stilwell 1938 mit Hilfe von Kanalstrahlen, Licht aussendenden, bewegten Teilchen (25). Bei diesem Experiment wurde die Frequenzverschiebung zwischen ruhenden und bewegten Lichtquellen gemessen. Von einer bewegten Lichtquelle ausgesandtes Licht hat eine um den Faktor $1/k$ geringere Frequenz, da sie eine bewegte Uhr darstellt, die mit Lichtfrequenz schlägt. (Diese Überlegung gilt für Beobachtungen senkrecht zur Bewegungsrichtung, in Bewegungsrichtung oder entgegen zur Bewegungsrichtung tritt noch ein normaler Dopplereffekt hinzu.)

Alle Experimente bestätigen die aus den Lorentz-Transformationen folgende Zeitdilatation der Formel (2.12). Dabei wurden Genauigkeiten von 0.05% erreicht (27).

3.3   Die Abhängigkeit der Masse von der Geschwindigkeit

Um die Jahrhundertwende gab es elektromagnetische Theorien, die wie die Relativitätstheorie eine Zunahme der Masse von Elekronen mit wachsender Geschwindigkeit voraussagten. Die deshalb von Kaufmann (26) angestellten Experimente wurden erst nachträglich als Bestätigung der speziellen Relativitätstheorie erkannt.

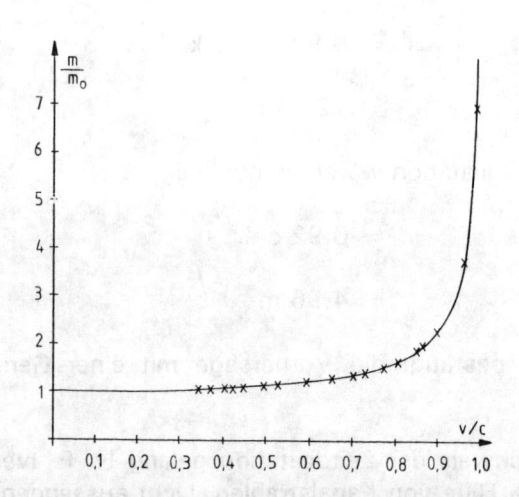

Abb. 3.2 Die relativistische Abhängigkeit der Masse m von der Geschwindigkeit v mit Meßpunkten für Elektronen und Protonen.

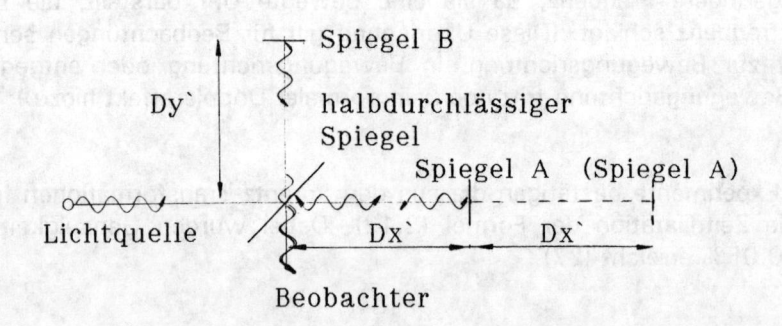

Abb. 3.3 Interferometer-Experiment von Michelson-Morley und Kennedy-Thorndike

Licht einer bestimmten Wellenlänge wird an einem halbdurchlässigen Spiegel in zwei Strahlen aufgespalten, am Spiegel A und B reflektiert und danach wieder am halbdurchlässigen Spiegel zum Beobachter abgelenkt. Beide Lichtstrahlen bleiben beim Drehen der Meßapparatur um 90 Grad in Phase, denn die Interferenzstreifen ändern sich nicht. Das Experiment von Kennedy-Thorndike hat ungleiche Arme, der Einfachheit halber habe der Arm in x-Richtung die doppelte Länge 2 Dx. (gestrichelt: längerer Arm).

3. Die experimentellen Beweise der speziellen Relativitätstheorie   41

In diesem Versuch beschleunigt man Elektronen in elektrischen Feldern auf eine bestimmte Geschwindigkeit und bestimmt dann ihre dynamische Masse m(v) durch Ablenkung in magnetischen Feldern. Stehen die magnetischen Felder senkrecht zur Flugrichtung der Elektronen, werden sie auf Kreisbahnen abgelenkt und ihr Radius hängt wegen der Zentrifugalkräfte von der Masse ab. Die quantitativen Zusammenhänge sind nicht schwierig nachzuvollziehen (11), uns interessiert das Ergebnis: In Abb. 3.2 ist die relativistische Aussage in der Form

(3.2) $$\frac{m(v)}{m(0)} = \frac{1}{(1 - v^2/c^2)^{1/2}}$$

gezeichnet worden und die ermittelten Meßpunkte sind markiert. Sie zeigen eine gute Übereinstimmung. Entsprechende Versuche sind auch für andere Elementarteilchen gemacht worden, ein Experiment für Protonen mit siebenfacher Ruhemasse stimmt auf 0.05% mit der Theorie überein (27). Ein sichtbarer Beweis für die Richtigkeit der Theorie sind die heutigen Teilchenbeschleuniger.

In Abb. 3.2 ist im übrigen auch gut der Charakter von c als Grenzgeschwindigkeit zu erkennen. Je stärker sich v dem Wert c nähert, desto steiler verläuft diese Kurve.

3.4 Zum experimentellen Nachweis der Konstanz der Lichtgeschwindigkeit

Eine besonders einfache Anordnung, die Lichtgeschwindigkeit zu messen, besteht darin, ein Lichtsignal, wie in Abb. 3.3, längs der Strecke Dx` auszusenden, am Spiegel A zu reflektieren und die Zeit Dt` zu messen, die es für Hin- und Rückflug längs Dx` benötigt hat. Bewegt man die Meßapparatur mit unterschiedlichen Geschwindigkeiten und ändert sich Dt` nicht, ist die Konstanz der Lichtgeschwindigkeit nachgewiesen. Das ist durchführbar, ist aber nicht sehr genau und tut andererseits mehr als man will. Es soll ja nur die Konstanz der Lichtgeschwindigkeit nachgewiesen und nicht ihre Größe gemessen werden.

Deshalb ist es besser, dasselbe Lichtsignal mit Spiegeln in zwei zueinander senkrechte Richtungen aufzuspalten und zu prüfen, ob die Lichtsignale für den Hin- und Rückweg längs Dx` und Dy` unterschiedliche Zeiten benötigen, wenn man die Apparatur mit unterschiedlicher Geschwindigkeit v bewegt.

Unterschiede von Laufzeiten von Lichtsignalen lassen sich sehr genau messen. In Abb. 3.3 sind die Wellenfronten des aufgeteilten Lichtblitzes bei der Rückkehr gezeichnet. Wellenberge und Wellentäler liegen an derselben Stelle, sie sind in Phase, wenn sie gleichzeitig zurückkommen, sie sind nicht Phase, Wellenberge und Wellentäler sind gegeneinander verschoben, wenn Hin- und Rücklaufzeiten längs Dx` und Dy` unterschiedlich sind. Haben Lichtsignale Wellenberge und Wellentäler an derselben Stelle, verstärken sie sich, sind sie verschoben, löschen sich Lichtsignale ganz oder teilweise aus. Das kann man gut beobachten (und nennt man Überlagerungen oder Interferenzen).

Die bekannten Experimente von Michelson-Morley und Kennedy-Thorndike, (28) und (29), haben mit entsprechenden Meßapparaturen, die durch Erddrehung und Bewegung der Erde um die Sonne unterschiedlichste Geschwindigkeiten und Geschwindigkeitsrichtungen hatten, keine Laufzeitunterschiede nachweisen können und bestätigen, daß die Lichtgeschwindigkeit von hin- und zurücklaufenden Lichtsignalen konstant ist. Die Erdbahngeschwindigkeit beträgt ca. 30 km/s, mit den heutigen Apparaturen könnten schon für Geschwindigkeiten von 3 cm/s Änderungen nachgewiesen werden.

Was diese Experimente nicht nachweisen können, ist die Konstanz der sog. Ein-Weg-Lichtgeschwindigkeit. Dazu muß man am Anfangs- und Endpunkt von der Strecke Dx` je eine Uhr aufstellen und die Laufzeiten der Lichtsignale in eine einzige Richtung messen. Das ist aber nur möglich, wenn zuvor die Uhren synchronisiert worden sind - die spezielle Relativitätstheorie verwendet dafür Lichtsignale (s. Kap. 2.3) und setzt somit die Ein-Weg-Lichtgeschwindigkeit auf c, wenn sie es nicht zuvor bereits ist und kann deshalb die Ein-Weg-Lichtgeschwindigkeit nicht experimentell bestimmen. Darauf wird in Kap. 4 näher eingegangen und dort wird diskutiert, welche Konsequenzen sich daraus ableiten lassen.

Die eigentliche Bedeutung der Experimente von Michelson-Morley und Kennedy-Thorndike liegt in mehr als dem Nachweis der Konstanz der Zwei-Weg-Lichtgeschwindigkeit. Untersucht man die Experimente quantitativ in beliebigen, relativ zur Meßanordnung bewegten Inertialsystemen, stellt man fest, daß sie ein Beweis für die Lorentzkontraktion sind, die Konstanz der Zwei-Weg-Lichtgeschwindigkeit ist nur eine notwendige Konsequenz daraus. Diese Untersuchung ist für unsere Zielsetzungen sehr wichtig und soll nun durchgeführt werden.

3.5 Die Experimente von Michelson-Morley und Kennedy-Thorndike zum Nachweis der relativistischen Längenkontraktion.

Die Versuche von Michelson-Morley (28) und Kennedy-Thorndike (29) sollten prüfen, in welcher Weise sich die Lichtgeschwindigkeit ändert, wenn die sie messende Apparatur sich bewegt. Die Bewegung dachte man sich relativ zum Ausbreitungsmedium der Lichtwellen. Das Null-Ergebnis der Versuche erlaubt zwei Interpretationen. Neben der von Einstein im Jahre 1905 (10), auch die von Lorentz in den Jahren 1895 und 1904 (40) (41). Sie lauten:

These I. Die Lichtgeschwindigkeit ist unabhängig vom Ausbreitungsmedium, d.h. ein Ausbreitungsmedium gibt es nicht (Einstein, relativistische Interpretation der Experimente von Michelson-Morley und Kennedy-Thorndike).

These II. Wegen des Relativitätsprinzips läßt sich ein Ausbreitungsmedium nicht nachweisen. Konkret in diesem Experiment sind es die auftretende Längenkontraktion und Zeitdilatation, die das Null-Ergebnis erzwingen (Lorentz, relativistisch-klassische Interpretation der Experimente von Michelson-Morley und Kennedy-Thorndike).

Mit beiden Theorien vereinbar ist es, ein sog. ausgezeichnetes Inertialsystem anzunehmen. Ein ausgezeichnetes Inertialsystem ist ein Inertialsystem, in dem die Lichtgeschwindigkeit in alle Richtungen denselben Wert c hat. In der Einsteinschen Interpretation sind alle Inertialsysteme ausgezeichnet, in der Lorentzschen Interpretation nur eines. Ob deshalb in dieser Interpretation ein reales Ausbreitungsmedium angenommen werden muß oder ob es andere Erklärungen für die Existenz nur eines ausgezeichneten Inertialsystems gibt, ist hier ohne Belang (s. dazu Kap. 4).

Die Versuchsapparatur sind sogenannte Interferometer, Geräte, die die Interferenz von Lichtstrahlen gleicher Wellenlänge nachweisen, s. Abb. 3.3. Im Prinzip sind Interferometer zwei zueinander senkrecht stehende Arme gleicher (Michelson-Morley (28)) oder ungleicher Länge (Kennedy-Thorndike (29)), an deren Enden durch Spiegel Lichtsignale einer Lichtquelle reflektiert und danach zur Interferenz gebracht werden. Bei unterschiedlicher Laufzeit der Lichtsignale längs der beiden Arme müßten sich bei Drehung der Apparatur die Interferenzstreifen ändern, wie in Kap. 3.4 erläutert wurde.

Man sieht keinen Effekt, ohne Annahme einer Längenkontraktion und Zeitdilatation müßte ein Effekt nachweisbar sein. Das Ergebnis der quantitativen Analyse wird sein:

Der Michelson-Morley-Versuch allein weist eine Längenkontraktion nach, sie könnte aber auch in y- und z-Richtung stattfinden. Zusammen mit dem Versuch von Kennedy-Thorndike und dem von Ives-Stilwell zur Zeitdilatation läßt sich zeigen:

(3.3) $$Dx` = k\, Dx$$

$$Dy` = Dy$$

$$Dz` = Dz$$

Aus der Abb. 3.3 sieht man: Licht einer bestimmten Wellenlänge wird an einem halbdurchlässigen Spiegel in zwei Strahlen aufgespalten, am Spiegel A und B reflektiert und danach erneut am halbdurchlässigen Spiegel zum Beobachter hin abgelenkt. Beide Lichtstrahlen sind in Phase, beim Drehen der Apparatur um 900 ändern sich die Interferenzstreifen nicht. Das Experiment von Kennedy-Thorndike hat ungleichlange Arme, der Einfachheit halber habe der Arm in x-Richtung die doppelte Länge 2 Dx`.

3. Die experimentellen Beweise der speziellen Relativitätstheorie

Das ausgezeichnete Inertialsystem werde mit $S = S(x,y,z,t)$ bezeichnet, und das Inertialsystem, in dem die Meßapparatur ruht, mit $S` = S`(x`,y`,z`,t`)$. Relativ zu $S`$ gilt:

(3.4) $\qquad Dy` = Dx`$

Dt` ist das Zeitintervall für Lichtsignale hin und zurück längs Dx` oder Dy`. Die Lichtlaufzeit Dt` ist gleich in alle Richtungen, da beim Drehen keine Interferenzen auftreten, (genauer: die Meßwerte Dt` der Lichtlaufzeiten sind gleich.)

Relativ zu S gilt:

(3.5) $\qquad Dt = Dx \left(\dfrac{1}{c-v} + \dfrac{1}{c+v} \right)$

(3.6) $\qquad Dt = Dx \dfrac{2 k^2}{c}$

(3.7) $\qquad Dt = \dfrac{2 Dy}{(c^2 - v^2)^{1/2}}$

Dt ist das Zeitintervall für Lichtsignale hin und zurück längs Dx, Dy. Es ist für beide Fälle gleich, da keine Interferenzen auftreten.

Bewegt sich das Licht in die positive x-Richtung, hat es die Geschwindigkeitsrichtung der Meßapparatur und den Betrag $c - v$, nach Reflexion am Spiegel A hat es die entgegengesetzte Richtung und den Betrag $c + v$. In y`-Richtung ist die Resultierende beider Geschwindigkeiten senkrecht zu v und hat den Betrag $(c^2 - v^2)^{1/2}$, s. Abb. 3.4.

Zur Erläuterung der Beziehung $c^2 - v^2$: Will ein Schwimmer mit der Geschwindigkeit c senkrecht einen mit v fließenden Fluß durchqueren, so muß er etwas flußaufwärts gerichtet schwimmen. Pro Sekunde muß er soviele Meter stromaufwärts schwimmen, wie er vom Fluß abwärts getrieben wird. Seine Gesamtgeschwindigkeit hat eine Richtung senkrecht zum Ufer, ihr Betrag ist geringer als c, so wie es das Diagramm der Abb. 3.4 zeigt, und hat wegen des Lehrsatzes von Pythagoras den Wert $(c^2 - v^2)^{1/2}$.

Aus (3.6) und (3.7) folgt nach einfacher Rechnung:

(3.8) $\qquad k\, Dx = Dy$

Dx ist kleiner als Dy, aber beide können kleiner als Dy` sein.

Aus dem Experiment von Michelson-Morley ergibt sich wegen Dy` = Dx` und gleichem Dt` in alle Richtungen:

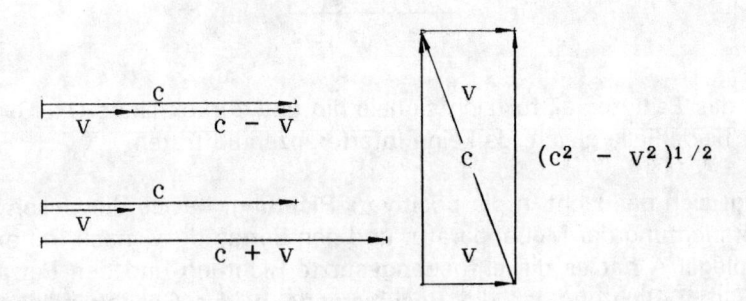

$$\frac{2\, Dx`}{Dt`} = \frac{2\, Dy`}{Dt`} = \text{konstant}$$

Abb. 3.4 Die vektorielle Geschwindigkeitsaddition für Lichtsignale in x-Richtung, ihr entgegen und senkrecht dazu.

(c, v werden in demselben Inertialsystem gemessen, werden c und v in verschiedenen Inertialsystemen gemessen, gilt Formel (2.13) und die Summe ist c.)

3. Die experimentellen Beweise der speziellen Relativitätstheorie

Die Konstante könnte aber eine Funktion der Geschwindigkeit v des Inertialsystems S` relativ zu S sein. Diese Unsicherheit beseitigt das Experiment von Kennedy-Thorndike. Es weist nach, daß die Konstante für alle Geschwindigkeiten v denselben Wert hat und daher gleich der Lichtgeschwindigkeit c ist:

$$(3.9) \qquad \frac{2\, Dl`}{Dt`} = \frac{2\, Dx`}{Dt`} = c$$

$Dl` = Dx`$ gilt, weil der Arm des Interferometers in x-Richtung so gewählt wurde. Nimmt man an

$$\frac{2\, Dx`}{Dt`}$$

ändere sich mit der Geschwindigkeit v, müßten im Experiment Interferenzen beobachtet werden, denn wegen der ungleichen Armlänge würde diese Änderung nicht mehr wie beim Experiment von Michelson-Morley durch eine gleichgroße Änderung in y-Richtung kompensiert. Die Wellenberge in Abb. 3.3 müßten sich gegeneinander verschieben, weil sich die Laufzeitdifferenz ändert. Unterschiedliche Geschwindigkeiten und Geschwindigkeitsrichtungen ergaben sich im Experiment von Kennedy-Thorndike durch Messungen über längere Zeiträume hinweg schon durch die Erddrehung und die Drehung der Erde um die Sonne.

Aus den bisherigen Ableitungen folgt

$$(3.10) \qquad Dx` = \frac{c\, Dt`}{2} \qquad \text{wegen (3.9)}$$

$$(3.11) \qquad Dx` = \frac{c\, Dt}{2\, k} \qquad \text{wegen (3.1), Zeitdilatation,}$$

$$(3.12) \qquad Dx` = k\, Dx \qquad \text{wegen (3.6)}$$

48 Die Paradoxien und das Raum-Zeit-Kontinuum der speziellen Relativitätstheorie

Aus (3.4) und (3.12) folgt

(3.13) $\qquad Dy` = k\, Dx$

(3.14) $\qquad Dy` = Dy \qquad$ wegen (3.8)

Formeln (3.12) und (3.14) stimmen mit (3.3) überein und wir sehen: Die Experimente von Michelson-Morley, Kennedy-Thorndike und Ives-Stilwell gemeinsam sind der experimentelle Nachweis der Lorentzkontraktion, wie H. A. Lorentz von Anfang an richtig angenommen hatte.

Was ist die Aussage des Versuches von Michelson-Morley zum Prinzip der Konstanz der Lichtgeschwindigkeit?

Für die Hin- und Rückgeschwindigkeit wird in S` der Wert c gemessen, wenn sie in S den Wert c hat: Von S aus betrachtet, ist die Lichtgeschwindigkeit in S` $c-v$, $c+v$, $(c^2-v^2)^{1/2}$ je nach Richtung - also stets ungleich c. Gemessen wird in S` aber:

(3.15) $\qquad v_{Licht} = \dfrac{2\, Dx`}{Dt`}$

$\qquad\qquad\qquad = \dfrac{2 k\, Dx}{Dt`} \quad$ wegen (3.3)

$\qquad\qquad\qquad = \dfrac{2 k^2\, Dx}{Dt} \quad$ wegen (3.1)

$\qquad\qquad\qquad = c \qquad$ wegen (3.6)

Entsprechend in y`- Richtung.

Welcher Wert würde für die Ein-Weg-Lichtgeschwindigkeit in S` gemessen, wenn die Uhren relativ zum ausgezeichneten Inertialsystem S synchronisiert werden?

3. Die experimentellen Beweise der speziellen Relativitätstheorie   49

$$(3.16) \qquad Dt_+ = \frac{Dx}{v_{Licht}} = \frac{Dx}{c-v} = \frac{Dx`}{k(c-v)}$$

Dt_+ ist die Zeit für ein Lichtsignal bis zum Spiegel A in S, $Dt`_+$ die entsprechende Zeit in S`. Wegen $Dt_+ = k\, Dt`_+$:

$$(3.17) \qquad \frac{Dx`}{Dt`_+} = (c-v)\, k^2$$

Das wäre die in S` gemessene Ein-Weg-Lichtgeschwindigkeit zum Spiegel A.

Die entsprechenden Werte für Lichtsignale zurück vom Spiegel A, $Dt`_-$, oder längs $Dy`$ in eine der beiden Richtungen, $Dt`_y$:

$$(3.18) \qquad \frac{Dx`}{Dt`_-} = (c+v)\, k^2$$

$$(3.19) \qquad \frac{Dy`}{Dt`_y} = (c^2 - v^2)^{1/2}\, k$$

$$= c$$

Werden die Uhren in S` relativ zum ausgezeichneten System S synchronisiert, wird nur in y`-Richtung für Licht der Wert c gemessen. Experimentell überprüft sind die Formeln (3.16) - (3.19) nicht, dies wäre ein Test der Ein-Weg-Lichtgeschwindigkeit (s. Kap. 5).

Zusammenfassung: Die Lorentz-Kontraktion (3.3) ist durch die Experimente von Michelson-Morley, Kennedy-Thorndike und Ives-Stilwell nachgewiesen. Sie ist sowohl durch die relativistische als auch durch die relativistisch-klassische Interpretation erklärbar. Alle diese Messungen wurden wegen ihrer Bedeutung mit besonderer Sorgfalt ausgeführt, vielfach wiederholt und variiert, so daß Zweifel an den Ergebnissen nicht berechtigt erscheinen.

4. Herleitung der Lorentz-Transformationen

4.1 Einleitung

Es gibt eine Reihe verschiedener Vorgehensweisen, die Lorentz-Transformationen aus allgemeinen Annahmen herzuleiten (10) (12) (30) - (36). So elegant sie sind, sie sind nicht zwingend, denn es gibt keine unmittelbaren experimentellen Beweise dieser Annahmen. Deshalb gehen wir zunächst einen anderen Weg und fragen: Lassen sich die Lorentz-Transformationen ohne Zusatzannahmen aus experimentell gesicherten Voraussetzungen ableiten, oder gibt es noch andere, wenn auch unwahrscheinliche Koordinatentransformationen, die mit der Erfahrung übereinstimmen?

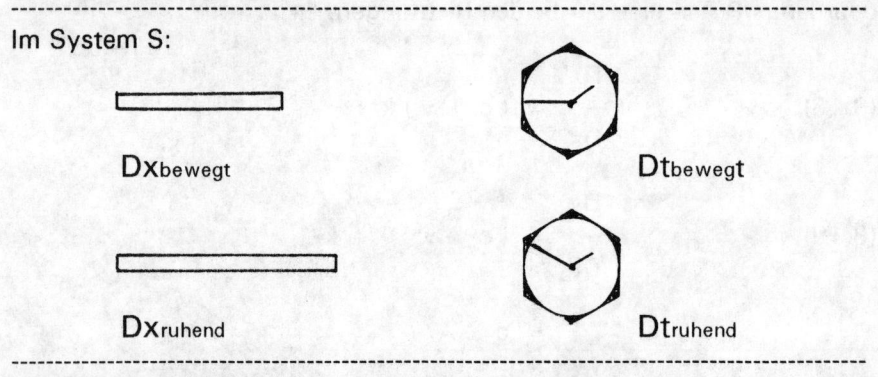

Im System S:

Dx_{bewegt} Dt_{bewegt}

Dx_{ruhend} Dt_{ruhend}

Abb. 4.1 Zur Herleitung der Lorentz-Transformationen.

Der bewegte Stab verkürzt sich (Voraussetzung II), die bewegte Uhr läuft langsamer (Voraussetzung III), wenn S das ausgezeichnete Inertialsystem ist und damit Licht in alle Richtungen die Geschwindigkeit c hat (Voraussetzung I). Synchronisiert man Uhren auch in S` mit Licht, gilt entweder die Umkehrung (relativistische Interpretation, Einstein) oder das Umgekehrte wird als Folge von Synchronisationseffekten nur gemessen (relativistisch-klassische Interpretation, Lorentz und Nachfolger). Beides führt zu denselben Formeln: den Lorentz-Transformationen.
(Die relativistisch-klassische Interpretation besitzt große philosophische Bedeutung, wird aber in üblichen Lehrbüchern nicht behandelt.)

4. Herleitung der Lorentz-Transformationen

Diese Frage zuerst zu beantworten, hat den folgenden Vorteil: Man kann sich die Mühe ersparen zu prüfen, ob die Relativitätstheorie in Schwierigkeiten geraten kann, wenn sich die Herleitung der Lorentz-Transformationen als unvollständig erweist. Die Prinzipien, aus denen die Lorentz-Transformationen herleitbar sind, mögen zweifelhaft sein, die Lorentz-Transformationen selbst muß man wegen der experimentellen Bestätigungen akzeptieren, wie als erstes gezeigt werden soll.

Wir sehen folgende Fakten als experimentell bestätigt an:

bewegte Längen werden in Bewegungsrichtung verkürzt,
bewegte Uhren gehen langsamer,

und zwar relativ zu jedem Inertialsystem, wenn man die Meßwerte betrachtet. Die experimentellen Beweise dafür sind die Versuche von Michelson-Morley, Kennedy-Thorndike und Ives-Stilwell, sowie ihre späteren Präzisierungen, wie in Kap. 3 untersucht wurde.

4.2 Heuristische Herleitung der Lorentz-Transformationen aus Längenkontraktion und Zeitdilatation.

In Einklang mit (40) - (49), nehmen wir an (Abb. 4.1):

I. $S = S(x,y,z,t)$ ist ein ausgezeichnetes Inertialsystem, d.h. ein Inertialsystem, in dem die Lichtgeschwindigkeit den konstanten Wert c in alle Richtungen besitzt.

Wenigstens ein solches Inertialsystem muß existieren. Jede andere Annahme würde bedeuten, daß Licht eine Vorzugsrichtung im Raum besitzt, was der Erfahrung widerspricht.

II. In $S(x,y,z,t)$ mit v bewegte Körper sind in Bewegungsrichtung um den Faktor $1/k$ verkürzt:

(4.1) $\qquad Dx` = k\, Dx$

$$Dy` = Dy$$

$$Dz` = Dz$$

Dx`, Dy`, Dz` sind die Längen der Körper, wenn Sie in Ruhe sind. Ihr Zahlenwert stimmt mit dem Wert überein, den man erhält, wenn man bewegte Längen mit mitbewegten Maßstäben mißt (weil dann beide in derselben Weise verkürzt sind. Deshalb die Bezeichnung Dx` statt Dx$_{ruhend}$.). Dx,Dy,Dz sind die wirklichen, verkürzten Längen der bewegten Körper in S(x,y,z,t).

III. In S(x,y,z,t) mit v bewegte Uhren laufen um den Faktor k langsamer als in S(x,y,z,t) ruhende Uhren.

(4.2) $\qquad$ Dt` = Dt / k

Dt` = Dt$_{bewegt}$ ist die Eigenzeit, bzw. das Eigenzeit-Intervall einer Uhr, das ist die von der bewegten Uhr angezeigte Zeit, bzw. Zeitspanne. Dt ist die in S(x,y,z,t) mit ruhenden Uhren gemessene, wirkliche Zeitspanne.

Annahmen (4.1) und (4.2) sind experimentell bestätigt, wie in Kap. 3 gezeigt wurde.

IV. Uhren werden in bewegten Inertialsystemen gemäß der Einstein-Konvention synchronisiert. Dadurch sind Uhren "in Wirklichkeit" (relativistische Interpretation) oder nur "zweckmäßig" (relativistisch-klassische Interpretation) synchronisiert. Die Synchronisationsvorschrift ist experimentell nicht (vollständig) nachgewiesen bzw. nachweisbar, s. Kap. 5.

Zur Herleitung der Lorentz-Transformationen führen wir ein Inertialsystem S` = S`(x`,y`,z`,t`) ein, das sich relativ zu S in positive x-Richtung mit der Geschwindigkeit v bewegt. Für in S` ruhende Stäbe gilt:

$$Dx` = x` - x_0`$$

(4.3) $\qquad$ $Dy` = y` - y_0`$

4. Herleitung der Lorentz-Transformationen

$$Dz` = z` - z_0`$$

wenn sie auf der x`-, y`- bzw. z`-Achse liegen, $x_0`$, $y_0`$, $z_0`$ sind null, wenn die Stabanfänge im Ursprung von S` liegen.

Fallen S und S` zum Zeitpunkt $t = t` = 0$ zusammen, so gilt auch:

$$Dx = x - x_0$$
(4.4) $$Dy = y - y_0$$
$$Dz = z - z_0$$

Seien jetzt x_0, y_0, z_0 die Position des Ursprungs von S` in S. Für ihn gilt

$$x_0 = v t$$
(4.5) $$y_0 = y_0` = 0$$
$$z_0 = z_0` = 0$$

$x_0 = v t$ drückt aus, daß sich der Koordinatenursprung von S` in S mit v in x- Richtung bewegt.

Aus (4.1) folgt mit (4.3), (4.4) und (4.5)

$$1/k \, (x` - x_0`) = x - x_0$$
$$x` = k (x - x_0)$$
(4.6) $$x` = k (x - v t)$$

$$y` - y_0` = y - y_0$$
(4.7) $$y = y`$$
$$z` - z_0` = z - z_0$$

(4.8) $\qquad z` = z$

Das ist der erste Teil der Lorentz-Transformationen, jetzt fehlt noch der Zeitzusammenhang.

Die naheliegende Idee ist, da S ein ausgezeichnetes Inertialsystem darstellt, die Uhren in S` relativ zu S zu synchronisieren. Wegen (4.2) gilt dann:

$$t` - t_0` = k (t - t_0)$$

bzw. $\quad t` = k\,t$, wenn $t_0 = t_0` = 0$ gesetzt ist.

Das ist aber praktisch nicht durchführbar, da zwar S laut Voraussetzung existiert, aber im übrigen nicht bekannt ist. Um definierte Zustände zu bekommen, wird eine Synchronisierungsvorschrift für Uhren benötigt, die unabhängig von S realisierbar ist. Das gilt für die bekannte Einsteinsche Definition der Gleichzeitigkeit IV mit Hilfe von Lichtsignalen. Man sieht deutlich, welchen Stellenwert sie hier bei der Herleitung der Lorentz-Transformationen besitzt: Längenkontraktion und Zeitdilatation bestehen bereits, die Synchronisationsvorschrift ist nur eine zweckmäßige Zutat. (Evtl. auch mehr, siehe die weitere Diskussion in Kap. 5.)

In Formeln ausgedrückt heißt die Einsteinsche Definition der Gleichzeitigkeit:

(4.9) $\qquad$ Aus $\quad x = c\,t$ soll $\quad x` = c\,t`$ folgen.

Wegen (4.2) muß t` von t und wegen (4.9) außerdem von x abhängen, die einfachste Zuordnung, die das leistet ist der lineare Zusammenhang

(4.10) $\qquad t` = a\,t + b\,x$

Nun müssen a und b ermittelt werden. Am elegantesten ist es, Formel (4.10) zu differenzieren. Man erhält:

4. Herleitung der Lorentz-Transformationen

(4.11) $\quad\dfrac{dt`}{dt} = a + b \dfrac{dx}{dt} \qquad x` = \text{const.}$

Wegen (4.2) ist

$$\frac{dt`}{dt} = \frac{Dt`}{Dt} = \frac{1}{k}$$

und wegen $x` = \text{const}$ ist

$$\frac{dx}{dt} = v$$

Das ergibt das Zwischenergebnis

(4.12) $\qquad 1/k = a + b v$

Ohne Differenzieren erhält man (4.12) wie folgt:

Man betrachte eine in S` an der Stelle $x` = 0$ ruhende Uhr, die zum Zeitpunkt $t = 0$ die Zeit $t` = 0$ anzeigt. Dann ist

$$\frac{t` - t_0`}{t - t_0} = \frac{Dt`}{Dt}$$

$$= k \qquad \text{wegen (4.2)}$$

$$t`/t = k \qquad \text{wegen } t` = t = 0$$

Außerdem ist

$$x = v t$$

Die an der Stelle $x = 0$ ruhende Uhr bewegt sich wie der Koordinatenursprung von S` mit der Geschwindigkeit v.

Aus (4.10) folgt

$$t` = t(a + bx/t)$$

$$t`/t = a + bx/t$$

und damit wieder, diesmal ohne zu differenzieren

(4.12) $\qquad 1/k = a + bv$

Ersetzt man in (4.6) und (4.10) x und x` durch c t und c t`, was wegen (4.9) erlaubt ist, und eliminiert t`, so erhält man

(4.13) $\qquad k(1 - v/c) = a + bc$

Zusammen mit (4.12) lassen sich a und b ermitteln:

(4.14) $\qquad a = k$

(4.15) $\qquad b = -kv/c^2$

Damit hat man wegen (4.10)

(4.16) $\qquad t` = k(t - vx/c^2)$

die gesuchte Zeitabhängigkeit.

Formeln (4.6), (4.7), (4.8) und (4.16) sind die gesuchten Lorentz-Transformationen.

Die Unterschiede in der relativistischen und relativistisch-klassischen Interpretation der Lorentz-Transformationen liegen in der Interpretation der Beziehung (4.9).

4.3 Alternative Herleitung der Lorentz-Transformationen mit Hilfe des Reziprozitätsprinzips.

Neben der Einsteinschen Synchronisationsvorschrift (4.9) gibt es eine andere, die das Reziprozitätsprinzip anwendet (31). Es besagt: Man synchronisiere die Uhren in S` so, daß nicht nur für $x` = 0$ $x = v\,t$ gilt, sondern auch umgekehrt für $x = 0$ $x` = -v\,t`$. Damit wird S` an S angeglichen, nun hat der Koordinatenursprung von S in S` die Geschwindigkeit -v, wenn S` in S die Geschwindigkeit +v hat. Es ist erstaunlich, daß diese eigentlich unbedeutende Annahme sich als gleichwertig zur Einsteinschen Synchronisationsvorschrift erweist.

$x = 0$ und $x` = v\,t`$ in (4.6) sowie in (4.10) eingesetzt, führen zu:

$$t` = k\,t$$

$$t` = a\,t$$

also $\qquad a = k \qquad$ Andererseits ist für:

$$x` = 0$$

$$x = v\,t$$

und nach (4.2)

$$Dt = k\,Dt`$$

$$t - t_0 = k\,(\,t` - t_0\,)$$

$$t = k\,t`$$

In (4.10) eingesetzt:

$$t/k = k\,t + b\,v\,t$$

$$b = (\,1/k - k\,)\,/\,v$$

$$b = -k\,v/c^2$$

Damit kennt man die Konstanten a, b der Formel (4.10) und die Lorentz-Transformationen sind hergeleitet. In der relativistischen Interpretation des Reziprozitätsprinzips wird zu Recht darauf hingewiesen, daß die Koordinatenursprünge sich ebenso wie beliebige Körper relativ zueinander mit demselben v bewegen müssen und dies der Erfahrung entspricht, die relativistisch-klassische Interpretation kann einwenden, daß mit bewegten und deshalb langsamer gehenden Uhren gemessene Geschwindigkeiten unterschiedliche Meßergenisse für v liefern.

Wegen der sogenannten Gruppeneigenschaft der Lorentz-Transformationen gelten zwischen beliebigen Inertialsystemen S` und S`` die Lorentz-Transformationen, weil sie zwischen S und S` sowie S und S`` gelten und damit verliert S mathematisch seine Vorzugsstellung. Diese Rechnung ersparen wir uns.

Fassen wir zusammen: Die Lorentz-Transformationen lassen sich aus den experimentell gesicherten Annahmen der Längenkontraktion und Zeitdilatation relativ zu einem ausgezeichneten Inertialsystem herleiten, wenn man in den übrigen Inertialsystemen Uhren geeignet synchronisiert. Dazu verwendet man die Einsteinsche Definition der Gleichzeitigkeit oder das Reziprozitätsprinzip. Beides ist relativistisch und relativistisch-klassisch interpretierbar.

4.4 Die relativistische und relativistisch-klassische Interpretation der Lorentz-Transformationen

Die Lorentz-Transformationen ließen sich aus den beiden unterschiedlichen Voraussetzungen herleiten:

a) Alle Inertialsysteme sind "in Wirklichkeit" gleichwertig. Dies ist die relativistische Interpretation der Lorentz-Transformationen und der Standpunkt der speziellen Relativitätstheorie, wie sie Gegenstand der Lehrbücher ist.

b) Alle Inertialsysteme "erscheinen" als gleichwertig, nur relativ zu ei-

4. Herleitung der Lorentz-Transformationen

nem ausgezeichneten Inertialsystem stimmen die gemessene Längenkontraktion und die gemessene Zeitdilatation mit der wirklichen Längenkontraktion und der wirklichen Zeitdilatation überein.

Das Relativitätsprinzip bedeutet hier: Alle Naturgesetze erscheinen relativ zu beliebigen Inertialsystemen in derselben Gestalt. Statt "erscheinen" könnte man auch sagen "stellen sich in derselben Gestalt dar". Das, was von physikalischen Größen meßbar und beobachtbar ist, zeichnet kein Inertialsystem vor dem anderen aus. Das Prinzip der Konstanz der Lichtgeschwindigkeit bedeutet: Die Lichtgeschwindigkeit "erscheint" in allen Inertialsystemen als konstanter Wert c, sie wird überall zu c gemessen, "in Wirklichkeit" hat sie diesen Wert nur im ausgezeichneten Inertialsystem. (Philosophisch dürfte diese Interpretation gut zur Protophysik passen, s. z. B. P. Janich (37))

Das Relativitätsprinzip bedeutet für b) weiterhin: Die meßbaren Anteile physikalischer Größen werden in allen Inertialsystemen durch Gesetze derselben Gestalt beschrieben. Die relativistische Interpretation fügt hinzu: einen nicht meßbaren Anteil gibt es nicht.

Das Prinzip der Konstanz der Lichtgeschwindigkeit heißt für b): Die Lichtgeschwindigkeit erscheint in allen Inertialsystemen als konstant. Der gemessene Wert der Lichtgeschwindigkeit hat in alle Richtungen die Größe c. Die relativistische Interpretation fügt hinzu: einen nicht oder systematisch falsch meßbaren oder gemessenen Anteil gibt es nicht.

Man könnte genauso gut sagen: Ein ausgezeichnetes Inertialsystem ist nicht nachweisbar (relativistisch-klassische Interpretation) oder ein ausgezeichnetes Inertialsystem gibt es nicht (relativistische Interpretation).

Wie im Kap. 2 gezeigt wurde, ist mit der Herleitung der Lorentz-Transformationen die gesamte spezielle Relativitätstheorie hergeleitet. In diesem Sinne ist es auch erlaubt von der relativistischen und der relativistisch-klassischen Interpretation der speziellen Relativitätstheorie zu sprechen.

Sollte man es vorziehen, von zwei unterschiedlichen Theorien zu sprechen, wäre zu bedenken, daß beide den Namen Einsteins tragen und sich deshalb bereits in der Namensgebung gleichen müßten, denn die physikalische Bedeutung der speziellen Relativitätstheorie drückt sich in ihren Formeln aus und es war Einstein (10), der sie als erster vollständig hergeleitet und sie mit beobachtbaren, physikalischen Größen verknüpft hat. Deshalb ist es angemessener, von zwei unterschiedlichen Versionen zu sprechen. Beide unterscheiden sich vor allem in ihrer Philosophie, aber nicht nur, s. Kap. 8.7.

4.5 Herleitung aus dem Relativitätsprinzip und dem Prinzip der Konstanz der Lichtgeschwindigkeit für beide Interpretationen.

Die folgende Herleitung der Lorentz-Transformationen folgt den Ausführungen von U. E. Schröder (12) und soll zeigen, wie die dazu erforderlichen theoretischen Annahmen in analoger Weise für beide Interpretationen der Relativitätstheorie gelten und somit letztlich in der Eleganz ihrer Herleitung kaum Unterschiede zu sehen sind. Man legt dabei das Relativitätsprinzip und das Prinzip der Konstanz der Lichtgeschwindigkeit so zu Grunde, wie es in der jeweiligen Variante gilt. Die Sprechweise der relativistisch-klassischen Interpretation wird in spitzen Klammern angegeben, wo sie sich von der relativistischen Interpretation unterscheidet; die formalen Unterschiede sind gering.

1.) Für kleine Geschwindigkeiten sollen die gesuchten Transformationsformeln in die Galilei-Transformation

$$x` = x - v t$$
$$y` = y$$
$$z` = z$$

übergehen, die den Übergang von S zu S` beschreiben. Deshalb wird der Ansatz

(4.20)
$$x` = k(v) (x - v t)$$
$$y` = n(v) y$$
$$z` = n(v) z$$

4. Herleitung der Lorentz-Transformationen

versucht.

2.) k(v) ist eine gerade Funktion, d.h. k(v) = k(-v), wie sich zeigen läßt:

Wegen der Homogenität und Isotropie des Raumes dürfen sich die Transformationsformeln nicht ändern, wenn sowohl die Richtung der x-Achse und die Richtung der x`-Achse umgekehrt wird und auch der Wert von v zu -v wird.

(4.21)
$$-x` = k(-v) (-x - (-v) t)$$
$$y` = n(-v) y$$
$$z` = n(-v) z$$

Nehmen wir ein und denselben Punkt P(x,y,z). Er hat zunächst die Koordinaten x,y,z und x`,y`,z`. Nach Umkehren der Achsen hat derselbe Punkt die Koordinaten -x,y,z und -x`,y`,z` und v wird zu -v, da die Richtung, in der sich S` bewegt, dieselbe bleibt. Oder etwas anders ausgedrückt, wenn es ein Koordinatensystem mit (4.20) gibt, muß es wegen der Gleichartigkeit des Raumes in alle Richtungen auch eines mit 4.21) geben.

Aus (4.20) und (4.21) folgt die Behauptung:

$$k(-v) = k(v)$$
$$n(v) = n(-v)$$

3.) Die Inertialsysteme S und S` sind <oder erscheinen> gleichberechtigt, d.h. man darf in (4.20) x und x`, y und y`, z und z` vertauschen, den Wert von v durch -v ersetzen und die Transformationsformel muß unverändert bleiben. Andernfalls wäre das Relativitätsprinzip verletzt.

(4.22)
$$x = k(-v) (x` + v t)$$
$$y = n(-v) y`$$
$$z = n(-v) z`$$

Daraus folgt:

$$y\,y` = n(v)^2\,y\,y`$$

$$n(v) = 1$$

da n(v) aus Symmetriegründen nicht negativ sein darf.

4.) Nun wird das Prinzip der Konstanz der Lichtgeschwindigkeit angewendet. Es besagt, c ist konstant in allen S < bzw c wird in allen S so gemessen>. In Formeln:

$$x = c\,t \;\dashrightarrow\; x` = c\,t`$$

Aus (4.20) und (4.22) folgen damit die beiden Gleichungen:

(4.23) $\qquad\qquad x` = k(v)\,x\,(\,1 - v\,/\,c\,)$

(4.24) $\qquad\qquad x = k(v)\,x`\,(\,1 + v\,/\,c\,)$

Multipliziert man beide Formeln miteinander, müssen die Faktoren vor x x` gleich sein:

$$x\,x` = k(v)^2\,(\,1 - v^2\,/\,c^2\,)\,x\,x`$$

$$k(v) = 1\,/\,(\,1 - v^2\,/\,c^2\,)^{1/2}$$

5.) Damit hat man

(4.25) $\qquad\begin{aligned}x` &= k\,(\,x - v\,t\,)\\ y` &= y\\ z` &= z\end{aligned}$

und die fehlende Transformation für die Zeit erhält man durch Einsetzen von

$$t` = x`\,/\,c \quad\text{und}\quad x = c\,t$$

in die Beziehung für x`:

$$t` = k\,(\,x\,/\,c - v\,c\,t\,/\,c^2\,)$$

4. Herleitung der Lorentz-Transformationen

(4.26) $\quad t' = k (t - v x / c^2)$

Die Formeln (4.25) und (4.26) sind die Lorentz-Transformationen. Sie sind für beide Interpretationen der Relativitätstheorie hergeleitet, in die Mathematik ist die unterschiedliche Deutung der Koordinatenwerte nicht eingegangen.

Soweit die Herleitung unbefriedigend erscheinen sollte, ist sie es für beide Interpretationen. Letztlich hat sie ihre Berechtigung durch die Übereinstimmung mit der Erfahrung. Von U. E. Schröder findet man in (12) eine weitere, ausführlichere Herleitung der Lorentz-Transformationen aber ohne Anwendung des Prinzips der Konstanz der Lichtgeschwindigkeit, die - entsprechendend variiert - ebenso nachweist, daß in mathematischer Hinsicht in beiden Interpretationen fast identische Argumentationen erlaubt sind und von daher keine der beiden der anderen vorzuziehen ist.

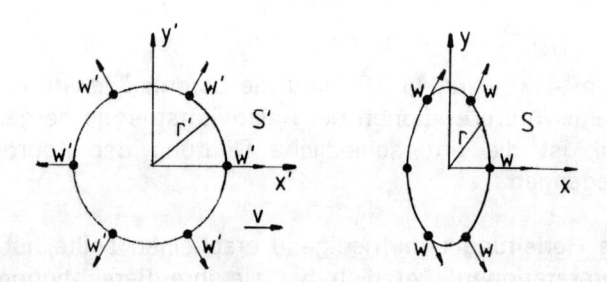

Abb. 5.1 Gedankenexperiment zur relativistischen und relativistisch-klassischen Interpretation.

Haben Elementarteilchen ● in S` in alle Richtungen die Geschwindigkeit w`, haben sie in S unterschiedliche Geschwindigkeiten und unterschiedliche Lebensdauern. Von S aus betrachtet ist für die relativistisch-klassische Interpretation nicht ohne weiteres ersichtlich, ob die Elementarteilchen in S` im Mittel auf einem Kreis mit dem Radius r` zerfallen.

(v = w` = 0.866 c, k = 2, Positionen und Geschwindigkeiten der Elementarteilchen zum Zeitpunkt des Zerfalls.)

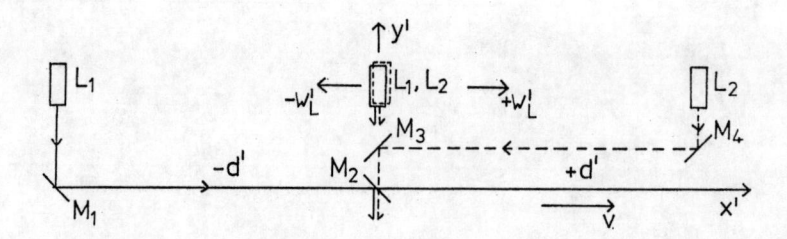

Abb. 5.2 Test des zweiten Postulats (Prinzip der Konstanz der Lichtgeschwindigkeit).

M_1 - M_4 : Spiegel, L_1 , L_2 : Laser

5. Gedankenexperimente zur Unterscheidung zwischen der relativistischen und der relativistisch-klassischen Interpretation

5.1 Einleitung

Akzeptiert man eine unterschiedliche Interpretierbarkeit der Lorentz-Transformationen, liegt die Suche nach einer experimentellen Trennung nahe. Um es vorweg zu sagen, es gibt keine Experimente, mit denen zwischen beiden Interpretationen zu unterscheiden wäre. Trotzdem sind solche Überlegungen nützlich, weil sie die Unterschiede beider Interpretationen deutlich machen.

Man kann experimentell zwischen ihnen nicht unterscheiden, weil für beide Interpretationen das Relativitätsprinzip gilt und für alle Naturvorgänge gleiche Meßergebnisse vorausgesagt werden, obwohl in der relativistisch-klassischen Interpretation nur die Meßwerte relativ zum ausgezeichneten Inertialsystemen den "wirklichen" Wert einer physikalischen Größe beschreiben. Auf diesen Unterschied beziehen sich die folgenden Gedankenexperimente. Sie haben deshalb für die bisherige Sicht der Relativitätstheorie einen sofort erkennbaren Nulleffekt, für die relativistisch-klassische Interpretation gilt dasselbe, es ist aber schwieriger zu ersehen.

5.2 Gedankenexperiment zum Teilchenzerfall

Man lasse Elementarteilchen der mittleren Lebensdauer t_m mit derselben Geschwindigkeit $w`$ in $S`$ in alle Richtungen fliegen. Dann zerfallen sie im Mittel nach derselben Zeitspanne und haben den Weg $r`$ zurückgelegt:

(5.1) $$r` = \frac{t_m \, w`}{(1 - w`^2 / c^2)^{1/2}}$$

wobei für t_m die Zeitdilatation zu berücksichtigen ist. Alle Teilchen zerfallen im Mittel auf einem Kreis mit dem Radius r`, wenn sie von einem Punkt aus starten.

Auf Grund des Relativitätsprinzips gilt das für alle Inertialsysteme und nicht nur für ein ausgezeichnetes und wird in gleicher Weise in beiden Interpretationen vorausgesagt. Aber in diesem speziellen Fall kann das Relativitätsprinzip überprüft werden. Für die relativistische Interpretation ist das trivial, Formel (5.1) gilt für jedes beliebige Inertialsystem S`, überall ist dasselbe Versuchsergebnis zu erwarten. Für die relativistisch-klassische Interpretation ist das komplizierter, Formel (5.1) gilt zunächst einmal nur für das ausgezeichnete Inertialsystem, S` soll aber ein beliebiges Inertialsystem sein. Haben die Elementarteilchen in S` die Geschwindigkeit w`, so haben sie im ausgezeichneten Inertialsystem S in die verschiedenen Richtungen unterschiedliche Geschwindigkeiten, in Bewegungsrichtung von S` v + w, entgegen v - w, senkrecht dazu $(v^2 + w^2)^{1/2}$.

Die Idee zwischen beiden Theorien zu unterscheiden lautet: Da relativ zu S die Elementarteilchen wegen der unterschiedlichen Geschwindigkeit unterschiedliche Lebensdauern haben und dies ihre wirkliche Größe ist, müssen sie sich in S`, wo sie dieselbe Geschwindigkeit besitzen, unterschiedlich weit bewegen. Sie werden im Mittel nicht auf einem Kreis vom Radius r` zerfallen. Dies wäre dann ein Widerspruch zur Erfahrung.

Die genaue Rechnung zeigt, daß diese Idee nicht trägt. Der Grund ist: Zur höheren Lebensdauer in S gehört sogar noch die höhere Geschwindigkeit in S, aber S` bewegt sich ebenfalls in S, die Elementarteilchen mit der hohen Geschwindigkeit laufen dem Inertialsystem S` hinterher und umgekehrt. Rechnen wir für Teilchen in positive und negative x-Richtung: S` ist ein Inertialsystem und es gilt das relativistische Additionstheorem, Formel (2.13), weil in S` Uhren gemäß der Einstein-Konvention synchronisiert sein müssen:

$$(5.2) \qquad w_r = \frac{v + w`}{1 + v w`/c^2}$$

5. Gedankenexperimente zur Unterscheidung ...

$$(5.3) \qquad w_l = \frac{v - w`}{1 - v\,w`/c^2}$$

Der hier untersuchte Sonderfall entspricht mit anderen Bezeichnungen der Bewegung von Uhren in Abb. 7.6. Nach rechts in positive x-Richtung fliegende Teilchen haben in S die mit w_r bezeichnete Geschwindigkeit, sie legen den Weg sr zurück. Entsprechend in S` $w`_r$ und $s`_r$ und nach links $w_l$, $w`_l$, s_l, $s`_l$. Für die Zeitdilatation gilt:

$$t_m(w_r) = t_m / (1 - w_r^2/c^2)^{1/2}$$

$$t_m(w_l) = t_m / (1 - w_l^2/c^2)^{1/2}$$

In S zurückgelegter Weg:

$$s_r = w_r\, t_m(w_r)$$

$$s_l = w_l\, t_m(w_l)$$

S` bewegt sich mit v in S, es legt die Wege zurück:

$$s(S`_r) = v\, t_m(w_r)$$

$$s(S`_l) = v\, t_m(w_l)$$

Von S aus betrachtet legen die Elementarteilchen in S` die Wege zurück:

$$s_r - s(S`_r) = (w_r - v)\, t_m(w_r)$$

$$s_l - s(S`_l) = (w_l + v)\, t_m(w_l)$$

In S` ist das ein um den Faktor k längerer Weg

$$s_r` = k\,(s_r - s(S`_r))$$

$$s_l` = k\,(s_l - s(S`_l))$$

$s_r\,\grave{}$, $s_l\,\grave{}$ müssen gleich $r\,\grave{}$ sein, was die Rechnung bestätigt:

(5.12) $$s_r\,\grave{} = \frac{k\,(\,w_r - v\,)\,t_m}{(\,1 - w_r^{\,2}/c^2\,)^{1/2}}$$

(5.13) $$s_l\,\grave{} = \frac{k\,(\,w_l + v\,)\,t_m}{(\,1 - w_l^{\,2}/c^2\,)^{1/2}}$$

Mit den Formeln

(5.14) $$w_r - v = w\,\grave{}\ \frac{1 - v^2/c^2}{1 + v\,w\,\grave{}/c^2}$$

und (5.15)

$$(\,1 - w_r^{\,2}/c^2\,)^{1/2} = \frac{(1 - v^2/c^2)\,(\,1 - w\,\grave{}^{\,2}/c^2\,)}{1 + v\,w\,\grave{}/c^2}$$

und analog für w_l ergibt sich eingesetzt in $s_r\,\grave{}$ und $s_l\,\grave{}$ die Behauptung. Für die $y\,\grave{}$- Richtung ist das Ergebnis nicht anders.

(Formeln (5.14) und (5.15) sind mathematische Identitäten, die bestätigt werden können, indem w_r durch Formel (5.2) eliminiert wird.)

5.3 Ein Gedankenexperiment zur Messung der Ein-Weg-Lichtgeschwindigkeit mit Hilfe von Lasern.

Nach der relativistischen Interpretation ist die Lichtgeschwindigkeit in allen Inertialsystemen konstant c, nach der relativistisch-klassischen Interpretation ist sie es nur im ausgezeichneten Inertialsystem S. In relativ zu S bewegten Inertialsystemen wird sie aber als c gemessen, wenn die Uhren in üblicher Weise synchronisiert sind, an sich ist sie beispielsweise in Bewegungsrichtung c - v, und c + v entgegen dazu. Das gibt Anlaß zu dem folgenden Gedankenexperiment mit zwei Lasern, um zwischen beiden Interpretationen zu unterscheiden.

5. Gedankenexperimente zur Unterscheidung ...

Betrachtet man die Versuchsanordnung der Abb. 5.2, so sind Lichtwellen, die von zwei Lasern L_1 und L_2 über die Spiegel M1 und M4 im Abstand 2 d` ausgesendet werden, beim Zusammentreffen an den Spiegeln M_2 und M_3 nicht in Phase, wenn sie es in M_1 und M_4 waren, weil die Lichtgeschwindigkeit relativ zum ausgezeichneten System $S(x,y,z,t)$ c - v und c + v beträgt. Man weiß aber nicht, ob die Lichtwellen bzw. die Laser L_1 und L_2 an den Stellen M_1 und M_4 in Phase sind. Deshalb bewegt man die Laser L_1 und L_2 zunächst nach M_2, M_3, bringt sie in Phase und verschiebt sie mit konstanter Geschwindigkeit w` nach M_1 und M_2. Bei diesem Transport ändern die Laser ihre Phase in definierter Weise und man kann jetzt die Phase von L_1 und L_2 an der Stelle vorausberechnen und eine evtl. Phasendifferenz auch experimentell bestimmen. Nach der relativistischen Interpretation gibt es keine Phasendifferenz, die genaue Rechnung, die im folgenden durchgeführt wird, zeigt dasselbe für die relativistisch-klassische Interpretation.

(Dies hier untersuchte Experiment ist in Varianten in der Literatur (51) (52) (54) verschiedentlich und zu Unrecht zur Messung der Ein-Weg-Lichtgeschwindigkeit vorgeschlagen worden (50). Der Verfasser selbst war diesem Irrtum erlegen und hatte 1974 den Vorschlag der Abb. 5.2 zur Veröffentlichung eingereicht. Er wurde angenommen, gerade noch rechtzeitig konnte der Verfasser seinen Vorschlag zurückziehen.)

Da das Ergebnis klar ist, wurde die Rechnung komprimiert aber deshalb etwas komplizierter.

Die Phasen der Lichtwellen der Laser L_1 und L_2 werden mit $\Phi_{L\,1}(x,t)$ und $\Phi_{L\,2}(x,t)$ bezeichnet. Zum Zeitpunkt t` = t = 0 befinden sich $L_1$, $L_2$ an der Position x` = x = 0 und die Phasen sind $\Phi_{L\,1}(0,0) = \Phi_{L\,2}(0,0) = \Phi_0$. Die Geschwindigkeit w`$_L$ von $L_1$, $L_2$ wird in S` gemessen, dessen Uhren nach der Einsteinschen Konvention synchronisiert sind. Deshalb kann w_L nach dem rel. Additionstheorem ermittelt werden:

$$(5.20) \qquad w_L = \frac{v + w_L`}{1 + w_L` \, v / c^2}$$

Die Zeitdauer, um $L_1 \cdot L_2$ in S` nach x` = d` zu bewegen, beträgt

$$Dt` = d`/ w_L`$$

Im ausgezeichneten System S(x,y,z,t) lauten die entsprechenden Zeitintervalle $Dt_{L\,1}$ und $Dt_{L\,2}$. Sie sind voneinander verschieden, für L_2 bekommt man

$$w_L \; Dt_{L\,2} - v \; Dt_{L\,2} = d`/ k$$

$$Dt_{L\,2} = d`/ k \, (w_L - v)$$

$$Dt_{L\,2} = k \, d` \, ( 1 + w_L` \, v / c^2) / w_L`$$

Entsprechend für L_1:

$$Dt_{L\,1} = k \, d` \, ( 1 - w_L` \, v / c^2) / w_L`$$

Während der Verschiebung der Laser haben sie die Frequenz $f_{L\,1}$, $f_{L\,2}$:

$$f_L = f / k$$

wobei f die Frequenz der Laser in Ruhe in S und k eine Funktion der Geschwindigkeit der Laser relativ zu S ist. Nur relativ zu S` haben die Laser dieselbe Geschwindigkeit $w_L`$.

Mit diesen Formeln läßt sich die Phase der beiden Lichtwellen mit den Wellenlängen l_+ und l_- an der Stelle x` = 0 als Funktion der Zeit angeben:

$$\Phi_{L\,2}\,(x`=0, t > Dt_{L\,2})$$

$$= \Phi_0 + Dt_{L\,2} \, 2\pi f_{L\,2} + d` \, 2\pi / (k \, l_-)$$

$$+ \, 2\pi f \, (t - Dt_{L\,2}) / k$$

$$\Phi_{L\,1}\,(x`=0, t > Dt_{L\,1})$$

$$= \Phi_0 + Dt_{L\,2} \, 2\pi f_{L\,1} + d` \, 2\pi / (k \, l_+)$$

5. Gedankenexperimente zur Unterscheidung ...

$$+ 2\pi f(t - Dt_{L\,1})/k$$

$$-(Dt_{L\,2} - Dt_{L\,1})\,2\pi f/k$$

Weil $\quad Dt_{L\,2}\,2\pi f_{L\,2} = Dt_{L\,1}\,2\pi f_{L\,1}$

erhält man

(5.30) $\quad \Phi_{L\,1}(x`=0,t) - \Phi_{L\,2}(x`=0,t)$

$$= 2\pi d`(1/l_+ - 1/l_-)/k - d`\,2\,v\,2\pi f/c^2$$

Die Formeln für die Wellenlängen lauten:

$$l_+ = (c - v)k/f$$

und

$$l_- = (c + v)k/f$$

Sie in die Phasendifferenz (5.30) eingesetzt, ergibt null, wie vorhergesagt.

Mit den beiden Gedankenexperimenten ist veranschaulicht, weshalb experimentell nicht zwischen der relativistischen und relativistisch-klassischen Interpretation unterschieden werden kann. Sie zeigen ausserdem: die schwächere Annahme, Längenkontraktion und Zeitdilatation gibt es nur relativ zu einem ausgezeichneten Inertialsystem, genügt zur Erklärung relativistischer Experimente.

5.4 Stellungnahmen zur relativistisch-klassischen Interpretation - Mittelstaedt, Treder, Sexl

So überzeugend die Überlegungen zur relativistisch-klassischen Interpretation sein mögen, manchen Leser wird es verwundern, weshalb einerseits so viele Wissenschaftler für sie plädieren, (40)-(49), andererseits in den üblichen (und zahlreicheren) Lehrbüchern darüber so gut wie nichts zu finden ist. Beispielhaft soll deshalb auf die überdurch-

Roman U. Sexl

Abb. 5.3   Roman U. Sexl, Wien, 1939 - 1986.

Bis 1986: Professor und Vorstand für Theoretische Physik, Universität Wien
Mitglied der internationalen Komitees für Physikerziehung sowie
für allgemeine Relativitätstheorie und Gravitation

1972 - 1976: Abteilungsleiter am Institut für Weltraumforschung der Österreichischen Akademie der Wissenschaften

Bekannt durch seine Publikationen: A Test Theory of Special Relativity; Weiße Zwerge - Schwarze Löcher; Gravitation und Kosmologie; Raum - Zeit - Relativität; Relativität - Gruppen - Teilchen. (2), (38-1)-(38-4), (46-1)-(46-3), (101), (117)

Die Gültigkeit der Lorentz-Transformationen
ist experimentell nachgewiesen.
|
Sie sind herleitbar aus:
/ \
Einsteinsche Relativitätsprinzip   Wirkungen relativ zu einem aus-
| gezeichneten Inertialsystem.
\ /
Mit den wichtigen Ergebnissen:
/ \
Relativität der Gleichzeitigkeit,   Absolute Gleichzeitigkeit,
Raum und Zeit bestehen als   Newtonscher Raum und davon
Minkowski-Raum   unabhängig die absolute Zeit
\ /
Wie ist zwischen beiden Interpretationen zu unterscheiden?
|
Nicht experimentell
((46-1), Kap. 5. Im Gegensatz zu üblichen Ansichten.)
|
Nicht mit Hilfe der Paradoxien
(wegen derselben Formeln, (38-3), Kap. 7)
|
Die allgemeine Relativitätstheorie ist in gleicher Weise
doppelt deutbar ((101, 117), Kap. 11)
|
Aber: Das Einsteinsche Relativitätsprinzip ist
philosophisch-wissenschaftstheoretisch überlegen ((38-3), Kap. 8)

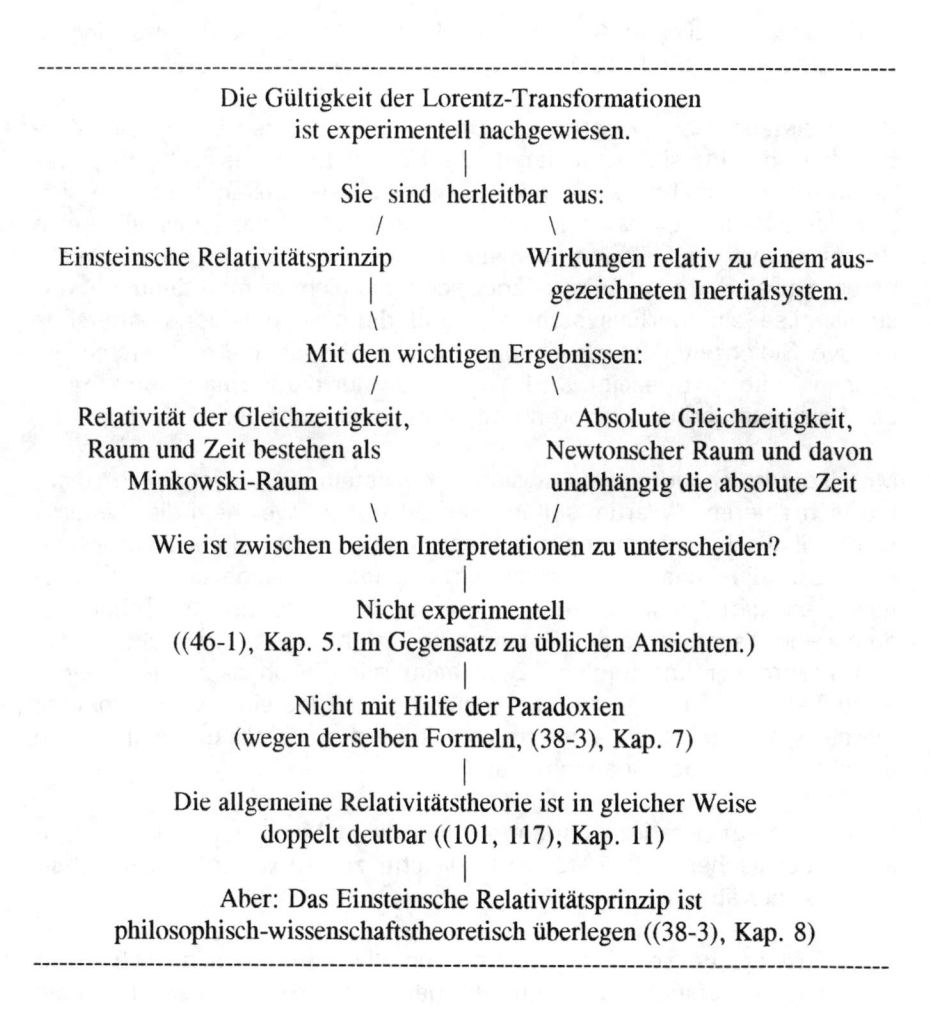

Abb. 5.4   Zur Raum-Zeit-Theorie von Roman U. Sexl, Wien, 1939 - 1986.

Die Raum-Zeit-Theorie von Sexl weist beide Interpretationen als experimentell gleichwertig nach - sowohl innerhalb der speziellen als auch der allgemeinen Relativitätstheorie. Darin liegt die überragende Bedeutung dieser Theorie. Die relativistische Interpretation wird schließlich aus philosophisch-wissenschafts-theoretischen Gründen vorgezogen; ein unabweisbarer Zwang durch das Experiment besteht nicht mehr.

schnittlich gründlichen Arbeiten von P. Mittelstaedt (34), H.-J. Treder (31-3), sowie R. Sexl (46-1ff) eingegangen werden.

P. Mittelstaedt überrascht in seinem weit verbreiteten Werk "Der Zeitbegriff in der Physik" (34) damit, die relativistisch-klassische Interpretation nicht einmal zu erwähnen, obwohl sie ihm bekannt ist, wie sich aus der zitierten Literatur ergibt. Für ihn besteht dazu deshalb keine Veranlassung, weil alle Inertialsysteme, wie die Erfahrung zeigt, gleichberechtigt sind, keines wird ausgezeichnet. Zeichnet man dennoch versuchsweise ein Inertialsystem aus und definiert die hier bestehende relative Gleichzeitigkeit als absolut für alle übrigen Inertialsysteme, so geht - wie korrekt gezeigt wird, wenn man nur die Formeln betrachtet - das Relativitätsprinzip verloren und ist deshalb nicht gerechtfertigt.

Mittelstaedts Standpunkt läßt sich mit Einstein (90-1) inhaltlich, nicht wörtlich zitieren: "Warum soll ich das System K, welchem die Systeme K` physikalisch vollkommen gleichwertig sind, in der Theorie vor letzterem durch die Annahme auszeichnen, daß (es ein ausgezeichnetes Inertialsystem gibt)? Eine solche Asymmetrie des theoretischen Gebäudes, dem keine Asymmetrie des Systems der Erfahrungen entspricht, ist für den Theoretiker unerträglich. Es scheint mir die physikalische Gleichwertigkeit von K und K` mit der Annahme, daß (es ein ausgezeichnetes Inertialsystem gibt), zwar nicht vom logischen Standpunkte geradezu unrichtig, aber doch unannehmbar."

Logisch "nicht geradezu unrichtig", das billigt Mittelstaedt der relativistisch-klassischen Interpretation (vielleicht) zu, zu wenig, um sie überhaupt zu erwähnen.

H.-J. Treder, dessen Standpunkt ebenfalls von Einstein nicht weit abweicht, untersucht dagegen alternative Interpretationen in seiner Arbeit "Aktive und passive Verallgemeinerungen der Lorentz-Poincare`-Transformationen und das Licht- und das Relativitätsprinzip von Einstein" (31-3) am Beispiel der Thesen von Holst (44-1) und Janossy (45-4). Er sagt dort und begründet es etwas abstrakter als hier wiedergegeben werden kann: "Gäbe es hingegen entsprechend der Konzeption von Lorentz (1895) ein privilegiertes (absolutes) Bezugssystem, so könnte ... zwischen der Zu- und der Abnahme (Anm.: einer absoluten

5. Gedankenexperimente zur Unterscheidung ... 75

Geschwindigkeit) unterschieden werden" und daraus ließen sich dann alternativ die relativistischen Formeln ableiten.

Wie H.-J. Treder - in Einklang mit Einstein (90-1) - anmerkt, ist der Begriff eines Äthers auch in der Relativitätstheorie legitim. Unter Äther versteht man das, was ein bestimmtes Inertialsystem physikalisch vor den übrigen auszeichnet und beispielsweise die Lorentz-Kontraktion verursachen kann, (s. Kap. 8.7). "Jedoch fällt (Anm.: in der Relativitätstheorie) ... jeder kinematische Bezug auf den Äther aus der Dynamik der Teilchen und Felder heraus. ... Dieses läßt sich natürlich auch so deuten, daß die Wechselwirkung zwischen "Äther und Materie" gerade durch die Lorentz-Kontraktion, die Einstein-Dilatation usw. so reguliert wird, daß alle von der Geschwindigkeit relativ (Anm.: zum privilegierten Inertialsystem) abhängigen Effekte kompensiert sind. - Diese "kausale" Interpretation der (Anm.: speziellen Relativitätstheorie), die auf Lorentz zurückgeht, wurde von Holst ... übernommen und ist neuerdings von Janossy systematisch durchgeführt worden." Sie ist nichts anderes als unsere relativistisch-klassische Interpretation und für sie gilt: "Borns Kritik trifft den Kern des Problems: Kinematische Effekte bedürfen keiner "Ursache"." (31-1)

Wie ist Borns Kritik zu verstehen? Kinematische Effekte sind die Folgen (Effekte) einer kräftefreien Bewegung. Längenkontraktion, Zeitdilatation, Massenzunahme $m(v)$ usw. sind allein von der Bewegung, der Relativgeschwindigkeit, abhängig und deshalb nicht mit Kräften in Verbindung zu bringen. Diese Effekte haben keine Ursache im eigentlichen Wortsinn, sie erklären sich durch die neuartige Raum-Zeit-Struktur.

Damit liegt die Erwiderung fest: Im gekrümmten Raum, wie ihn eine Kugelfläche bildet, ist eine Kreisbewegung rein kinematisch, im normalen Raum ist sie die Wirkung einer (Zentripetal-)Kraft. Das Relativitätsprinzip hat für unterschiedliche Räume unterschiedliche Bedeutung. Ist notwendigerweise der Raum wirklich, für den das Relativitätsprinzip besonders elegant formulierbar ist?

H.-J. Treder billigt der relativistisch-klassischen Interpretation zumindest logische Konsistenz zu. Sein Standpunkt läßt sich gut mit v. Laue (46-6) zitieren: "Eine eigentliche experimentelle Entscheidung zwischen der erweiterten Lorentzschen und der Relativitätstheorie ist dagegen wohl überhaupt nicht zu erbringen, und wenn die erstere trotzdem in den Hintergrund getreten ist, so liegt dies hauptsächlich daran, daß ihr, so nahe sie auch der Relativitätstheorie kommt, doch das große, einfache, allgemeine Prinzip mangelt, dessen Besitz der Relativitätstheorie schon in ihrer jetzigen (Anm.: 1911), noch sehr der weiteren Entwicklung bedürftigen Gestalt etwas Imposantes verleiht." - womit Einsteins Formulierung des Relativitätsprinzips gemeint ist.

Die eindeutigste Zustimmung allgemein anerkannter Wissenschaftler findet sich in der viel zitierten Arbeit von R. Mansouri, R. U. Sexl "A test theory of special relativity" (46-1ff). Dort finden sich unsere Überlegungen zur relativistisch-klassischen Interpretation und es heißt: (engl.) "Wir gelangen auf diese Weise zu dem bemerkenswerten Ergebnis, daß eine Theorie mit einer absoluten Gleichzeitigkeit zur speziellen Relativitätstheorie äquivalent ist." und weiter: "So kann die viel diskutierte Frage zustimmend beantwortet werden, ob die spezielle Relativitätstheorie und eine Äthertheorie, die die Zeitdilatation und Längenkontraktion einbezieht, aber eine absolute Gleichzeitigkeit bewahrt, empirisch gleichwertig sind."

Klare Worte von Mansouri und Sexl, die ein Kommentar nur schmälern kann. Jedoch, empirisch gleichwertig bedeutet nicht an sich gleichwertig. Die relativistisch-klassische Interpretation trägt die Last, den Ätherbegriff zu klären, die relativistische die Last der Paradoxien und philosophischen Bedenken, wie die weiteren Überlegungen zeigen werden.

Zur Position von Sexl - von besonderem Gewicht, da sie ein weithin bekannter und anerkannter Wissenschaftler vertritt - einige weitere, zum Teil vorgreifende Hinweise, s. Abb. 5.3 + 5.4:

Die empirische Gleichwertigkeit beider Alternativen wird von Sexl mehrfach betont: "... man kann durch Messung von Raum- und Zeitintervallen zwischen beiden Theorien nicht unterscheiden" (38-3). "Wir sehen also, daß hier die ... Theorie von Einstein genau dasselbe verlangt, wie die ... Theorie von Lorentz. ... Und hier sei gleich allgemein bemerkt: Ganz prinzipiell gibt es kein experimentum crucis (Anm.: unterscheidendes Experiment) zwischen diesen beiden Theorien." (Zitat von P.Ehrenfest 1913 in (38-3))

Einen möglichen Vorzug der alternativen Lorentzschen Theorie bei der Klärung der Paradoxien bestreitet Sexl: "Man überzeugt sich aber leicht, daß alle beobachtbaren Konsequenzen wie "Uhrenparadoxon" etc. in dieser Version der Theorie ebenso resultieren wie in der Standardversion. Beide Versionen unterscheiden sich, um dies nochmals zu betonen, nur um eine Konvention über Synchronisation von Uhren."

Die ausführliche Untersuchung dazu verschiebt sich in Kap. 7.6. Sexl begnügt sich im wesentlichen mit dem Hinweis auf die asymmetrische Situation beider Uhren und sagt: "Der Irrtum in dieser Argumentation liegt darin, daß das ... Koordinatensystem (Anm.: s. Abb. 7.9) ... krummlinig ist. Dem entspricht die Tatsache, daß das mit der Uhr 2 (Anm.: mit der Uhr M_r) mitbewegte System kein Inertialsystem ist. Die Benutzung eines derartigen Systems ist natürlich ... zulässig, ... nur muß man alle Formeln geeignet transformieren ..." und die Vorhersagen werden für beide Uhren dieselben. (38-3)

Sexl läßt offen, inwieweit ein geändertes Relativitätsprinzip, wie in Kap. 4.5, beide Alternativen wissenschaftstheoretisch gleichwertig macht. Aber mit Hinblick auf die Schwierigkeiten der Lorentzschen Alternative sagt er: "Der negative Ausgang all dieser Experimente (Anm.: vergeblicher Nachweis einer absoluten Bewegung durch den Raum) konnte in der Äthertheorie jedesmal durch geeignete Modifikation der Grundgleichungen, wie beispielsweise durch den Einbau der Lorentzkontraktion, widerspruchsfrei gedeutet werden. Doch hätte auch jedes positive Ergebnis dieser Versuche innerhalb der Äthertheorie eine ... Erklärung finden können." (38-4) Nur die Einsteinsche Theorie sagt die Ergebnisse eindeutig voraus und wird deshalb als überlegen angesehen. Das berührt die Ausführungen in Kap. 8.

Von besonderer Bedeutung ist von Sexl zusammen mit Urbantke die doppelte Deutung der Thesen eines gekrümmten Raumes in der allgemeinen Relativitätstheorie. Sie führt in (117) zu (fast) einer alternativen Relativitätstheorie und wird in (101) anschaulich begründet. Sie ist gleichfalls nicht sinnvoll zu bestreiten, wie in Kap. 11 gezeigt wird.

Die überragende Leistung R. U. Sexls zusammen mit R. Mansouri und H. K. Urbantke liegt in dem Nachweis, daß die relativistische und relativistisch-klassische Interpretation experimentell gleichwertig sind - sowohl in der speziellen als auch in der allgemeinen Relativitätstheorie - und damit Raum-Zeit-Theorien philosophisch-wissenschaftstheoretisch gelöst werden müssen - im Gegensatz zur üblichen Darstellung in Vorlesungen und Lehrbüchern.

6. Die Begriffe Länge und Abstand in der speziellen Relativitätstheorie

6.1 Längen und Abstände relativistisch interpretiert

Wie sich zeigen wird, ist an der relativistischen Interpretation unbefriedigend, was sich auf die Fragen: Was ist an der Längenkontraktion real? Gibt es Länge an sich? bezieht. Allerdings sind das philosophische Fragen, wenn man sich vor Augen hält, daß für alle Arten von Längenmessungen Übereinstimmung zwischen Theorie und Experiment besteht.

Einstein hat sich zu der Frage: Sind Lorentz-Kontraktionen real? in einer Veröffentlichung (80) geäußert: Er wendet sich dort gegen die Interpretation der Lorentz-Kontraktion als nur scheinbar. Diese Ansicht liegt zunächst einmal nahe. Die Lorentz-Kontraktion wird festgestellt, indem Anfangs- und Endpunkt eines bewegten Stabes zu einem bestimmten Zeitpunkt mit einem ruhenden Maßstab verglichen werden. Auf Grund der Relativität der Gleichzeitigkeit ist das im Ruhesystem des Stabes nicht gleichzeitig. Im Ruhesystem hat der Stab seine Länge unveränderlich zu beliebigen Zeiten. In Wirklichkeit, real, ist der Stab also nicht kürzer geworden.

Dagegen wendet Einstein ein (s. Abb. 6.1): " ... das würde Herr ... vielleicht zugeben, also in gewissem Sinne seine Aussage zurücknehmen, daß die Lorentz-Kontraktion eine subjektive Erscheinung sei... Es seien zwei (ruhend verglichen) gleichlange Stäbe A` B` und A" B", welche längs der x-Achse eines beschleunigungsfreien Koordinatensy-

6. Die Begriffe Länge und Abstand in der speziellen Relativitätstheorie

stems ... gleiten können. A` B` und A" B" sollen aneinander vorbeigleiten, wobei A` B` im Sinne der positiven, A" B" im Sinne der negativen x-Achse mit beliebig großer konstanter Geschwindigkeit bewegt sei.

Dabei begegnen sich die Endpunkte A` und A" in einem Punkt A˜, die Endpunkte B` und B" in einem Punkt B˜. Die Entfernung A˜ B˜ ist dann nach der Relativitätstheorie kleiner als die Länge eines jeden der Stäbe A` B` A" B", was mit einem der Stäbe konstatiert werden kann, indem derselbe im Zustand der Ruhe an der Strecke A˜ B˜ angelegt wird"

Real ist die Längenkontraktion, wie die elegante Argumentation Einsteins zeigt, weil sie auch ohne Uhrensynchronisation im bewegten Inertialsystem nachweisbar ist. Das ist einzusehen. Aber andererseits gilt nun, ein Körper hat beliebig viele reale Längen, nämlich alle die in den beliebig bewegten Inertialsystemen gemessenen. Werden Inertialsysteme senkrecht zur Stablänge bewegt, bleibt aber die Länge unverändert.

So real alle diese Längenmessungen sind, kann man nicht eine von ihnen auszeichnen? Als erste Idee nimmt man dafür die Ruhelänge eines Stabes, bzw. Körpers. Die Ruhelänge zeichnet es aus, unabhängig von einer Zeitmessung zu sein. Sie wird mit ruhenden Maßstäben gemessen und gilt für alle Zeiten. Die sich gegeneinander bewegenden Stäbe im obigen Beispiel von Einstein sind ja gar nicht gleich lang, ihre Endpunkte treffen sich gar nicht gleichzeitig - sie verhalten sich so nur in einem bestimmten Inertialsystem, in dazu bewegten haben sie unterschiedliche Längen und ihre Endpunkte treffen sich nacheinander. Für ruhende Längen gilt das nicht, sie sind ausgezeichnet gegenüber anderen realen Längen.

Es gibt aber eine weitere Länge, die ähnlich zeitunabhängig ist wie die Ruhelänge - kreisförmig bewegte Ringe im Gedankenexperiment Kap. 6.4. Man kann jeden ruhenden Stab in Gedanken zu einem Ring gleicher Ruhelänge verformen und dann in Drehung versetzen. Seine aktuelle Rotationslänge ist mit ruhenden Maßstäben zu beliebigen Zeiten meßbar und ändert sich nicht in beliebig langer Zeit. Man befestige einen Bleistift an der Peripherie des Ringes. Dann zeichnet der rotierende Ring auf eine geeignete Unterlage einen Kreis, dessen Umfang und

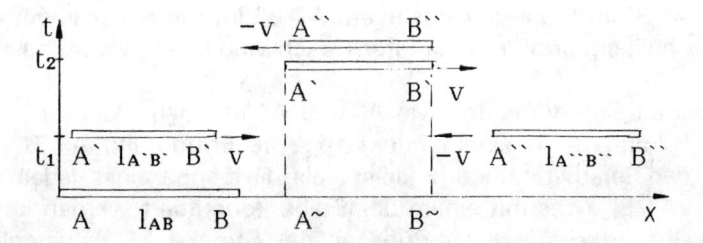

80 Die Paradoxien und das Raum-Zeit-Kontinuum der speziellen Relativitätstheorie

Abb. 6.1 Einsteins Gedankenexperiment zur Lorentz-Kontraktion.

Gleichlange Stäbe nähern sich mit gleicher Geschwindigkeit v aus entgegengesetzten Richtungen. Die Lorentzkontraktion ist "keine subjektive Erscheinung" sondern real, weil A˜B˜ gemessen, wenn sich A`A`` und B`B`` decken, kleiner ist als AB, die Ruhelänge der Stäbe.

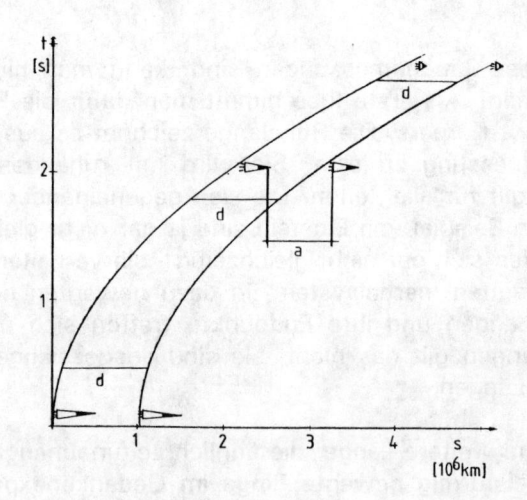

Abb. 6.2 Unterschiedliche Lorentz-Kontraktion von Längen und Abständen.

Zwei Raketen R_1 und R_2 werden in S konstant mit b beschleunigt. Der Abstand d der Raketenschwerpunkte bleibt unverändert, der Abstand a zwischen der Spitze von R_1 und dem Ende von R_2 nimmt zu, da die Raketen selbst kontrahieren.

6. Die Begriffe Länge und Abstand in der speziellen Relativitätstheorie

Radius im Ruhesystem gemessen werden kann. Die Rotationslänge ist relativ zu allen Inertialsystemen kleiner als die Länge des nicht rotierenden Ringes. Das gilt unabhängig von der Relativität der Gleichzeitigkeit.

Trotzdem gibt es in der relativistischen Interpretation keine Möglichkeit irgendeine der gemessenen Längen als irgenwie "realer" vor den anderen auszuzeichnen. Betrachten wir den rotierenden Ring, er ist kürzer geworden, also müßte wenigstens eines seiner Stücke l_n (s. Abb. 6.3) kürzer als vorher geworden sein, aus Symmetriegründen eigentlich alle l_n. Aber betrachten wir die l_n aus dem entsprechenden $S_n\hat{\,}$, so hat jedes l_n seine Ruhelänge $l_n\hat{\,}$, alle übrigen l_n haben sich verkürzt. Das dem ruhenden $l_n\hat{\,}$ gegenüberliegende l_n am stärksten von allen. Obwohl sich der Ring verkürzt hat, hat sich keines seiner Teile verkürzt oder jedes stärker als erforderlich, je nach Bezugsystem. Die Berechnung der Gesamtlänge ergibt aber stets das richtige, experimentell überprüfbare Ergebnis.

Diese Art der Diskussion soll zeigen: Ein Teil der stets realen Längen spricht für wirkliche, den Körpern zuzusprechende Größen, ein anderer Teil für scheinbare, reine Meßgrößen. Die relativistische Interpretation besitzt kein Konzept zwischen ihnen zu unterscheiden, alle Meßergebnisse sind i_n der gleichen Weise real. Man darf fragen: Beschreibt die relativistische Interpretation die Wirklichkeit wie sie ist oder erklärt sie unzulässig als gleich, was lediglich als gleich gemessen wird, hat ein Körper Länge an sich oder ist er real nur relativ zu einem Inertialsystem?

Zu diesen Fragen läßt sich einwenden: Für die relativistische Interpretation gibt es ein vierdimensionales Raum-Zeit-Kontinuum, es gibt nicht den Raum an sich und die Zeit an sich. Deshalb gibt es für Körper auch keine Länge an sich; was es für alle Körper gibt, ist ihr vierdimensionaler Abstand Ds, (s. Kap. 8.3):

(6.1) $\qquad Ds = (Dx^2 + Dy^2 + Dz^2 - c^2 Dt^2)^{1/2}$

So gilt für eine bewegte Länge im System S`:

(6.2) $\qquad Ds = (Dx\hat{\,}^2 + Dy\hat{\,}^2 + Dz\hat{\,}^2)^{1/2}$

$$= (Dx^2 + Dy^2 + Dz^2 - c^2 Dt^2)^{1/2}$$

wobei Dx, Dy, Dz die Dx`, Dy`, Dz` entsprechenden Längen im System S sind und Dt die Zeitdifferenz, die die Uhren in S anzeigen, wenn in S` gleichzeitig gemessen wird und dieses Ds hat für alle Inertialsysteme denselben Wert.

Das ist aber nichts für Längen eines Körpers Charakteristisches, denn jeder beliebige Abstand von zwei Punkten hat von jedem Inertialsystem aus betrachtet denselben Wert, vorausgesetzt, man mißt die Abstände zu den der Lorentztransformation entsprechenden Zeiten. Invariant sind auch nicht die Ergebnisse der Längenmessungen, die innerhalb der verschiedenen Systeme gleichzeitig durchgeführt werden, sondern die Ergebnisse der Messungen gleichzeitig in vielleicht einem System, in den übrigen dann aber zu den entsprechend transformierten Zeitpunkten, also nicht mehr gleichzeitig. So hat beispielsweise eine in S ruhende Länge Dl gleichzeitig in S` gemessen, in S` den Abstand

$$Dl` = Dl (1 - v^2/c^2)^{1/2}$$

Während sich

$$Dl` = Dl / (1 - v^2/c^2)^{1/2}$$

ergibt, wenn ich in S` Anfangs- und Endpunkt so messe, daß in S Gleichzeitigkeit besteht. Mit anderen Worten, die Invarianz des vierdimensionalen Raum-Zeit-Abstandes ermöglicht auch keine Definition einer vom Inertialsystem unabhängigen räumlichen, evtl. vierdimensional gemessenen Länge.

Deshalb ist es konsequent zu sagen: Für die relativistische Interpretation der Relativitätstheorie gibt es keine Länge eines Körpers an sich. Alle gemessenen unterschiedlichen Längen sind in derselben Weise real.

6.2 Längenmessungen relativistisch-klassisch interpretiert

Für die relativistisch-klassische Interpretation ist ein ausgezeichnetes Inertialsystem verfügbar. Alle Meßergebnisse werden zwar in der gleichen Weise wie für die relativistische Interpretation vorhergesagt, aber mit dem Unterschied, relativ zum ausgezeichneten Inertialsystem stellen die Meßergebnisse reale physikalische Größen dar, relativ zu anderen Inertialsystemen enthalten die Meßergebnisse Synchronisationsanteile, sind also (teilweise) scheinbar. Auf Grund des Relativitätsprinzips kann man durch Messungen nicht entscheiden, welches Inertialsystem das ausgezeichnete ist, es ist aber in einer Diskussion "didaktisch" zulässig, ein beliebiges, besonders geeignetes als das ausgezeichnete Inertialsystem anzusehen und "in Gedanken" reale Effekte einzuführen.

Ruht ein Körper bzw. ein Maßstab im ausgezeichneten System, so ist seine dort gemessene Länge seine reale Ruhelänge, bewegt sich ein Körper mit der Geschwindigkeit v relativ zum ausgezeichneten System, so ist er lorentzkontrahiert, seine reale Länge ist jetzt um den Faktor 1 / k kürzer. In einem beliebigen Inertialsystem wird auf Grund des Relativitätsprinzips für den ruhenden Maßstab derselbe Zahlenwert wie im ausgezeichneten System gemessen und für den mit v bewegten derselbe um den Faktor 1 / k verkürzte. In diesen Fällen enthält der Meßwert einen scheinbaren Anteil, der aus der willkürlichen Synchronisationsvorschrift der Uhren folgt. Der Meßwert gibt nicht mehr die reale Länge des Maßstabes wieder.

Da man - ebenfalls wegen des Relativitätsprinzips - das ausgezeichnete System nicht durch Messungen ermitteln kann, kennt man die wirkliche aktuelle Länge eines Stabes nicht. Man weiß nur, es gibt sie und wenn v relativ zum ausgezeichneten System bekannt ist, berechnet sie sich aus der gemessenen Ruhelänge mal dem Lorentzfaktor.

Auch die Besonderheiten der Rotation lassen sich zwanglos deuten. Bei einer Kreisbewegung eines Ringes relativ zum ausgezeichneten System sind alle Ringelemente I_n Lorentz-kontrahiert, relativ zu einem beliebigen Inertialsystem erscheinen sie es, die Meßwerte sind dieselben, der in ihnen enthaltene reale Anteil ist unterschiedlich und nicht bekannt. Betrachtet man ein Ringelement I_n des Umfangs für sich, so kann es

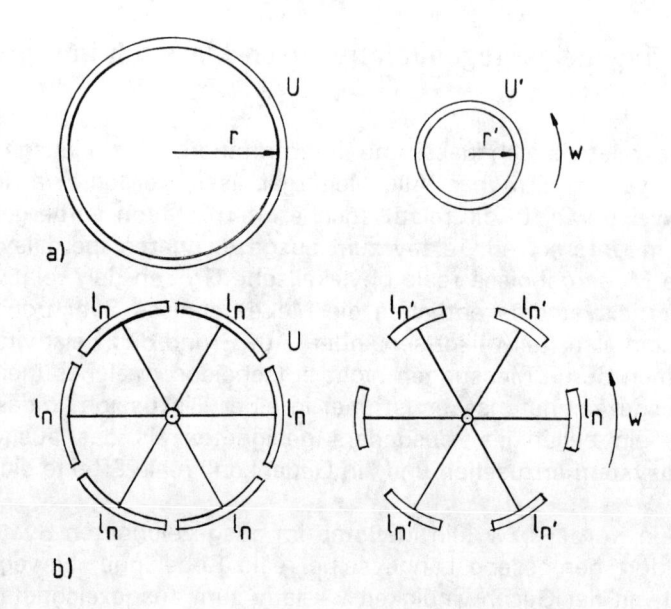

Abb. 6.3 Unterschiedliche Lorentzkontraktion eines geschlossenen und segmentierten Kreisringes

a) Ein starrer Kreisring, in Rotation versetzt, verkürzt sich um den Faktor k.
b) Ein in Segmente zerteilter Kreisring (Rad mit Speichen) in Rotation versetzt, ändert Radius und Umfang nicht, aber zwischen den Segmenten entstehen Lükken.
(Drehgeschwindigkeit w = 2 π f r, f = Umdrehungen pro Sekunde, k = 2, w = v = 0.866 c)

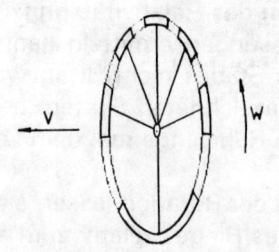

Abb. 6.4 Rollendes Rad

Rollt der segmentierte Ring als Rad in negative x-Richtung, so sind die Segmente unterschiedlich kontrahiert und die Segmentzwischenräume unterschiedlich vergrößert. (k = 2, w = v = 0.866 c)

gerade das sein, das relativ zum ausgezeichneten System ruht, die anderen haben eine entsprechend höhere Geschwindigkeit relativ zum ausgezeichneten System oder der Mittelpunkt ruht oder keines der Stücke l_n - aber in jedem Falle ist der Mittelwert der Geschwindigkeiten größer als die des Mittelpunktes und insgesamt ergibt sich stets ein geringerer Umfang für den rotierenden als für den nicht rotierenden Ring. Der rotierende Ring hat und behält eine kontrahierte Länge, ihr gemessener Betrag ist genau der, den sie rotierend im ausgezeichneten System hätte.

Genau so wie es die Erfahrung zeigt, gibt der rotierende Ring eine reale Länge wieder, seine Teile In haben einen sich ständig ändernden scheinbaren Anteil. Ein einzelnes Teil l_n für sich betrachtet kann jede beliebige kontrahierte Länge haben, sie ist als scheinbar relativ zu einem Ruhesystem geschrumpft interpretierbar, nicht aber alle Teile l_n zusammen - sie haben etwas Reales, wie die Ruhelänge selbst.

Die Deutung gemessener Längen als reale und scheinbare Größen ist in der relativistisch-klassischen Interpretation in Einklang mit der Erfahrung durchführbar. Das vierdimensionale Raum-Zeit-Kontinuum bedeutet in dieser Interpretation die Gesamtheit der gemessenen Längen und Zeiten, es ist nicht die Wirklichkeit selbst, der reale Raum und die reale Zeit sind, da das ausgezeichnete Inertialsystem nicht durch Messungen ermittelt werden kann, nicht quantitativ bestimmbar, aber die Gestalt der Naturgesetze ist wegen des Relativitätsprinzips innerhalb eines jeden Inertialsystems erkennbar.

6.3 Linear beschleunigte Körper

Zur weiteren Klärung der Frage, ob Längenkontraktionen reale Längenänderungen bewirken, oder ob es nur meßbare Effekte sind, die ihre Ursache in der Relativbewegung von Inertialsystemen haben, sollen einige Gedankenexperimente durchgeführt werden.

Es soll zunächst gezeigt werden, daß durch die relativistische Längenkontraktion Spannungskräfte auftreten können, Dewan et al. (82) (83).

Betrachten wir eine Rakete R_1, die in einem Inertialsystem S konstant mit dem Betrag b beschleunigt wird, s. Abb. 6.2. Dann gilt

(6.10) $$x_{R1} = 1/2\, b\, t^2$$

Die Länge l der Rakete erfährt dabei eine Lorentz-Kontraktion, für welche Formel (2.11) gilt:

(6.11) $$l = l`/k$$

Die Ruhelänge ist l`, da wir das augenblicklich relativ zu $R_1$ ruhende Inertialsystem mit S` bezeichnen wollen. Die Länge der Rakete erscheint vom System S aus betrachtet mit wachsender Zeit immer kürzer, während die Ruheläge l` in S` konstant bleibt.

Analog gilt für eine Rakete R_2, die im Abstand d von R_1 in S startet:

(6.12) $$x_{R1} = 1/2\, b\, t^2 + d$$

und natürlich hat die Länge dieser Rakete die gleiche Zeitabhängigkeit wie die der Rakete R_1.

Die augenblickliche Geschwindigkeit lautet $v = b\,t$. Hierbei wurden die bekannten Formeln für den freien Fall bzw. die konstante Beschleunigung verwendet (1).

In S beträgt die Differenz von x_{R2} und x_{R1} stets d, d.h. der Abstand der Raketen R_1 und R_2 ist stets derselbe, wie man erwartet, da beide Raketen sich in derselben Weise bewegen und beschleunigen. (Unter Abstand wird hier immer der Abstand der Raketenschwerpunkte verstanden, nicht die Entfernung zwischen Heck und Raketenspitze.)

Wie sieht dieser Vorgang relativ zu S` aus? In S` ruhen die Raketen zur Zeit t und die Länge beider Raketen ist hier gleich ihrer Ruhelänge l`. Aber der Abstand d` der Raketen voneinander ist nicht mehr der ursprüngliche Abstand d sondern größer:

(6.14) $$d` = k\, d$$

6. Die Begriffe Länge und Abstand in der speziellen Relativitätstheorie

Dies ist aus früheren Überlegungen klar: Alle Abstände in S erscheinen von S` aus kontrahiert und umgekehrt. Da die Raketen in S` zur Zeit t ruhen, von S aus gesehen aber den festen Abstand d haben, muß dieser Abstand in S` gemessen größer sein, denn er erscheint in S kontrahiert. In Formeln ist das völlig unproblematisch:

$$x_{R2}` = k(x_{R2} - vt)$$

$$x_{R1}` = k(x_{R1} - vt)$$

$$x_{R2}` - x_{R1}` = k(x_{R2} - x_{R1})$$

und daraus folgt: $\quad d` = kd$

$$d` > d$$

Wir erweitern nun unser Gedankenexperiment und verbinden die Mittelpunkte der beiden Raketen durch ein elastisches Band und wiederholen die Beschleunigung. Jetzt bestehen zwei Möglichkeiten:

Das Band verhält sich wie ein starrer Stab, es kontrahiert und zieht die beiden Raketen soweit zusammen, daß die Ruhelänge des Bandes gleich bleibt, so wie Ruhelänge der Raketen auch

oder

die Raketen behalten ihren Abstand d. Sobald die Beschleunigung der Raketen beendet ist, ändert auch S` seine Geschwindigkeit relativ zu S nicht mehr, aber das elastische Band ist gespannt, denn in S` hat es jetzt die Länge k d. Sind die Raketen in S` reibungsfrei gelagert, werden sie langsam aufeinander zu bewegt, bis die Spannung des Bandes verschwunden ist. (Die gleichen Formeln (6.11) und (6.14) unterscheiden sich, in (6.11) ist l` konstant, in (6.14) aber d.)

Bevor über die Ursachen des unterschiedlichen Verhaltens von Abständen und Längen diskutiert werden kann, einige Argumente zur Richtigkeit der obigen Ergebnisse.

Hier werden beschleunigte Bewegungen untersucht, man könnte das innerhalb der speziellen Relativitätstheorie für unzulässig halten. Das stimmt nicht, da die Überlegungen relativ zu Inertialsystemen durchgeführt werden. Bestünde der Einwand zu Recht, dürfte man in der speziellen Relativitätstheorie keine Kreisbewegungen untersuchen. (French (11), Kap. 5.10). Nicht erlaubt ist es natürlich, beschleunigte Bezugsysteme einzuführen und für sie die Lorentz-Transformationen anzuwenden.

Ein weiterer Einwand könnte die Annahme einer konstanten Beschleunigung b betreffen. Selbstverständlich ist b nicht beliebig lange konstant zu halten, das führt wegen v = b t zu einer unendlich hohen Geschwindigkeit, aber es ist für eine endliche Zeit immer erreichbar.

Um an die Beschränkung einer endlichen, kleinen Zeit nicht gebunden zu sein, kann man diese Überlegungen für sogenannte hyperbolische Bewegungen durchführen. Bei einer solchen Bewegung ist b nicht in S konstant sondern im jeweiligen Ruhesystem S` der Raketen. Zur Zeit t = 0 ist die Beschleunigung in S gleich b, zur Zeit t = $t_2$ in dem Inertialsystem S`, das sich mit der Geschwindigkeit der Raketen zur Zeit t_2 bewegt. In S ist die Beschleunigung dann von b verschieden.

Nun lautet die Formel für x_{R1} (14):

$$x_{R1} = \frac{c^2}{b} [(1 + b^2 t^2 / c^2)^{1/2} - 1]$$

Bei der Differenzbildung mit der entsprechenden Formel für x_{R2} hebt sich der von t abhängige Teil heraus und wieder bleibt nur der Abstand d übrig.

Es sei darauf hingewiesen, daß die Raketenbewegungen von einem anderen Inertialsystem S`` aus betrachtet zu denselben Ergebnissen führen, da der Raketenstart in S für das System S`` nicht gleichzeitig erfolgt. Bewegt sich S`` in positive x-Richtung, so startet $R_2$ von S`` aus betrachtet früher als R_1, außerdem ändert sich b zeitlich, so daß auch hier der Abstand zwischen R_1 und R_2 ständig wächst.

6. Die Begriffe Länge und Abstand in der speziellen Relativitätstheorie

So wie das elastische Band mit zunehmender Geschwindigkeit Spannungskräften unterworfen ist, gilt das auch für die Rakete selber. Man kann somit die Längenkontraktionen von Körpern bei Beschleunigungen nicht nur als kräftefreie Bewegung im vierdimensionalen Raum der speziellen Relativitätstheorie ansehen. Unabhängig davon, daß durch die Beschleunigung selbst Kräfte auftreten.

Es bleibt zwar bei der Vorstellung, daß sich Längen und Abstände ändern, wenn ein Beobachter das Inertialsystem wechselt, aber das Umgekehrte gilt nur mit Einschränkungen. Werden Körper in einem Inertialsystem beschleunigt und ruht der Beobachter, verkürzen sich die Längen der Körper, aber nicht deren Abstände. Körper sind dabei irgendwelche kompakte Systeme, beispielsweise eine aus vielen Komponenten aufgebaute Meßapparatur in einem Raumschiff. Noch komplizierter werden die Verhältnisse, wenn Körper in Rotation versetzt werden.

Kennt man bereits die späteren Überlegungen über gekrümmte Räume, kann man sich das unterschiedliche Verhalten von Maßstäben und Abständen bei Beschleunigungen an einer Kugelfläche veranschaulichen. Die Kugelfläche stellt einen sphärischen, d.h. einen nichteuklidischen Raum dar (s. Kap. 13). Man starte eine Rakete R_1 am Äquator, aber so, daß sie parallel der Kugelfläche fliegt. Dazu stelle man sich den Schwerpunkt der Rakete mit dem Kugelmittelpunkt fest verbunden vor. Die Rakete wird sich dann, entsprechend gestartet, auf den Pol zu bewegen. Eine zweite Rakete im Abstand d zur gleichen Zeit gestartet trifft mit R_1 am Pol zusammen, ihr Abstand ist zu Null geworden. Verbindet man die Raketen vor dem Start starr miteinander, behalten sie während des Fluges einen konstanten Abstand. Abstände und Längen von Körpern verhalten sich in nichteuklidischen Räumen durchaus unterschiedlich, das ist nicht paradox. Diese Analogie läßt sich aber nicht, zumindest nicht in einfacher Form, auf den flachen, nicht gekrümmten vierdimensionalen Raum der speziellen Relativitätstheorie übertragen, da sich die Körperabmessungen verändern. Plausibel wäre es für diesen Vergleich, wenn die Längen konstant blieben und die Abstände schrumpfen.

6.4 Kreisförmig beschleunigte Körper

In ähnlicher Form wie in dem vorigen Kapitel sollen einige Gedankenexperimente zu kreisförmig bewegten Körpern angestellt werden, um Anschauungsmaterial zu gewinnen für die Frage, inwieweit relativistische Längenkontraktionen real sind (84).

Um Diskussionen über das Ehrenfest-Paradox, s. Kap. 7.5, zu vermeiden, sollen zwei Grenzfälle untersucht werden, s. Abb. 6.3 und 6.4:

a) Rotation eines Kreisringes

b) Rotation von Kreissegmenten, die über radiale Elemente (Speichen) mit dem Drehpunkt verbunden sind.

In diesen Fällen gilt für den Kreisring die Vorhersage der relativistischen Längenkontraktion des Umfanges und für die Kreissegmente die Vorhersage eines konstanten Radius, denn es sind nicht wie beim Ehrenfest-Paradoxon beide Forderungen gleichzeitig zu erfüllen.

Das erste Gedankenexperiment kann man sich folgendermassen vorstellen: Ein Kreisring - genauer ein Hohlzylinder - wird anfangs ruhend mit am Rand befestigten Raketen, die gleichzeitig gezündet werden, in Drehung versetzt. Zu einem bestimmten Zeitpunkt, wenn der Treibstoff verbraucht ist, werden die Raketen abgeworfen und der Hohlzylinder hat, nachdem eventuelle Schwingungen abgeklungen sind, eine konstante Drehgeschwindigkeit w.

Den dabei auftretenden Lorentz-Kontraktionen wirkt die Zentrifugalkraft des Hohlzylinders entgegen. Für sie gilt

(6.20) $$Z = m w^2 / r$$
$$= m(0) / (1 - w^2/c^2)^{1/2} \; w^2 / r$$

$m(0)$ = Ruhemasse, m = dynamische Masse des mit der Geschwindigkeit w bewegten Hohlzylinders vom Radius r. Für ein konstantes, gegebenenfalls nahe an c liegendes w ist auch der Term

6. Die Begriffe Länge und Abstand in der speziellen Relativitätstheorie

$$m(0) / (1 - w^2/c^2)^{1/2}$$

konstant. Für den Grenzwert r gegen unendlich ist die Zentrifugalkraft Z null, d.h. in der Praxis läßt sich durch geeignete Wahl eines genügend großen Radius die Zentrifugalkraft vernachlässigbar klein halten und in den folgenden Betrachtungen kann ihr Einfluß unberücksichtigt bleiben.

Man nehme weiterhin an, daß die Höhe des Hohlzylinders in seinen Abmessungen klein ist und so näherungsweise ein eindimensionaler Kreis entsteht. Dann hat der rotierende Kreisring, dessen Mittelpunkt in dem Inertialsystem S ruht, den Umfang

(6.21) $$U` = 2 \pi r`$$

$$= 2 \pi r (1 - w^2/c^2)^{1/2}$$

Sowohl Umfang als auch Radius sind um den gleichen Faktor verkürzt.

Man denke sich zur Begründung den ruhenden Kreis in n gleiche Teile der Länge l_n zerlegt, Abb. 6.3 a. Jedes Stück l_n hat mit Ende der Beschleunigung die Geschwindigkeit w und daher von S aus betrachtet eine andere Länge l_n`. Wie groß wird $l_n$`? Die Geschwindigkeit von l_n verläuft tangential zum Kreisumfang, senkrecht zum jeweiligen Radius. Die Richtung der Geschwindigkeit ändert sich fortlaufend. Zu jedem beliebigen Zeitpunkt t hat jedes l_n die Geschwindigkeit w in eine bestimmte Richtung. Zu jedem Zeitpunkt t ruht l_n aber auch in einem Inertialsystem S_n`, das sich mit der Geschwindigkeit w in dieselbe Richtung bewegt wie l_n.

Das gilt für alle n Teilstücke l_n, alle S_n` haben relativ zu S die Geschwindigkeit w, ihre Richtungen sind verschieden. Da $l_n$ zum Zeitpunkt t in $S_n$` ruht, hat es wie jeder andere in S_n` ruhende Stab von S aus betrachtet eine um $(1 - w^2/c^2)^{1/2}$ verkürzte Länge $l_n$`:

$$l_n` = l_n (1 - w^2/c^2)^{1/2}$$

Dabei ist von der Tatsache Gebrauch gemacht worden, daß ln die Ruhelänge von l_n in S zu Beginn der Beschleunigung und in S_n` zum Zeitpunkt t ist.

Psychologisch könnte man einwenden: I_n bewegt sich zum Zeitpunkt t nicht geradlinig und gleichförmig, I_n wird beschleunigt. Das stimmt, I_n hat zum Zeitpunkt t einen bestimmten Ort, eine bestimmte Geschwindigkeit von Betrag w und eine bestimmte Beschleunigung vom Betrag w^2/r. Aber für die Lorentz-Kontraktion kommt es nur auf w an, das ist einhellige Meinung und folgt aus den Lorentz-Transformationen. Ganz analog dazu erleiden auf Kreisbahnen bewegte Uhren die Zeitdilatation

$$t_n{}' = t_n / k$$

(s. Kap. 3.2), auch für sie ist die Beschleunigung ohne Bedeutung, was zusätzlich experimentell bewiesen ist (24a). Bei Kreisbeschleunigungen ist die Zeitdilatation dieselbe wie für eine geradlinige Bewegung gleicher Geschwindigkeit.

Vorausgesetzt werden ideale Maßstäbe und ideale Uhren, d.h. solche, die durch die Beschleunigung nicht beschädigt werden. In Gedankenexperimenten, aber in der Regel auch in der Praxis, ist das erfüllt. Man kann außerdem, wie gezeigt wurde, die Beschleunigungen beliebig klein halten, indem man r sehr groß wählt.

Etwas anderes ist die Frage, wie die Verhältnisse in einem auf dem Kreisring ruhenden Bezugssystem aussehen. In einem solchen, beschleunigten Bezugssytem wird die Raum-Geometrie nichteuklidisch. Das muß man hier nicht wissen und wird später (Kap.7) aus anderen Gründen behandelt. Ein Ergebnis der dortigen Überlegungen ist aber bemerkenswert: Im kreisförmig beschleunigten Bezugsystem ruht ja der Kreisring und seine Ruhelänge ist dort ebenso groß wie die Länge des mit der Geschwindigkeit w relativ zu S rotierenden Kreisringes:

Ruhelänge des Kreisringes im beschleunigten System
= $(1 - w^2/c^2)^{1/2}$ Ruhelänge des Kreisringes in einem Inertialsystem

Durch beschleunigte Bezugsysteme wird somit der Begriff der Ruhelänge relativiert.

6. Die Begriffe Länge und Abstand in der speziellen Relativitätstheorie

Nun führen wir ein weiteres, ähnliches Gedankenexperiment durch. Wie in Abb. 6.3 b dargestellt, soll ein in n Teile zerlegter Kreisring beschleunigt werden, jedes l_n ist über eine Speiche der Länge r mit dem Drehpunkt verbunden. Zu jedem l_n gehöre eine Rakete, die zeitgleich mit den übrigen gezündet und zu einem späteren, gemeinsamen Zeitpunkt abgeworfen wird.

Zum Zeitpunkt t ergibt sich die Situation von Abb. 6.3 b. Die l_n haben die Geschwindigkeit w und es gilt

$$l_n` = l_n / k$$

weil jedes l_n zur Zeit t in einem bestimmten Inertialsystem S_n ruht. Dieses S_n bewegt sich mit gleicher Geschwindigkeit in die gleiche Richtung wie l_n zum Zeitpunkt t. Die Längen der Speichen ändern sich nicht, da sie senkrecht zu ihrer Länge bewegt werden. Die Lorentz-Kontraktion verkürzt nur Längen in Bewegungsrichtung, nicht solche senkrecht dazu. In den Formeln (2.1) der Lorentztransformation ist z`=z und y`=y. Daß die Speichen beschleunigt werden und Zentrifugalkräften unterliegen, spielt keine Rolle, wie im Gedankenexperiment zuvor gezeigt ist.

Während sich die l_n verkürzen, entstehen zwischen ihnen wachsende Lücken. Die Größe einer Lücke lü ist die Differenz zwischen l_n und $l_n`$:

(6.26) $$lü = l_n - l_n`$$

$$= l_n [1 - (1 - w^2 /c^2)^{1/2}]$$

denn der Umfang der Kreisscheibe, wie er von den Speichen vom Radius r festgelegt wird, bleibt

(6.27) $$U = 2 \pi r$$

$$= n\, l_n$$

da sich r nicht ändert.

Bei diesen Überlegungen wurden die Längen l_n und die entsprechenden

Kreisbögen als gleich angenommen, was näherungsweise immer gilt, wenn n genügend groß gewählt wird.

Wir sehen: Relativ zu S betrachtet, verkürzen sich auf Kreisbahnen beschleunigte Körper um den Lorentzfaktor $(1 - w^2/c^2)^{1/2}$, aber die Abstände zwischen ihnen wachsen. Andererseits gilt: Betrachtet man in einem Inertialsystem ruhende Körper und deren Abstände von relativ dazu bewegten Inertialsystemen aus, so nehmen beide in gleicher Weise um den Lorentzfaktor ab, wenn die Relativgeschwindigkeit wächst. Noch komplizierter wird die Situation für ein rollendes Rad, Abb. 6.4 und rotierende Scheiben, Abb. 7.5-2. Zumindest rethorisch darf man fragen, woran erkennt das vierdimensionale Raum-Zeit-Kontinuum den Unterschied zwischen physikalischen Stäben und Abständen zwischen ihnen? Zwischen elastisch verbundenen und festen Körpern? Jedenfalls gibt es, wie es von Kraus (84) ausgedrückt wird, zwei Arten von Lorentz-Kontraktionen, die von starren Maßstäben (Körpern) und die von Abständen zwischen ihnen - in Einklang mit den Überlegungen von Kap. 6.3. Sie werden in Kap. 7.5 (Ehrenfest-Paradox) und Kap. 8 vertieft.

7. Paradoxien

7.1 Einleitung

Paradoxien nennt man scheinbar widersprüchliche Behauptungen. Im Gegensatz zu echten inneren Widersprüchen (Antinomien) ist eine Paradoxie, auch Paradox oder Paradoxon genannt, logisch widerspruchsfrei erklärbar.

Die Paradoxien der speziellen Relativitätstheorie verdanken ihren Ursprung vor allem den folgenden Argumenten: Bewegen sich zwei Längen relativ zu einander, so erscheint jede der anderen als verkürzt, bewegen sich zwei Uhren relativ zu einander, zeigt jeweils die andere eine kürzere Zeit an, aber höchstens eine der beiden Längen kann in Wirklichkeit kürzer als die andere sein, höchstens eine der beiden Uhren in Wirklichkeit langsamer laufen.

Der erste Schritt zur Lösung der Paradoxien besteht in einer klaren Formulierung der Behauptungen. Es ist nicht die Frage, ob die normalen Begriffe Länge und Zeit zum Relativitätsprinzip passen, sondern ob von der Relativitätstheorie vorhergesagte Ergebnisse sich selbst widersprechen. Vorhergesagt werden aber nur Meßergebnisse. Deshalb muß man die obigen Argumente umformulieren und fragen: Werden gemessene Längen und gemessene Uhrzeiten für dieselben Maßstäbe und dieselben Uhren für ein und dasselbe Inertialsystem von der Theorie verschieden vorausgesagt? Erlaubt wäre das relativ zu verschiedenen Inertialsystemen.

Der zweite Schritt zur Lösung der Paradoxien besteht in einer korrekten Anwendung der Lorentz-Transformationen. Insbesondere ist die Relativität der Gleichzeitigkeit und beim Zwillingsparadoxon die beschleunigte Bewegung zu berücksichtigen.

Untersucht werden die Paradoxien zur Längenkontraktion für geradlinige Bewegungen, wie das Garagenproblem, und für Kreisbewegungen das von Ehrenfest, sowie zur Zeitdilatation das berühmte Zwillingsparadoxon. Letzteres ausführlich auf Basis der speziellen und der allge-

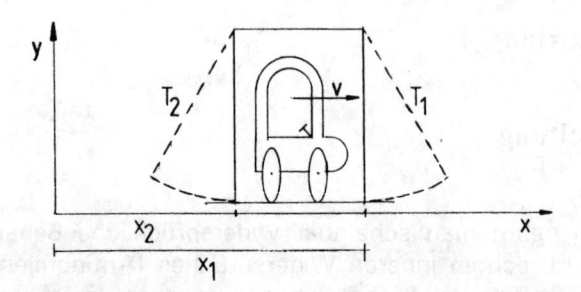

Abb. 7.1 Die Garage-Auto-Paradoxie

Ein Auto nähert sich mit v, es erfährt eine Lorentz-Kontraktion und paßt deshalb in eine zu kurze Garage; aber für den Autofahrer bewegt sich die Garage, sie erfährt eine Lorentz-Kontraktion, die Garage wird noch kürzer und ist deshalb in jedem Falle für das Auto zu klein. T_1, T_2 Garagentore, x_1, x_2 Anfang und Ende der Garage

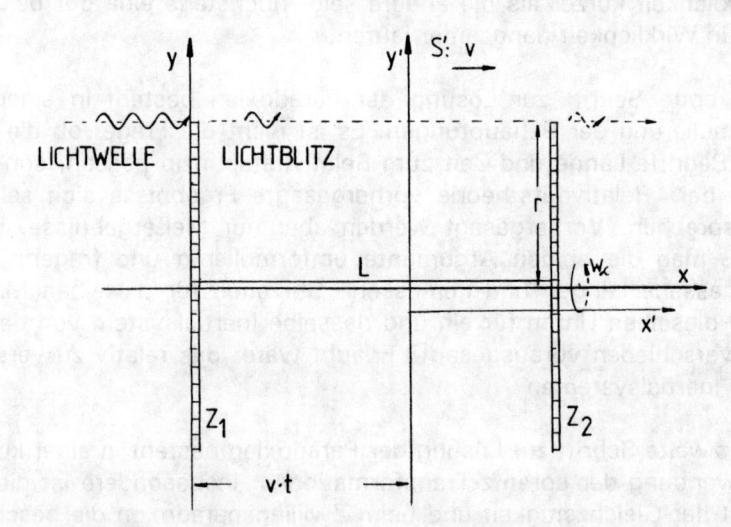

Abb. 7.2 Woodsche Paradoxie

Zahnrad Z_1 und Z_2 drehen sich um eine gemeinsame Achse im Abstand L. Ein Lichtblitz treffe in Z_2 eine Lücke. Von S` aus betrachtet ist L verkürzt, die Laufzeit des Lichtblitzes kürzer, außerdem dreht sich Z_2 langsamer: Der Lichtblitz trifft die Lücke nicht.

7. Paradoxien

meinen Relativitätstheorie, denn in der Fachliteratur gibt es verschiedenartige Lösungen, die aber einander widersprechen, außerdem liegt gerade hier eine Möglichkeit, zwischen der relativistischen und relativistisch-klassischen Interpretation zu unterscheiden, oder auch nicht. Der Leser soll sich selbst entscheiden können auf der Grundlage einer von allen Seiten, aber ohne Weitschweifigkeit diskutierten Untersuchung.

Wer durch eigene philosophische Überlegungen der Überzeugung ist, daß ein Körper nur eine Länge haben kann und nicht nur eine Länge relativ zu einem Inertialsystem und daß es nur die Zeit an sich gibt aber verschiedene Zeiten relativ zu Inertialsystemen nicht, muß die relativistische Interpretation der Relativitätstheorie ablehnen. Ihm bleibt aber die Möglichkeit, seine Ablehnung auf die philosophische Interpretation der gemessenen Zeitintervalle und der gemessenen Längen als Teile eines vierdimensionalen Raum-Zeit-Kontinuums zu beschränken und die relativistisch-klassische Interpretation zu prüfen.

(Wer die folgenden Überlegungen gut verstanden hat, wird die dabei immer wieder angewandte Lösungsidee erkennen: Man mache aus der Paradoxie ein real durchführbares Experiment und berechne es relativ zu verschiedenen Inertialsystemen. Was von der Paradoxie verbleibt, ist nur noch "philosophisch", ein Widerspruch zur physikalischen Erfahrung wird ausgeschlossen.)

In erster Linie geht es im folgenden darum, die Lorentz-Transformationen korrekt anzuwenden.

7.2 Das Garagenproblem

Eine Garage habe die Ruhelänge l_G von 2 m, ein Auto die Ruhelänge $l`_A$ von 8 m. Die Garage ruhe in S, das Auto in S`, S und S` bewegen sich relativ zueinander mit der Geschwindigkeit v. v sei 290 000 km/s, und damit $k = 1 / \sqrt{(1-0.9682)} = 4$.

Die Paradoxie lautet: Von S aus betrachtet hat das Auto die Länge

$$l_A = l_A` / k$$

$$I_A = 2\,m$$

Wegen $I_G = I_A$ paßt das Auto gerade in die Garage. Von S` aus betrachtet hat die Garage die Länge

$$I_G` = I_G / k$$

$$= 0.5\,m$$

Es gilt $I_G` < I_A`$, das Auto paßt nicht in die Garage.

Die Lösung lautet: Man nehme an, die Garage habe zwei Tore T_1 und T_2, T_2 ist geöffnet, T_1 geschlossen, so daß das Auto ungehindert in die Garage fahren kann, aber gegen Tor T_1 stoßen wird. Kurz bevor die Spitze des Autos das Tor T_1 berührt, wird es geöffnet. Das sei in S zum Zeitpunkt t_1 der Fall. Kurz nachdem das Heck des Autos in der Garage ist, wird das Tor T_2 geschlossen, das sei in S der Zeitpunkt t_2.

In S gilt dann $\qquad t_1 = t_2$
denn das ganze Auto paßt gerade in die Garage, Tor T_1 wird geöffnet und gleichzeitig wird Tor T_2 geschlossen

Es gilt in S` wegen der Lorentz-Transformationen:

(7.1) $\qquad t_1` = k(t_1 - v x_1 / c^2)$

$\qquad\qquad t_2` = k(t_2 - v x_2 / c^2)$

$\qquad t_1` - t_2` = k(t_1 - t_2 - v(x_1 - x_2)/c^2)$

(7.2) $\qquad\qquad = -k v I_G / c^2$

Dabei sind x_1 und x_2 die x-Koordinaten der Tore T_1 und T_2, $t_1`$ und $t_2`$ die t_1 und t_2 in S` entsprechenden Zeiten, s. Abb.7.1.

Wie man sieht ist

(7.3) $\qquad\qquad t_1` < t_2`$

$t_1{}'$ ist früher als t_2

Von S' aus betrachtet geschieht folgendes: Das Auto fährt in die Garage und nähert sich T_1, T_1 wird geöffnet, das Auto fährt weiter, das Heck passiert T_2, T_2 wird geschlossen, die Spitze des Autos hat zu diesem Zeitpunkt die Garage bereits verlassen. Was in S gleichzeitig geschieht, geschieht in S' nacheinander (Relativität der Gleichzeitigkeit) und in beiden Inertialsystemen wird der Vorgang richtig beschrieben, von S aus betrachtet paßt das Auto gerade in die Garage, von S' aus nicht.

7.3 Das Woodsche Paradoxon

Das Woodsche Paradoxon (60) geht aus von dem berühmten Experiment von A. H. Fizeau um 1850 zur Bestimmung der Lichtgeschwindigkeit. Das Prinzip ist in Abb. 7.2 skizziert, soweit es hier von Bedeutung ist. Zwei auf eine Achse im Abstand L montierte Zahnräder drehen sich mit der Winkelgeschwindigkeit w_a. Von links fällt ein Lichtstrahl auf Zahnrad Z_1, er wird durch die Zähne in Lichtblitze zerhackt. Ein Lichtblitz durchlaufe die Strecke L in der Zeit Dt = L / c und treffe genau auf eine Lücke von Zahnrad Z_2. Wie sieht ein Beobachter in S', das sich relativ zu S mit v bewegt, die Situation? Er sagt, L wird kontrahiert um den Faktor 1/k, die Lichtgeschwindigkeit bleibt konstant gleich c. Der Lichtblitz ist deshalb schneller beim Zahnrad Z_2 und findet dort noch keine Lücke vor.

Da ein rotierendes Zahnrad eine Uhr darstellt (man muß nur die vorbeilaufenden Lücken zählen und weiß dann, wie spät es ist), rotieren die Zahnräder von S' aus betrachtet um den Faktor 1/k langsamer. Das vergrößert den Effekt zusätzlich.

Zur Lösung der Paradoxie wird gezeigt: Wenn ein Lichtblitz am Zahnrad Z_2 ankommt, hat sich dieses um den Winkel a

(7.4) $\quad a = w_a \, Dt$
$\quad\quad\quad = w_a \, L / c$

gedreht, gleichgültig, ob relativ zu S oder S` gerechnet wird.

Dt, Dt` sind die Laufzeiten des Lichtblitzes in S bzw. S`.

1. Frage: Wann trifft der Lichtblitz bei Z_2 ein?

In S: Start $x_1 = 0,\ y_1 = r,\ z_1 = 0,\ t_1 = 0$

   Ziel $x_2 = L,\ y_2 = r,\ z_2 = 0,\ t_2 = L/c$

Mit Hilfe der Lorentz-Transformation gilt in S`:

   Start $x_1` = 0,\ y_1` = r,\ z_1` = 0,\ t_1` = 0$

   Ziel $x_2` = k(L - vL/c)$

(7.5) $x_2` = kL(1 - v/c)$

   $y_2` = r$

   $z_2` = 0$

   $t_2` = k(L/c - vL/c^2)$

(7.6) $= kL(1 - v/c)/c$

Auch in S` hat sich das Licht mit c ausgebreitet, wie der Quotient von (7.5) und (7.6) zeigt.

2. Frage: Wie lange hat sich Z_2 in S` gedreht, wenn der Lichtblitz bei Z_2 eintrifft?

Nicht nur für die Dauer $t_2` - t_1`$, denn in S` hat Zahnrad $Z_2$ beim Start die Zeit $t_{Z2}`$

(7.7) $t_{Z2}` = k(0 - vL/c^2)$

   $= -kvL/c^2$

7. Paradoxien

Dies gilt wegen der Relativität der Gleichzeitigkeit. (In S gilt $t_1 = 0$ auch an der Stelle von Z_2)

In S` dreht sich $Z_2$ für die Dauer $Dt_{z\,2}$`

(7.8) $\qquad Dt_{z\,2}` = t_2` - t_{z\,2}`$

$\qquad\qquad\quad = k\,L\,/\,c \qquad$ (Vorzeichen beachten)

Außerdem dreht sich das Zahnrad Z_2 um den Faktor $1/k$ langsamer:

$$w_a` = w_a\,/\,k$$

(Wer auch hier die Lorentz-Transformationen anwenden will, was sehr korrekt wäre, denke sich eine Uhr bei Z_2, sie geht genauso schnell, wie sich Z_2 dreht. Die Uhr bei Z_2 geht wiederum so schnell, wie eine gleiche Uhr bei Z_1. Die Rechnung für diese Uhr: s. Kap. 2.4)

Insgesamt ist der Drehwinkel a

(7.9) $\qquad\qquad a = w_a`\,Dt_{z\,2}`$

$\qquad\qquad\quad = w_a\,L\,/\,c$

wie in S.

Wenn der Lichtblitz beim Zahnrad Z_2 eintrifft, hat es sich relativ zu S und S` um den gleichen Winkel gedreht.

7.4 Deckelparadoxie

In einem Inertialsystem S nähere sich ein Deckel von links einem in S ruhenden Revisionsschacht. Da sich der Deckel bewegt, wird er verkürzt und fällt in den Revisionsschacht, falls beide in Ruhe aufeinander passen. Ein auf dem Deckel ruhender Beobachter sieht den Revisionsschacht näherkommen. Für ihn ist der Revisionsschacht verkürzt und der Deckel deshalb zu groß, um durchzufallen. (61)

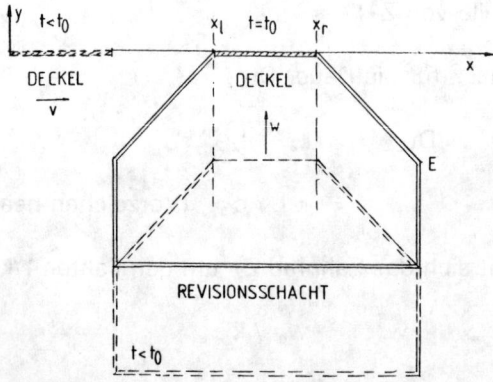

Abb. 7.3 Deckelparadoxie

Deckel und Revisionsschacht nähern sich einander. Im Zeitpunkt t_0 sitzt der Deckel auf dem Schacht. Für einen auf dem Deckel ruhenden Beobachter nähert sich der Schacht, die Schachtöffnung wird verkürzt und der Deckel paßt nicht. ($k = 2$, $w = v = 0.866\,c$)

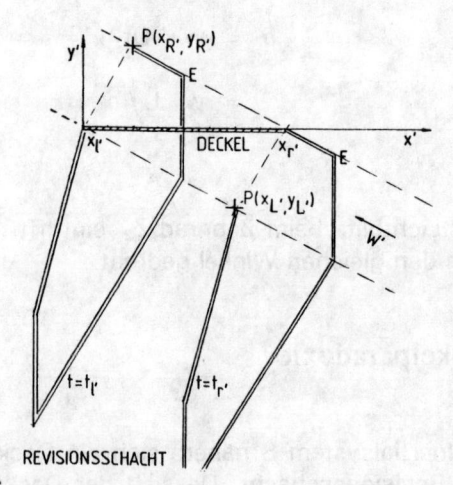

Abb. 7.4 Deckelparadoxie

In S` ruht der Deckel und ist größer als die Öffnung des Revisionsschachtes, der Revisionsschacht kommt schräg angeflogen und fängt den Deckel von rechts nach links ein. ($k = 2$, $w = v = 0.866\,c$)

7. Paradoxien

Zur Lösung der Paradoxie präzisiere man den Versuchsablauf:

Wir nehmen an, s. Abb. 7.3, der Schacht nähert sich in S mit der Geschwindigkeit w senkrecht zur x-Achse dem von links mit v anfliegenden Deckel. Zur Zeit t_0 treffen sie aufeinander. Der Deckel passe genau und gleite in den Schacht hinein.

Von S` aus betrachtet ruht der Deckel, die Schachtöffnung nähert sich und wird verkürzt. Der Deckel ist somit größer als die Schachtöffnung. Die genaue Rechnung zeigt, wie auch in Abb. 7.4 zu sehen ist, daß sich die Schachtöffnung dem Deckel schräg nähert, rechter Deckelrand und rechte Schachtöffnung treffen sich früher als linker Deckelrand und linke Schachtöffnung. (Relativität der Gleichzeitigkeit, in S sind beide Ereignisse gleichzeitig). Der Deckel wird von rechts nach links eingefangen, obwohl er größer ist als die Schachtöffnung.

Nun müssen wir rechnen. Zunächst in S. Zum Zeitpunkt t_0 treffen sich linker und rechter Schachtrand mit linkem und rechtem Deckelrand an der Position x_l und x_r - Abb. 7.3 - und gleiten aneinander vorbei. Wie das in S` aussieht, zeigt die mehrfache Anwendung der Lorentz-Transformationen. (Eine elegante aber gedanklich aufwendigere Lösung findet sich in (32)).

t_0, x_r entspricht in S`:

(7.10) $\quad\quad\quad\quad\quad\quad x_r` = k (x_r - v t_0)$

(7.11) $\quad\quad\quad\quad\quad\quad t_r` = k (t_0 - v x_r / c^2)$

t_0, xl entspricht in S`:

(7.12) $\quad\quad\quad\quad\quad\quad x_l` = k (x_l - v t_0)$

(7.13) $\quad\quad\quad\quad\quad\quad t_l` = k (t_0 - v x_l / c^2)$

$t_l`$ ist ungleich $t_r`$ und zeigt die Relativität der Gleichzeitigkeit.

In S` betrachtet, trifft der linke Deckelrand den linken Schachtrand zur Zeit $t_l`$ am Ort $w_l`$ und der rechte Deckelrand den rechten Schachtrand zur Zeit $t_r\grave{\ }$ am Ort $x_r\grave{\ }$. $t_l\grave{\ }$ ist größer als $t_r\grave{\ }$, d.h. das Ereignis $t_r\grave{\ }$ trifft früher ein, wie Abb. 7.4 bestätigt. In S finden beide Ereignisse zu derselben Zeit t_0 statt.

Wo, an welcher Position $x_L\grave{\ }$, befindet sich in S` zur Zeit $t_r\grave{\ }$ der linke Schachtrand? Wir wissen: x_l ist für alle Zeiten konstant in S und wir kennen daher von den vier Größen

(7.14) $\qquad\qquad (x_L\grave{\ }, t_r\grave{\ }, t_L, x_l)$

$t_r\grave{\ }$ und x_l und können die übrigen - $x_L\grave{\ }$ und t_L - aus den Lorentz-Transformationen berechnen. Für t_L geschieht das wie folgt:

$\qquad t_r\grave{\ } = k (t_L - v\, x_l / c^2)$ $\qquad$ (nach t_L auflösen)

$\qquad t_L = t_r\grave{\ } / k + v\, x_l / c^2$ $\qquad$ (für $t_r\grave{\ }$ Formel (7.11)
$\qquad\qquad\qquad\qquad\qquad\qquad\qquad\qquad$ einsetzen)
$\qquad\quad = k (t_0 - v\, x_r / c^2) / k + v\, x_l / c^2$ $\qquad$ (k kürzen)

$\qquad\quad = t_0 - v (x_r - x_l) / c^2,$ $\qquad$ d.h. t_L ist früher als t_0.

Die vierte Größe $x_L\grave{\ }$ von (7.14) läßt sich leicht berechnen, da nun t_L und x_l bekannt sind:

$\qquad x_L\grave{\ } = k (x_l - v\, t_L)$

$\qquad\quad = k (x_l - v (t_0 - v (x_r - x_l) / c^2)$

$\qquad\quad = k (x_l - v\, t_0 + v^2 (x_r - x_l) / c^2)$

(7.21) $\qquad\quad = x_l\grave{\ } + k\, v^2 (x_r - x_l) / c^2$

In welchem Abstand von der x-Achse befindet sich der linke Schachtrand zur Zeit t_L? Er bewegt sich in S mit der Geschwindigkeit w und erreicht zur Zeit t_0 die x-Achse. Bis dahin legt er den Weg zurück:

$\qquad y_L = w (t_L - t_0)$

$\qquad\quad = w [(t_0 - v (x_r - x_l) / c^2) - t_0]$

7. Paradoxien

(7.23) $\qquad = - w\, v\, (\, x_r - x_l\,)\, /\, c^2$

Außerdem gilt:

$$y_L = y_l{'}$$

Entsprechend fragen wir jetzt:
Wo, an welcher Stelle $x_R{'}$, befindet sich in S' zur Zeit $t_l{'}$ der rechte Schachtrand? Wir wissen wiederum: x_r ist für alle Zeiten konstant in S und kennen daher von den vier Größen

(7.24) $\qquad (\, x_R{'},\, t_l{'},\, t_R\,,\, x_r\,)$

$t_l{'}$ und x_r und können die übrigen Größen $x_R{'}$ und t_R aus den Lorentz-Transformationen berechnen. Aus Symmetriegründen vertauschen wir aber in (7.21) und (7.23) nur $x_l{'}$ mit $x_r{'}$, x_r mit x_l und x_l mit x_r.

(7.25) $\qquad x_R{'} = x_r{'} - k\, v^2\, (\, x_r - xl\,)\, /\, c^2$

(7.26) $\qquad y_R{'} = +\, w\, v\, (\, x_r - x_l\,)\, /\, c^2$

d.h. jetzt treffen sich linker Deckelrand und linker Schachtrand, nachdem die rechten Ränder einander passiert haben und Formel (7.25) und (7.26) beschreiben die Position des rechten Schachtrandes in S' zu diesem Zeitpunkt $t_l{'}$. Der in S' größere Deckel wird vom kleineren Schacht von rechts nach links eingefangen, wie in Abb. 7.4 grafisch veranschaulicht ist.

(Die elegantere Lösung (32) verwendet eine Formel für die Steigung der Geraden, längs der sich die Schachtränder bewegen:

(7.28) $\qquad \dfrac{y_L{'}}{x_L{'} - x_l{'}} = \dfrac{-\, w\, v\, (\, x_r - x_l\,)\, /\, c^2}{k\, v^2\, (\, x_r - x_l\,)\, /\, c^2} = \dfrac{-\, w}{k\, v}$

und stimmt mit unserer Rechnung bis auf die Namensgebung überein.)

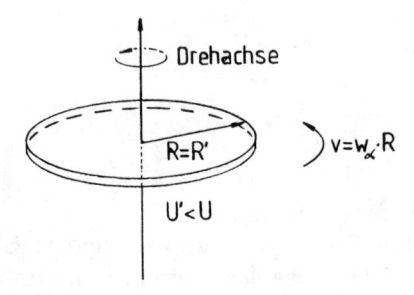

Abb. 7.5 Ehrenfest-Paradoxon

Eine Scheibe mit dem Radius R und dem Umfang $U = 2\pi R$ wird in Rotation versetzt. Da der Radius stets senkrecht zur Bewegungsrichtung steht, ändert sich seine Länge nicht. Der Umfang ist parallel zur Bewegungsrichtung und erfährt eine Längenkontraktion, so daß $U` < 2\pi R`$ gelten müßte.

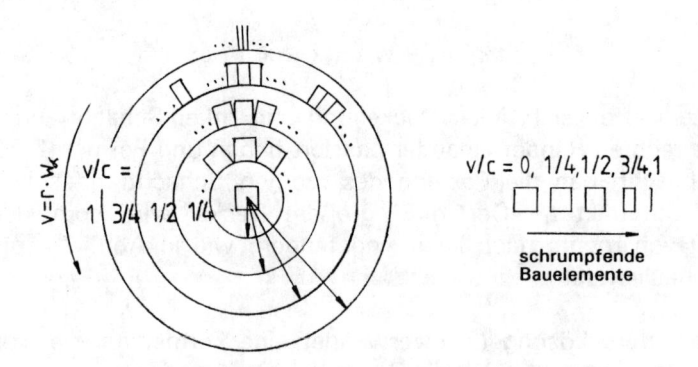

Abb. 7.5-2 Aufbau einer Scheibe während der Rotation.

Baut man eine Scheibe zusammen, während sie rotiert, passen in die äußeren Ringe relativ mehr Bauelemente als in die inneren, denn die Bauelemente kontrahieren mit zunehmender Geschwindigkeit (62-1). Eine Abbremsung zerstört die Scheibe. (Hier sind die Lorentz-Kontraktionen real, wechselt ein Beobachter das Bezugssystem, sind sie scheinbar.)

Mit den in Abb. 7.3 und 7.4 gewählten Parametern kollidiert der Deckel mit dem Schacht an der Ecke E. Wegen der Relativität der Gleichzeitigkeit geschieht das in S, wenn der Deckel vollständig in den Schacht geglitten ist, in S` schon früher.

Die Idee, die wir zur Lösung der Deckelparadoxie angewendet haben, ist: Die in S unmittelbar einsichtige Lösung auf Grund der sinnvoll gewählten Geometrie in Abb. 7.3 wird mit den Lorentz-Transformationen in S` umgerechnet und das Ergebnis gezeichnet. Dabei muß sorgfältig berücksichtigt werden, daß das in S gleichzeitige Ereignis "Deckel paßt", in S` zwei verschiedene Ereignisse "linke Seiten berühren sich" und "rechte Seiten berühren sich" bedeuten.

7.5 Die Ehrenfest-Paradoxie

Das Ehrenfest-Paradox beschäftigt sich mit rotierenden Kreisscheiben, Sonderfälle hatten uns bereits in Kap. 6.4 beschäftigt. In Abb. 7.5 müßte der Umfang einer rotierenden Kreisscheibe eine Lorentz-Kontraktion erfahren, der Radius nicht, weil er senkrecht zur Bewegungsrichtung steht, aber beides gemeinsam paßt nicht zur Kreisformel

(7.30) $$U = 2\pi R$$

Ehrenfest (62) beschreibt das so:

"Ein Körper verhält sich relativ-starr, heißt: er deformiert sich bei einer beliebigen Bewegung fortlaufend so, daß ein jedes seiner infinitesimalen (d.h. beliebig klein vorstellbaren) Elemente in jedem Moment für einen ruhenden Beobachter gerade diejenige Lorentz-Kontraktion (gegenüber dem Ruhezustand) aufweist, welche der Momentangeschwindigkeit des Element-Mittelpunktes entspricht.

"Als ich mir vor einiger Zeit die Konsequenzen dieses Ansatzes veranschaulichen wollte, stieß ich auf Folgerungen, die zu zeigen scheinen, daß obiger Ansatz schon für einige sehr einfache Bewegungstypen zu Widersprüchen führt."

Dazu gehört "... die gleichförmige Rotation um eine feste Achse. In der Tat: Es sei gegeben ein relativ-starrer Zylinder vom Radius R und der Höhe H. Es werde ihm allmählich eine schließlich konstant bleibende Drehbewegung um seine Achse erteilt. Sei R` der Radius, den er bei dieser Bewegung für einen ruhenden Beobachter aufweist. Dann müßte R` zwei widersprechende Forderungen erfüllen:

a) Die Peripherie des Zylinders muß gegenüber dem Ruhezustand eine Kontraktion zeigen:

(7.31) $$2\pi R` < 2\pi R$$

denn jedes Element der Peripherie bewegt sich in seiner Richtung mit der Momentangeschwindigkeit R` $w\alpha$. ($w\alpha$ = Winkelgeschwindigkeit)

b) Betrachtet man irgendein Element eines Radius, so steht seine Momentangeschwindigkeit normal zu seiner Erstreckung; also können die Elemente eines Radius gegenüber dem Ruhezustand keinerlei Kontraktion aufweisen. Es müßte sein:

(7.32) $$R` = R$$ "

Aus a) folgt natürlich: R` < R.

Die Paradoxie von Ehrenfest unterscheidet sich von den vorangehenden Paradoxien darin, daß hier keine je nach Wahl des Bezugssystems unterschiedliche Voraussage gemacht wird. In einem bewegten Bezugssystem hat die rotierende Scheibe keine kreisförmige Gestalt mehr, da der Rotation eine Relativgeschwindigkeit überlagert ist. Auch sind die Radien unterschiedlich kontrahiert, aber der Umfang der rotierenden Scheibe ist geringer als der einer nicht-rotierenden, gleichgültig welches Bezugssystem man zugrunde legt und solange Zentrifugalkräfte keine Rolle spielen. Eine entsprechende Berechnung führt für beliebige Bezugsysteme zu demselben Ergebnis, nur ist der mathematische Aufwand unterschiedlich. Wir können auf diese Rechnung verzichten, da in der Literatur nicht behauptet wird, daß die Ergebnisse für verschiedene Inertialsysteme verschieden sind.

Was ist nun paradox? Mit den Überlegungen aus Kap. 6.4 nur wenig. Lediglich paradox im Sinne von überraschend, außergewöhnlich ist die dort begründete These, daß die Lorentz-Kontraktion etwas Reales sein

7. Paradoxien

und reale Kräfte erzeugen kann. Zur Lösung der Paradoxie muß man nämlich annehmen, daß mit zunemender Rotation die Lorentz-Kontraktion den Scheibenumfang real verkürzen will und dadurch Spannungskräfte auftreten, die die Radien zusammendrücken wollen. Dem wirken dann die elastischen Kräfte in der Scheibe entgegen, da die Radien ihre Längen nur unter Einwirkung von Kräften ändern. In dieselbe Richtung wirken Zentrifugalkräfte, so daß real der Umfang der Kreisscheibe wachsen kann; in jedem Fall stellt sich ein Gleichgewicht ein, in dem tatsächlicher Radius und tatsächlicher Umfang über die Kreisformel zusammenpassen. (Dünne Scheiben könnten sich auch wölben, wie H. E. Ives (62-2) annimmt.)

Vernachlässigt man Zentrifugalkräfte, nimmt der Umfang U wegen der Lorentz-Kontraktion ab, aber wegen der elastischen Gegenkräfte der Kreisscheibe in geringerem Maße als die spezielle Relativitätstheorie vorhersagt. Das ist weder paradox noch antinomisch. Einzusehen ist das für die relativistisch-klassische Interpretation zunächst einmal für das ausgezeichnete Inertialsystem, wenn dort der Mittelpunkt der rotierenden Kreisscheibe ruht. Auf Grund des Relativitätsprinzips gelten dieselben Voraussagen für andere Inertialsysteme, wenn in ihnen der Mittelpunkt der rotierenden Scheibe ruht, andernfalls hätte man ein Experiment, wie in Kap. 5 gesucht wurde. Von der expliziten Rechnung ist dasselbe zu erwarten, schließlich gelten die Lorentz-Transformationen für alle Inertialsysteme, soweit meßbare Effekte beschrieben werden. Als Variante baue man in Gedanken eine Scheibe ringförmig aus kleinen Elementen zusammen, während sie bereits rotiert, s. Abb. 7.5-2. Sieht man wieder von den Zentrifugalkräften ab, ist die Rotation spannungsfrei (62-1). Spannungskräfte treten erst beim Abbremsen der Scheibe auf, weil dann die Lorentz-Kontraktionen der Ringelemente abnehmen und sich die ringförmigen Schichten ausdehnen, je weiter außen um so stärker.

Für die relativistische Interpretation verläuft die Argumentation analog, man muß nur akzeptieren, daß Lorentz-Kontraktionen zu Spannungskräften führen, wenn irgendwelche Längenelemente an der Kontraktion gehindert werden, wie es für in Rotation versetzte Scheiben der Fall ist. Es gibt reale Änderungen der (Relativ-)Längen bei Beschleunigungen von Körpern und scheinbare Änderungen beim Wechsel der Bezugssysteme - widersprüchlich wird die relativistische Interpretation nur, wenn man diesen Unterschied bestreitet.

Die erste (?) Lösung des Ehrenfest-Paradoxons erfolgte mit Hilfe einer

Attribute	I	II	III	IV	V	VI	VII
Frei bewegliche Maßstäbe am Rand der Scheibe erfahren eine Lorentz-Kontraktion relativ zu S:	ja	ja	ja	ja	ja	nein	ja
Scheibenumfang ergibt eine Lorentz-Kontraktion relativ zu S:	nein	ja	ja	ja	nein?	nein	ja
Scheibenradius kontrahiert relativ zu S:	nein	nein	ja	ja	nein	nein	ja
Scheibenradius dilatiert relativ zu S:	nein	nein	nein	nein	ja	nein	nein
Spannungskräfte längs des Umfangs:	ja	nein	nein	nein	ja?	nein	ja
Radiale Spannungskräfte:	nein	nein	ja	ja	ja	nein	ja
Scheibe wölbt sich:	nein	nein	nein	ja	nein	nein	nein
Es entstehen Lücken zwischen frei beweglichen Maßstäben am Rand der Scheibe:	ja	nein	nein	nein	ja	nein	ja

Abb. 7.5-3 Tabelle zum Ehrenfest-Paradox

Die Vielfalt der "Lösungen" der Ehrenfest-Paradoxie, entnommen von T. E. Phipps (66-3). Lösung IV (dünne Scheibe) und VII, sowie die Grenzfälle von Abb. 6.3 werden hier vertreten. Es besteht keine Einigkeit darin, wie sich Radius und Umfang einer rotierenden Scheibe verändern, deshalb ist ein Experiment unausweichlich.

7. Paradoxien

relativistisch-klassischen Interpretation von H. E. Ives (62-2) 1939, deutlich später mit der relativistischen Interpretation von O. Grön, 1979 (65-8), der zutreffend feststellt: "Für genügend hohe Geschwindigkeiten kann das Material der Scheibe auf Grund von Dewan-Beran-Spannungen (s. Kap. 6.4) radial aufbrechen." Auch W. Pauli (67) läßt sich zustimmend zitieren, wenn er sagt: "... Ehrenfest hat gezeigt, daß ein starrer Körper nicht in Rotation versetzt werden kann." Das soll heißen: Ein relativ starrer Körper kann zwar Lorentz-Kontraktionen erleiden, aber unter der Einwirkung von Spannungskräften ändert er sich nicht, sonst wäre er nicht starr. Er kann somit nicht in Rotation gebracht werden, ohne rissig, gedehnt oder gestaucht zu werden, denn die Lorentz-Kontraktion muß ja stattfinden. In gleicher Weise ließe sich sagen: "Ehrenfest hat gezeigt, daß ein rotierender starrer Körper nicht abgebremst werden kann." Eine These, der auch Einstein in Briefen zugestimmt hat (67-6).

Eine ganz andere Frage ist, wie der Umfang und der Radius einer rotierenden Kreisscheibe im mitrotierenden, d.h. beschleunigten Bezugssystem untereinander zusammenhängen. Das ist Thema der allgemeinen Relativitätstheorie und von C. W. Berenda (62-3) untersucht worden. Darauf wird in Kap. 7.6 aus anderen Gründen eingegangen und die Überlegung von C. Möller (74) verwendet. Für die Ehrenfest-Paradoxie sind $R`$ und $U` = 2\pi R`$ - Radius und Umfang einer rotierenden Kreisscheibe - im ruhenden Inertialsystem $S`$ gemessene Größen und die Frage hieß: Wird $U`$ gemäß der speziellen Relativitätstheorie verkürzt gemessen und ist dann $R`$ ebenfalls kürzer, aber das dann entgegen der relativistischen Vorhersage, oder ist $R`$ konstant oder sogar größer als R, dann kann sich $U`$ nicht nach Vorhersage der speziellen Relativitätstheorie geändert haben. Andererseits läßt sich nicht länger behaupten, rotierende Scheiben und rotierende Inertialsysteme seien äquivalent. Die Rotation starrer Scheiben läßt sich überhaupt nicht ändern und elastische Scheiben ändern sich materialabhängig. Beim Wechsel zwischen rotierenden Bezugssystemen gibt es diese Unterschiede nicht.

Es muß kein Zufall sein, daß die erste Lösung der Ehrenfest-Paradoxie mit Hilfe einer relativistisch-klassischen Interpretation gefunden wurde, da sie didaktische Vorzüge besitzt. Für eine solche These spricht auch die katastrophale Vielfalt relativistischer Lösungsversuche. T. E. Phipps (66-3) hat sie tabellarisch zusammengefaßt, in Abb. 7.5-3 sind sie, ergänzt um unseren Lösungsvorschlag, aufgelistet. Wie zu sehen ist, bleiben selbst die elementaren Fragen - ändern sich Umfang und/oder Radius der Scheibe relativ zum Inertialsystem S`? - insgesamt unbeantwortet, es fehlt ein Bezug zu den Grenzfällen von Abb. 6.3, für große Radien lassen sich Gerade und Kreis nicht unterscheiden und die theoretischen Lösungen müßten in normale Lorentz-Kontraktionen übergehen - alle diese Unzulänglichkeiten sprechen didaktisch für die relativistisch-klassische Interpretation, wenn durch die Lorentz-Kontraktion bedingte Kraftwirkungen berücksichtigt werden müssen.

Weder liegen bislang ausführliche, materialabhängige Berechnungen für rotierende Scheiben vor, noch gibt es entsprechende Experimente. Für die Berechnungen dürfte die relativistische Version des Hookeschen Gesetzes, O. Grön (66-6), zusammen mit den Lorentz-Transformationen genügen, für die experimentelle Überprüfung eine Versuchsanordnung wie in (65-1) oder (67-2ff). Bei der Fülle der Lösungsvorschläge erwartet der Autor keine einheitliche Zustimmung zu seinen Ausführungen. Die mathematischen und theoretisch-physikalischen Abhandlungen der Alternativen sind beeindruckend, jede für sich rechtfertigt eine experimentelle Überprüfung, in Hinblick auf das gesamte Lösungsspektrum sollten sie durchgeführt werden.

Das Ehrenfest-Paradoxon legt nahe: Lorentzkontraktionen können zu realen Längenverkürzungen führen, obwohl andererseits die Ruhelängen von Maßstäben unverändert bleiben und man sagen könnte, Maßstäbe von bewegten Inertialsystemen aus betrachtet erscheinen nur kürzer, sind es aber nicht. Für die Diskussion der Frage: Was ist an Lorentzkontraktionen real ? - sie ist von großer Bedeutung für die relativistische Raum-Zeit-Theorie - ist es aber besser, wie in Kap. 6.4, den Grenzfall eines Kreisringes zu betrachten. Dort wurde das Ehrenfest-Paradoxon unter diesem Gesichtspunkt bereits diskutiert.

Das Ehrenfest-Paradox wird in relativistischen Lehrbüchern im allgemeinen übergangen, meist stillschweigend, oft mit dem Argument, Kreisbewegungen seien beschleunigte Bewegungen und deshalb Gegenstand der allgemeinen Relativitätstheorie (1) - (14). Dazu ist anzumerken:

a) U` und R` sind für eine rotierende Kreisscheibe im Inertialsystem S` meßbare Größen. Auch wenn U` und R` nur auf Grund allgemeinrelativistischer Überlegungen vorhersagbar sein sollen, überzeugen kann das Argument nur, wenn wenigstens das Ergebnis dieser Überlegungen (welchen Wert haben U` und R`?) genannt wird, was nicht geschieht.

b) Die allgemeine Relativitätstheorie ist zuständig für beschleunigte Bezugssysteme, aber nicht für beschleunigte Bewegungen relativ zu Inertialsystemen. So heißt es bei French (11): "Da Einstein seine allgemeine Relativitätstheorie ... auf der dynamischen Gleichberechtigung eines beschleunigten Labors und eines Labors unter dem Einfluß eines Schwerefeldes aufbaute, wird manchmal behauptet oder geschlossen, daß die spezielle Relativitätstheorie nicht zur Behandlung beschleunigter Bewegungen geeignet sei. Diese Vorstellung ist jedoch falsch." So ist die allgemeine Relativitätstheorie sogar zuständig für unbeschleunigte, geradlinige Bewegungen - vorausgesetzt, sie werden von beschleunigten Bezugssystemen aus betrachtet. (74)

c) Es ist richtig zu sagen, die Lorentz-Kontraktion sei die Folge einer Relativität der Gleichzeitigkeit und nicht Folge einer Kraft (32), das gilt aber nicht generell, wie das Ehrenfest-Paradox zeigt und die Sonderfälle in Kap. 6 gezeigt haben.

7.6 Das Uhren- oder Zwillingsparadoxon

7.6.1 Einleitung

Das Uhrenparadoxon von Langevin (71-1) ist in zahllosen Fachartikeln (70) - (76) bis in die Gegenwart immer wieder abgehandelt worden. So werden in (71) über 200 Zitate zu diesem Thema aufgelistet und das ist keineswegs vollständig. Darin steckt ein psychologisches Problem; man bedenke, das sind Fachleute, die in ihrer täglichen Arbeit mit weitaus komplizierteren Themen zu tun haben, als es die Anwendung der Lorentz-Transformationen auf eine geradlinige Hin- und Rückreise eines Weltraumfahrers von verschiedenen Inertialsystemen aus sein kann. Es muß nach einigen Seiten Rechnung eine klare Antwort geben: Es geht oder geht nicht.

Die Fülle der Artikel spricht für einen unerklärten Rest bei dieser Paradoxie, denn es sind keine besonderen inneren Widerstände zu überwinden bei der Vorstellung, der Weltraumfahrer-Zwilling darf jung bleiben, man selber nicht - das gilt auch für den Aufenthalt in einem Gravitationsfeld und wird dort überhaupt nicht kontrovers gesehen. Zu Zweifeln Anlaß geben auch die Lehrbuch-Interpretationen selbst. Einerseits besteht keine Einigung darüber, ob die allgemeine Relativitätstheorie zuständig ist oder nicht, andererseits werden weniger als Problem empfundene Paradoxien zur Längenkontraktion im Detail vorgerechnet und grafisch illustriert, das Zwillingsparadoxon dagegen deutlich kürzer, oft mit dem Hinweis, das sei Thema der allgemeinen Relativitätstheorie, wo dann alles andere wichtiger ist und das Zwillingsparadoxon daher übergangen wird. Die Folge ist dann z.B. das - brillant geschriebene - Buch (78).

Genauer betrachtet schließen sich die speziell- und allgemeinrelativistische Lösung gegenseitig aus, die letztere ist keineswegs nur die Vertiefung von zwei im übrigen gleichwertigen Lösungen. So gelten

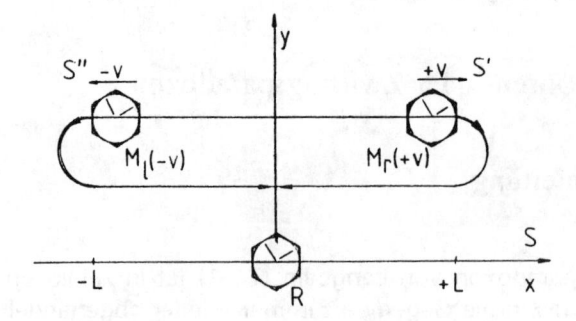

Abb. 7.6 Gedankenexperiment zum Uhrenparadoxon.

In S ruhe die Uhr R bei $x = 0$, die Uhr $M_l(-v)$ bewegt sich nach links relativ zu S mit $-v$ bis $x = -L$ und von dort zurück mit $+v$ nach $x = 0$. Die Uhr $M_r(+v)$ bewegt sich nach rechts mit $+v$ bis $x = +L$ und von dort zurück mit $-v$ nach $x = 0$. Alle Uhren befinden sich zur Zeit $t = 0$ an der Stelle $x = 0$.

7. Paradoxien

für allgemein-relativistische Vertreter rein kinematische, d.h. speziellrelativistische Überlegungen als antinomisch (113); es besteht aber Zurückhaltung, das klar zu sagen.

Psychologisch läßt sich verstehen, warum ein innerer Widerspruch, wenn es ihn gibt, so überhaupt keine Konsequenzen in der Praxis hat: Er wäre rein gedanklich (und "akademisch", solange man keine Alternative kennt). Was in der Wirklichkeit passiert, sagt die Relativitätstheorie - und nur sie - richtig voraus. Nämlich: Bewegt sich ein Weltraumfahrer relativ zu S die Zeit 2 Dt bis zu einem Ort x = L hin und zurück mit der Geschwindigkeit v, so ist der Weltraumfahrer wegen der Zeitdilatation um 2 Dt / k gealtert, d.h. weniger als der zu Hause gebliebene Zwilling. An dieser theoretischen Vorhersage der speziellen Relativitätstheorie gibt es keinen Zweifel. Genau dieser Effekt ist ausserdem durch die Versuche von Häfele-Keaton (21) und (22) experimentell abgesichert, s. Kap. 3.2. Was ist ein Flug um die Erde anderes als eine Weltraumreise, abgesehen von dem Unterschied, daß Atomuhren und Flugpersonal lediglich um 50 Mikrosekunden und nicht um 50 Jahre jünger geblieben sind?

Zweifel an dieser beeindruckenden Vorhersage kann nicht der unerklärte Rest im Zwillingsparadoxon sein. Wenn es ihn gibt, muß er in der Überzeugung liegen, daß eine folgerichtige Anwendung der Lorentz-Transformationen die widersprüchliche Konsequenz hat, beide Zwillinge sind zugleich älter und auch nicht.

Wer dieser Überzeugung ist, hat ein Gedankenexperiment angestellt, das möglicherweise zwischen der relativistischen und relativistisch-klassischen Interpretation zu unterscheiden gestattet. Er muß der Überzeugung sein, Ursache des antinomischen Restes ist die relativistische Uhrensynchronisation mit Hilfe von Lichtsignalen, dann hat er eine Alternative, die darüber hinaus in vollem Einklang mit der Erfahrung steht und beispielsweise das Ergebnis der Flugreise von Abb. 3.1 richtig voraussagt.

Ziel diese Kapitels ist es, zunächst das Zwillingsparadoxon auf der Basis der speziellen Relativitätstheorie schrittweise zu analysieren. Es gibt eine klare Position mit der die Paradoxie auflösbar ist.

Man muß diese Position nicht akzeptieren. Deshalb wird im zweiten Schritt die allgemeine Relativitätstheorie herangezogen (in allgemeinverständlicher Form, ohne mathematische Beweise, aber mit präzisen Hinweisen auf die Literatur). Alternativ zu beiden, als ultima ratio, steht ein Vergleich der Paradoxie mit der Situation in der relativistisch-klassischen Interpretation. Letztere hat den eindeutigen Vorzug, ein Inertialsystem auszuzeichnen, und im Zweifelsfall gelten die Überlegungen relativ zu diesem System.

Ziel des Autors ist es, jede der drei Positionen verständlich und überzeugend darzulegen, die eigentliche Entscheidung liegt beim Leser.

7.6.2 Vorbemerkung zur Eigenzeit

Grundlage dieser Diskussion ist die Arbeit von McCrea (72) mit einer Ergänzung von Ives (73), bei der Fülle der Literatur zu diesem Thema sind frühere Arbeiten mit gleichem Lösungsansatz nicht auszuschließen. Im folgenden geht es stets darum, die Eigenzeiten von Uhren mit den von irgendwelchen Beobachtern vorhergesagten Zeiten zu vergleichen. Eigenzeiten sind die Zeiten, die eine bewegte Uhr selbst anzeigt, also mißt.

Zunächst die Bezeichnungen: Es werden Uhren in den Inertialsystemen S, S`. S`` untersucht, S` bewegt sich relativ zu S mit v in positive x-Richtung, S`` hat die Geschwindigkeit -v und bewegt sich in die negative x-Richtung. Ruhende Uhren werden mit R bezeichnet, R(x), R`(x`), R``(x``) sind Uhren, die in S, S`, S`` an den Positionen x, x`, x`` ruhen. Bewegte Uhren werden mit M bezeichnet.

Die Uhrenparadoxie geht von folgendem Bewegungsablauf aus, s. Abb. 7.6: In S ruht die Uhr R an der Stelle x = 0, relativ zu S bewegt sich eine Uhr $M_l(-v)$ nach links mit der Geschwindigkeit -v bis zur Position x = - L, kehrt um, und bewegt sich von x = - L zurück nach x = 0 mit der Geschwindigkeit +v. Entsprechend bewegt sich eine Uhr $M_r(+v)$ in S nach rechts mit der Geschwindigkeit +v bis zur Position x = + L, kehrt um, und erreicht mit der Geschwindigkeit -v wieder x = 0. (Statt Uhren kann man sich Zwillinge oder Weltraumfahrer vorstellen). Die

7. Paradoxien 117

paradoxen Zustände ergeben sich, wenn man die Bewegungszeiten (Reisezeiten) der Uhren (Zwillinge) relativ zueinander betrachtet: R sieht die Uhren $M_l(-v)$, $M_r(+v)$ ständig in Bewegung und umgekehrt sehen $M_l(-v)$, $M_r(+v)$ die Uhr R sich vor und zurück bewegen. Jede sagt von der anderen eine Zeitdilatation voraus, jede Uhr erwartet ein Nachgehen (jung bleiben) der anderen Uhr.

Beschleunigungseinwand:

Die Uhren $M_l(-v)$, $M_r(+v)$ werden an der Stelle $x = -L$, $x = +L$ beschleunigt, die Vorhersagen der beschleunigten Uhren lassen sich nicht aus den Lorentz-Transformationen entnehmen, die allgemeine Relativitätstheorie ist zuständig. Dieser Einwand besteht zu Recht, wenn man die Beschleunigungsphasen bei $x = -L$, $x = +L$ explizit berücksichtigen will. Man kann aber sagen: Die Beschleunigungsphasen sind beliebig klein relativ zur Gesamtzeit und können vernachlässigt werden. Aber dieser Einwand wird nicht generell akzeptiert. Die Diskussion der Beschleunigungsphasen wird auf Kap. 7.7 verschoben, wo die allgemeine Relativitätstheorie zu Wort kommt.

Eliminierung des Beschleunigungseinwandes:

Die Bewegung von Uhr $M_l(-v)$ und wird aufgelöst in die Bewegung von zwei Uhren $R_l\text{\textasciigrave}$ und $R_l\text{\textasciigrave\textasciigrave}$. Die Uhr $R_l\text{\textasciigrave}$ bewege sich bis $x = -L$ wie die Uhr $M_l(-v)$, d.h. sie ruht in $S\text{\textasciigrave}$. An der Stelle $x = -L$ kommt ihr die Uhr $R_l\text{\textasciigrave\textasciigrave}$ entgegen, übernimmt die Uhrzeit von $R_l\text{\textasciigrave}$ und fliegt weiter nach $x = 0$. Entsprechend wird die Reise von Uhr $M_r(+v)$ in zwei sich bei $x = +L$ begegnende Uhren $R_r\text{\textasciigrave\textasciigrave}$ und $R_r\text{\textasciigrave}$ zerlegt.

Jetzt sind alle Beschleunigungsphasen eliminiert und die Lorentz-Transformationen sind ohne Einschränkung anwendbar. Es kann miteinander verglichen werden: Die von $R_l\text{\textasciigrave\textasciigrave}$, $R_r\text{\textasciigrave}$ und R angezeigten Zeiten an der Position $x = 0$ und die gegenseitig vorhergesagten Zeiten. Alle Zeiten werden relativ zu S, $S\text{\textasciigrave}$, $S\text{\textasciigrave\textasciigrave}$ vollständig berechnet, wobei für $S\text{\textasciigrave}$ und $S\text{\textasciigrave\textasciigrave}$ aus Symmetriegründen diese Rechnungen nur ein Vertauschen von Indizes bedeutet. Um eine komplizierte Schreibweise zu vermeiden, wird weiterhin von den Uhren $M_l(-v)$ und $M_r(+v)$ gesprochen. Es sind nunmehr gedachte Uhren, die in Wirklichkeit aus zwei sich bei $x = -L$,

S:	S´:	S´´:
$x = 0$ $t = 0$	$x´ = 0$ $t´ = 0$	$x´´ = 0$ $t´´ = 0$
$x = -L$ $t = \dfrac{L}{v}$	$x´ = -2kL$ $t´ = \dfrac{kL}{v}(1 + v^2/c^2)$	$x´´ = 0$ $t´´ = \dfrac{kL}{v}(1 - v^2/c^2)$
$x = +L$ $t = \dfrac{L}{v}$	$x´ = 0$ $t´ = \dfrac{kL}{v}(1 - v^2/c^2)$	$x´´ = +2kL$ $t´´ = \dfrac{kL}{v}(1 + v^2/c^2)$
$x = 0$ $t = \dfrac{2L}{v}$	$x´ = -2kL$ $t´ = \dfrac{2kL}{v}$	$x´´ = +2kL$ $t´´ = \dfrac{2kL}{v}$
$x = -L$ $t = \dfrac{2L}{v}$	$x´ = -3kL$ $t´ = \dfrac{kL}{v}(2 + v^2/c^2)$	$x´´ = kL$ $t´´ = \dfrac{kL}{v}(2 - v^2/c^2)$
$x = +L$ $t = \dfrac{2L}{v}$	$x´ = -kL$ $t´ = \dfrac{kL}{v}(2 - v^2/c^2)$	$x´´ = +3kL$ $t´´ = \dfrac{kL}{v}(2 + v^2/c^2)$

Abb. 7.7   Tabelle: Koordinaten verschiedener Positionen in S, S`, S``
Lesebeispiel: Zeigt in S an der Stelle $x = 0$ die Uhr die Zeit $t = 2L/v$, hat sie in S` die Position $x´ = -2kL$ und eine an diesem Ort in S` ruhende Uhr zeigt die Zeit $t´ = 2kL/v$.

7. Paradoxien 119

bzw $x = + L$ treffenden realen Uhren bestehen.

In der Tabelle Abb. 7.7 sind die wesentlichen Positionen in S mit Hilfe der Lorentz-Transformationen in die entsprechenden Koordinaten von S` und S`` umgerechnet worden. So hat beispielsweise die Koordinate $x = 0$ zur Zeit $t = 2 L / v$ in S`` den Wert x`` $= + 2 k L$. Man erhält diese Werte durch Einsetzen der x-, t- Werte in die Formeln (2.1) der Lorentz-Transformationen durch elementare Rechnung.

Übungsaufgabe: Man überprüfe die Tabelle durch eigene Rechnung

7.6.3 Eigenzeiten relativ zu S, S`, S``

Wir berechnen jetzt die Eigenzeiten der Uhren R, $M_l(-v)$, $M_r(+v)$ relativ zu allen drei Inertialsystemen S, S`, S`` unter Verwendung der Lorentz-Transformationen. Die Lorentz-Transformationen gelten relativ zu beliebigen Inertialsystemen. Gleichgültig, welches man auswählt, die an den Uhren ablesbaren Zeiten bei ihrer Rückkehr in $x = 0$ müssen bei jeder Auswahl übereinstimmen. Unter Eigenzeit einer Uhr versteht man die Zeit, die eine Uhr fortlaufend anzeigt. Sie werde mit EZ bezeichnet (in der Literatur wird häufig dafür der griechische Buchstabe τ verwendet), so daß man folgende Größen hat:

EZ(R)   sei die Eigenzeit der Uhr   R zur Zeit $t = 2 L / v$

EZ($M_l(-v)$)   " $M_l(-v)$ "

EZ($M_r(+v)$)   " $M_r(+v)$ "

relativ zu S.

EZ`(R), EZ`($M_l(-v)$), EZ`($M_r(+v)$) sind die entsprechenden Eigenzeiten relativ zu S` und analog für EZ``. Mit anderen Worten, wir berechnen die Eigenzeiten von R, $M_l(-v)$, $M_r(+v)$ relativ zu verschiedenen Inertialsystemen. Stets muß für jede Uhr derselbe Wert vorhergesagt werden.

Das Inertialsystem S hat bei diesem Gedankenexperiment eine Sonderstellung, da alle Vorgänge mit bestimmten Koordinaten in S beginnen und enden sollen, was aus der Aufgabenstellung folgt.

Betrachten wir zuerst alle Vorgänge relativ zu S.

(7.50) $$EZ(R) = \frac{2L}{v}$$

Wenn R diese Zeit anzeigt, sind alle Uhren wieder bei x = 0.

(7.51) $$EZ(M_l(-v)) = \frac{2L}{kv}$$

(7.52) $$EZ(M_r(+v)) = \frac{2L}{kv}$$

$M_l(-v)$ bewegt sich die Zeitdauer $2L/v$ mit der Geschwindigkeit vom Betrag v, sie erleidet eine Zeitdilatation um den Faktor $1/k$. Für $M_r(+v)$ gilt dasselbe, das Vorzeichen von v spielt keine Rolle, da v quadratisch in k eingeht.

Genau dieselben Vorhersagen müssen sich relativ zu S` ergeben:

Relativ zu S` bewegt sich die Uhr R für die Dauer t` = 0 bis t` = 2 k L / v von x` = 0 bis x` = - 2 k L ( dies entspricht x = 0, t = 2 L / v ) mit der Geschwindigkeit +v. Mit v bewegte Uhren gehen um den Faktor $1/k$ langsamer. Uhr R zeigt von S` aus betrachtet die Zeit:

(7.53) $$EZ(R) = \frac{2kL}{v} \cdot \frac{1}{k} = \frac{2L}{v}$$

Die Uhr $M_l(-v)$ bewegt sich in S` mit der Geschwindigkeit

7. Paradoxien

$$(7.54) \qquad w` = \frac{-2v}{1 + v^2/c^2}$$

für die Zeit $\qquad t_1` = 0$ bis

$$(7.55) \qquad t_2` = \frac{kL}{v}(1 + v^2/c^2)$$

und ruht danach in S` bis

$$(7.56) \qquad t_3` = \frac{2kL}{v}$$

an der Stelle $\qquad x` = -2kL$.
(Formel (7.54) entspricht Formel (2.13), relativ zu S` bewegt sich S mit -v und in S bewegt sich $M_l(-v)$ mit -v.)

$M_l(-v)$ zeigt die Zeit:

(7.57) $\quad EZ`(M_l(-v))$

$$= (t_2` - t_1`)/k(w`) + (t_3` - t_2`)$$

$$= \frac{kL}{v}(1 + v^2/c^2)(1 - w`^2/c^2)^{1/2}$$

$$+ \frac{2kL}{v} - \frac{kL}{v}(1 + v^2/c^2)$$

(im ersten Summanden wird die Zeitdilatation für die Geschwindigkeit w`, danach Formel (7.54) berücksichtigt)

(7.58) $\quad EZ`(Ml(-v))$

$$= \frac{2kL}{v}(1 - v^2/c^2)$$

$$= \frac{2L}{kv}$$

Die Uhr $M_r(+v)$ ruht in S` für die Zeit von $t_1` = 0$ bis

(7.59) $$t_2` = \frac{kL}{v}(1 - v^2/c^2)$$

und hat die Geschwindigkeit

(7.60) $$w` = \frac{-2v}{1 + v^2/c^2}$$

von

(7.61) $$t_2` = \frac{kL}{v}(1 - v^2/c^2)$$

bis

(7.62) $$t_3` = \frac{2kL}{v}$$

$M_r(+v)$ zeigt die Zeit:

(7.63) $EZ`(M_r(+v))$

7. Paradoxien

$$= \frac{kL}{v}(1 - v^2/c^2) +$$

$$+ \left[\frac{2kL}{v} - \frac{kL}{v}(1 + v^2/c^2)\right](1 - w`^2/c^2)^{1/2}$$

wegen Dt` / k(w`)

$$= \frac{2kL[1 - (v^2/c^2)^2]}{v(1 + v^2/c^2)}$$

(im zweiten Summanden wird die Zeitdilatation für die Geschwindigkeit w`, danach Formel (7.60) berücksichtigt)

(7.64) EZ`(M_r(+ v))

$$= \frac{2L}{kv}$$

Relativ zu S`` ergibt sich analog:

(7.65) EZ``(R): $\frac{2L}{v}$

(7.66) EZ``(M_l(-v)): $\frac{2L}{kv}$

(7.67) EZ``(M_r(+ v)): $\frac{2L}{kv}$

Relativ zu S, S`, S`` wird für jede der Uhren dasselbe vorausgesagt.

Dieser Lösung von McCrea stimmt der Autor zu, man kann aber kontrovers fortfahren:

7.6.4 Eigenzeiten mit Wechsel von S` und S``

Es gibt eine weitere Methode, die Eigenzeiten der Uhren $M_l(-v)$, $M_r(+v)$ zu berechnen, die zu korrekten Ergebnissen führt.

Dazu berechnet man die Eigenzeiten der Uhren bei ihrer Rückkehr an x = 0 nach der Zeit t = 2 L / v so, als ob sie ein mit ihnen mitbewegter Beobachter fortlaufend abgelesen hätte. Ein solcher Beobachter wechselt das Inertialsystem bei Umkehr der Bewegung:

Eigenzeit von Uhr R:

$$(7.70) \qquad EZ(R) = \frac{2L}{v}$$

Eigenzeit von $M_l(-v)$:

Sie ruht in S`` von $t_1`` = 0$ bis sie in S an der Stelle x = - L zur Zeit t = L / v ankommt. Dann hat sie lt. Tabelle in S`` die Zeit

$$(7.71) \qquad t_2`` = \frac{kL}{v}(1 - v^2/c^2)$$

Anschließend ruht sie in S` von

$$(7.72) \qquad t_1` = \frac{kL}{v}(1 + v^2/c^2)$$

bis

7. Paradoxien

$$\text{(7.73)} \qquad t_2` = \frac{2kL}{v}$$

denn dies entspricht den Werten $x = -L$, $t = L/v$ und $x = 0$, $t = 2L/v$. Die Eigenzeit von Uhr $M_l(-v)$ ist das Intervall

$$\text{(7.74)} \quad EZ(M_l(-v)) = (t_2`` - t_1``) - (t_2` - t_1`)$$

$$= \frac{kL}{v}((1 - v^2/c^2) + 2 - (1 + v^2/c^2))$$

$$= \frac{2kL}{v}(1 - v^2/c^2)$$

$$= \frac{2L}{kv}$$

Eigenzeit der Uhr $M_r(+v)$:

$M_r(+v)$ ruht in S` genauso lange wie $M_l(-v)$ in S`` und in S`` genauso lange wie $M_l(-v)$ in S`, sie hat also die gleiche Eigenzeit

$$\text{(7.75)} \qquad EZ(M_r(+v)) = \frac{2L}{kv}$$

Das besondere an dieser Methode besteht im folgenden: Zur Berechnung der Eigenzeiten wird das Inertialsystem gewechselt, bei der ersten Methode, Kap. 7.6.3, bleibt es dasselbe. Aber in S` und S`` wird nur die Information verwendet, die die Uhr anzeigt, die sich unmittelbar neben der Uhr $M_l(-v)$ bzw. $M_r(+v)$ befindet. Mit anderen Worten, es spielt keine Rolle, ob die Uhren in S` und S`` richtig synchronisiert sind, es genügt, daß sie keine technischen Defekte haben, da man nur die an einer Uhr ablaufende Zeit abliest.

Nach dieser Methode kann die Eigenzeit einer Uhr auch experimentell bestimmt werden. Man bewegt die Uhr nach x = L und zurück nach x = 0 und schaut jeweils nach, wie lange sie sich in S` und S`` aufhält. Es müßten die Werte (7.71) und (7.72) - (7.73) ablesbar sein. Diese Methode entspricht sehr gut der Situation eines Raumfahrers, der bei seiner Umkehr vom Inertialsystem S` in das Inertialsystem S`` wechselt.

7.6.5 Widersprüchliche Folgerungen beim Uhrenparadoxon und ihre Eliminierung

Wir betrachten nun folgendes Verhalten, das zu einer widersprüchlichen Aussage führt:

In S` sieht die Uhr $M_r(+v)$ die Uhr $M_l(-v)$ für die Dauer t` = 0 bis

(7.80) $$t` = \frac{kL}{v}(1 - v^2/c^2)$$

sich mit der Geschwindigkeit

(7.81) $$w` = \frac{-2v}{1 + v^2/c^2}$$

bewegen, danach wechselt die Uhr $M_r(+v)$ nach S`` und die Uhr $M_l(-v)$ nach S`. In S`` sieht jetzt $M_r(+v)$ die Uhr $M_l(-v)$ für die Dauer

(7.82) $$t`` = \frac{kL}{v}(1 + v^2/c^2)$$

bis

(7.83) $$t`` = \frac{2kL}{v}$$

7. Paradoxien

sich mit der Geschwindigkeit

(7.84) $$w'' = \frac{+2v}{1 + v^2/c^2}$$

bewegen.

Während ihrer ganzen Eigenzeit von $2L/(kv)$ sieht sie $M_l(-v)$ sich mit dem Betrag $w = -w` = w``$ bewegen. Uhr $M_r(+v)$ sagt also für $M_l(-v)$ eine Zeitdilatation voraus mit dem Wert:

(7.85) $$\frac{2L}{kv}(1 - w^2/c^2)^{1/2}$$

$$= \frac{2L(1 - v^2/c^2)^{3/2}}{v(1 + v^2/c^2)}$$

$M_r(+v)$ sagt von $M_l(-v)$, sie gehe um den Faktor $(1 - w^2/c^2)$ langsamer als sie selber.

Wie die ganz analoge Rechnung zeigt, sagt umgekehrt $M_l(-v)$ von $M_r(+v)$, sie gehe um diesen Faktor langsamer.

Man kann dieses Spiel noch fortsetzen, schließlich sehen sowohl $M_l(-v)$ als auch $M_r(+v)$ die Uhr R ständig in Bewegung und errechnen für R eine Zeitdilatation. $M_l(-v)$ sieht R sich mit v entfernen und wieder zurückkehren. Dies gilt wieder für die Dauer der Eigenzeit von $M_l(-v)$. Die Eigenzeit multipliziert mit dem Faktor $1/k$ für die Zeitdilatation und es wird das kontradiktorische Zeitintervall von $M_l(-v)$ für R vorausgesagt:

(7.86) $$\frac{2L}{v}(1 - v^2/c^2)$$

$M_r(+v)$ macht dieselbe Vorhersage, denn seine Eigenzeit ist dieselbe wie die von $M_l(-v)$ und auch $M_r(+v)$ sieht R sich stets mit v bewegen.

Der - nicht korrekte - Einwand für diese Beispiele lautet in der Regel, beide Vorgänge seien unsymmetrisch, denn bezüglich $M_l(-v)$, $M_r(+v)$, Formel (7.85), ist der Vorgang symmetrisch.

Zahlenbeispiel zur speziell-relativistischen Lösung des Uhrenparadoxons und zu Formeln (7.85) und (7.86):
Es sei $\quad\quad\quad$ v = 0.866 c $\quad\quad$ = $2.6\ 10^5$ km/s
$\quad\quad\quad\quad\quad\quad$ L = 0.866 Lichtjahre $\quad$ = $2.6\ 10^5$ km
Dann ist, Formeln (7.50) bis (7.75):
$\quad\quad$ EZ(R) = EZ`(R) = EZ``(R) = 2 L / v = 2 Jahre
$\quad\quad\quad\quad$ k = 2
$\quad\quad$ EZ($M_r(+v)$) = EZ`($M_r(+v)$) = EZ``($M_r(+v)$)
$\quad\quad\quad\quad$ = EZ($M_l(-v)$) = EZ`($M_l(-v)$) = EZ``($M_l(-v)$)
$\quad\quad\quad\quad$ = 2 L / (k v) = 1 Jahr
Die Uhr $M_r(+v)$ befindet sich in S``, Formel (7.71): 0.5 Jahre und in S`, Formel (7.73) - (7.72): 0.5 Jahre. Sie sieht $M_l(-v)$ sich bewegen mit w`, Formel (7.84): 0.9897 c und sagt für $M_l(-v)$ die falsche Zeit, Formel (7.85): 0.1429 Jahre sowie für R die falsche Zeit, Formel (7.86): 0.5 Jahre voraus. (In (7.85) kann man w` explizit einsetzten und erhält denselben Zahlenwert.)

Wie ist der Widerspruch lösbar? Die folgenden Einwände a) bis d) scheiden zunächst einmal aus:

a) Sind Rechenfehler die Ursache für die antinomischen Vorhersagen? Man vergleiche mit den Formeln für die Berechnung der Eigenzeit nach Methode Kap. 7.6.4, die ein richtiges Ergebnis liefert. Dies wird nur noch mit dem Faktor 1/k multipliziert. Darüberhinaus tritt das Ergebnis (7.86) in der allgemein relativistischen Lösung, Formel (7.94), auf.

b) Man sagt die Uhr $M_r(+v)$ wird ständig als ruhend angesehen, beim Wechsel von S` nach S`` wird sie beschleunigt. Die Uhr $M_r(+v)$ befindet sich somit nicht in einem Inertialsystem, sondern in einem beschleunigten Bezugssystem, deshalb ist die allgemeine Relativitätstheorie zuständig. Dieser Einwand ist richtig, die Uhr $M_r(+v)$ als reale Uhr betrachtet ruht in einem beschleunigten Bezugssystem, es ist falsch, in einem solchen Bezugssystem, ungeprüft die Formeln für die Zeitdilata-

7. Paradoxien

tion, die aus den Lorentz-Transformationen abgeleitet ist, anzuwenden. S. Kap. 7.6.7 für die Anwendung der allgemeinen Relativitätstheorie.

c) Wie muß man aber argumentieren, wenn die Uhr $M_r(+v)$ wieder durch zwei Uhren $R_r`$ und $R_r``$ realisiert wird, wobei $R_r``$ die Zeit von $R_r`$ bei ihrer Begegnung übernimmt? Die allgemeine Relativitätstheorie ist dann nicht zuständig. Es hilft auch nichts, daß mit (7.85) eine Vorhersage gemacht wird, von der man weiß, daß sie falsch ist, daß man die richtige Vorhersage kennt und dies sogar experimentell bestätigt ist. Daraus folgt nur, daß die Antinomie keine praktische Bedeutung hat, da man den richtigen Wert auf andere, sogar einfachere Weise gewinnt.

d) Könnten die antinomischen Formeln (7.85) ihre Ursache in einer Nichtbeachtung der Relativität der Gleichzeitigkeit haben? $M_l(-v)$ und $M_r(+v)$ wechseln ihr Inertialsystem $S~$ und $S``$ gleichzeitig relativ zu S, aber nicht relativ zu $S`$ oder $S``$. Wenn $M_l(-v)$ an der Stelle $x = -L$ wechselt, sagt $M_l(-v)$, $M_r(+v)$ hat noch nicht gewechselt, sobald $M_l(-v)$ gewechselt hat und sich in $S`$ befindet, sagt $M_l(-v)$, $M_r(+v)$ hat längst vor mir gewechselt. Genau diesen Sachverhalt drückt die obige Herleitung quantitativ aus und die Rechnung ergibt unvermeidlich Formel (7.85).

Ernsthafte Einwände gegen die Herleitung von (7.85) sind nicht in Sicht, formal dürfte sie richtig sein; ein falsches Resultat ergibt sich, wenn ein physikalischer Vorgang - die Bewegung von $M_r(+v)$ - nicht von einem freigewählten, dann aber unveränderten Inertialsystem aus beschrieben wird, sondern im Wechsel zu zwei oder mehreren Inertialsystemen. Das Relativitätsprinzip und damit die Lorentz-Transformationen gelten für beliebige Inertialsysteme, aber nicht bei beliebigem Wechsel während der Beschreibung. Man kann es auch so ausdrücken: Die Lorentz-Transformationen gelten relativ zu einem Inertialsystem. Ein schneller Wechsel zwischen Inertialsystemen ist selbst kein Inertialsystem mehr. Das Bezugssystem, relativ zu dem man beschreibt, ist dann für kurze Momente beschleunigt.

Diese Einschränkung sei die "Inertialsystemforderung" genannt. In Kap. 7.6.6 wird weiter diskutiert, warum sie als Lösung tauglich ist und ob sie selbstverständlich oder eine plausible Zusatzforderung für die spezielle Relativitätstheorie ist. Es wird auch zu klären sein, warum ein solcher Wechsel der Inertialsysteme bei der Erklärung der Uhrenparadoxie verboten sein soll, aber im übrigen in der Praxis ständig problemlos durchgeführt wird.

Hinweise auf diese antinomischen Formeln (7.85) und (7.86), abgesehen von der Tatsache, daß Formel (7.86) in (74) in anderem Zusammenhang auftritt, und Versuche sie in der hier angedeuteten Weise zu lösen, sind dem Autor aus der Literatur nicht bekannt. Zustimmend wird in dem bekannten Lehrbuch von G. Falk, W. Ruppel (113) die Kinematik des Zwillingsparadoxons als widersprüchlich bezeichnet.

Fassen wir zusammen: Uhrenbewegungen, auch beschleunigte, werden relativ zu einem beliebigen Inertialsystem widerspruchsfrei beschrieben. Dabei ist jedes Inertialsystem gleichberechtigt. Die Beschreibung wird antinomisch, wenn sie von wechselnden Inertialsystemen aus erfolgt. Wechselnde Inertialsysteme sind insgesamt kein Inertialsystem mehr.

7.6.6 Die Inertialsystemforderung

Die Diskussion der Uhrenparadoxie auf der Basis der speziellen Relativitätstheorie führte zur sog. Inertialsystemforderung. Jeder physikalische Vorgang, insbesondere bei beschleunigt bewegten Uhren, darf nicht relativ zu nacheinander wechselnden Inertialsystemen beschrieben werden. Andernfalls entstehen antinomische Vohersagen für die Uhren $M_l(-v)$ und $M_r(+v)$ in Formel (7.85). Welches Inertialsystem man auswählt, unterliegt natürlich keinen Beschränkungen. Formal richtig ist es zu sagen: wechselnde Bezugsysteme stellen insgesamt kein Inertialsystem dar und nur für Inertialsysteme gelten die Lorentz-Transformationen.

Aber auf der Basis der relativistischen Interpretation ist nicht einzusehen, die Zeiten von Uhren nicht in nacheinander wechselnden Inertialsystemen zu beschreiben. Für die Uhr $M_l(-v)$ gibt es real, unmittelbar meßbar, nur die Zeit relativ zum augenblicklichen Inertialsystem, in

7. Paradoxien

dem die Uhr ruht. Die Vorhersagen relativ zu diesem Inertialsystem für andere, bewegte Uhren sind Vorhersagen für ebenso reale Zeitintervalle. Stellt man sich die Uhren $M_l(-v)$, $M_r(+v)$ als Raumfahrer vor, so sieht und erlebt sich jeder der Raumfahrer als derjenige, der schneller alt wird.

In der relativistisch-klassischen Interpretation gibt es ein ausgezeichnetes Inertialsystem; Uhren mit Lichtsignalen zu synchronisieren, ist eine praktische Konvention, die nur für ausgezeichnete Inertialsysteme zur Realität paßt, denn dort ist die Lichtgeschwindigkeit in alle Richtungen in Wirklichkeit gleich c, in den übrigen Inertialsystemen wird sie dazu erst gemacht.

Die antinomischen Formeln kann man deshalb auch als ein Gedankenexperiment zur Unterscheidung zwischen der relativistischen und relativistisch-klassischen Interpretation auffassen. Es ist kein normaler Experimentvorschlag, etwas zu messen. Es ist die zwingende Vorhersage eines Meßergebnisses, das nicht sein kann. Zwingend für die relativistische nicht für die relativistisch-klassische Interpretation.

Den Synchronisationseffekt sieht man am besten so: Man betrachte für

$$x = +L$$

$$t = L/v$$

d.h. an einer bestimmten Stelle im Raum, Uhren in S, S`, und S``. Sie zeigen in S die Zeit:

$$t = L/v$$

und in S` die Zeit:

$$t` = \frac{kL}{v}(1 - v^2/c^2)$$

sowie in S`` die Zeit:

$$t`` = \frac{kL}{v}(1 + v^2/c^2)$$

Beim unendlich schnellen Wechsel von S` nach S`` muß die Uhr in unendlich kurzer Zeit die Anzeige von t` nach t`` durchlaufen. Diese Zeitänderung kann keine wirkliche Zeit sein, sie ist ein Synchronisationseffekt, den man mit der Inertialsystemforderung ausschließen kann. Synchronisationseffekte gibt es aber nicht für eine Interpretation, in der die Lichtgeschwindigkeit in Wirklichkeit überall c ist und nicht nur zu c gemacht bzw. so gemessen wird, d.h. nicht für die relativistische Interpretation.

Für die relativistisch-klassische Interpretation läßt sich das Uhrenparadoxon unmittelbar lösen: Ausschlaggebend ist allein das ausgezeichnete Inertialsystem, nur die Bewegung relativ dazu verursacht eine wirkliche Zeitdilatation. Die Bewegungen relativ zu den übrigen Inertialsystemen haben wegen der nur zweckmäßigen Einsteinschen Uhrensynchronisation eine Sonderstellung (s. Kap 4 und 5). Berücksichtigt man diese Sonderstellung nicht und schaut nur auf die gleichen Formeln der Lorentz-Transformation, ergibt sich die widersprüchliche Beziehung (7.85). Das Uhrenparadoxon entsteht, weil zwei (oder mehrere), in allen Punkten gleichwertige Inertialsysteme vorausgesetzt werden. In der relativistisch-klassischen Interpretation ist das unzulässig und damit erklärt sich die Inertialsystemforderung und die Unterscheidung zwischen wirklicher Zeit und Synchronisationseffekten.

Bleibt man bei der Beschreibung eines Experimentes in einem einzigen Inertialsystem, sind Synchronisationseffekte sicher ausgeschlossen. Andererseits gibt es viele Vorgänge, die beliebig in Teilen nacheinander in verschiedenen Inertialsystemen beschrieben werden können. Das läßt sich auch quantitativ formulieren: Sehen wir S als ausgezeichnetes Inertialsystem an, so bedeutet der Wechsel von $M_I(-v)$ von S`` nach S` an der Stelle x = - L einen Synchronisationseffekt DS von

$$DS = t`` - t`$$

(7.88) $$DS = \frac{2 k L}{v} (v^2 / c^2)$$

Man bedenke, der Wechsel von S` nach S`` soll für $M_I(-v)$ unendlich schnell vor sich gehen, trotzdem gewinnt $M_I(-v)$ die Zeit DS. Es ist kei-

7. Paradoxien 133

ne Zeit vergangen, aber $M_I(-v)$ hat einen Gewinn von DS. In umgekehrte Richtung wird er negativ. Daraus läßt sich ableiten: Ein und derselbe physikalische Vorgang darf in Teilen nacheinander relativ zu verschiedenen Inertialsystemen betrachtet werden, sofern die Synchronisationseffekte vernachlässigt werden dürfen. Dies dürfte für viele Experimente erfüllt sein, auch bei hohen Geschwindigkeiten. Für $M_I(-v)$ und damit für das Zwillings- oder Uhrenparadoxon insgesamt ist die Bedingung nicht erfüllt. Das Uhrenparadoxon verdankt seine Existenz den unzulässig vernachlässigten Synchronisationseffekten.

Zahlenbeispiel:
Ein Weltraumfahrer bewege sich mit v = 0.99 c bis x = - L = 25 Lichtjahre und zurück. Dann ist

$$Dt = \frac{2L}{v} = \frac{2 \cdot 25 \cdot 3 \cdot 10^6 \text{ km/s} \cdot 1 \text{ Jahr}}{0.99 \cdot 3 \cdot 10^6 \text{ km/s}}$$

$$= 50.5 \text{ Jahre}$$

$$Dt` = \frac{2L}{kv} = 7.07 \text{ Jahre}$$

$$DS = \frac{2kL}{v} (v^2/c^2) = 353.5 \text{ Jahre}$$

Der Gewinn an Zeit von DS = 353.5 Jahren ist nicht real, es ist ein Synchronisationseffekt. Er ist nicht vernachlässigbar; Dt, Dt` gelten, der Weltraumfahrer ist 7.07 Jahre gealtert, zu Hause sind 50.5 Jahre vergangen.

Synchronisationseffekte spielen keine Rolle bei der Eigenzeitberechnung in Kap. 7.6.4. Dort wurde bereits darauf hingewiesen, daß es unwichtig ist, ob die Uhren synchronisiert sind, aber bei der Vorhersage für andere Eigenzeiten, z.B. der Uhr R, spielen sie eine Rolle, wie man sich leicht klarmacht, denn die Eigenzeiten anderer Uhren werden ja berechnet.

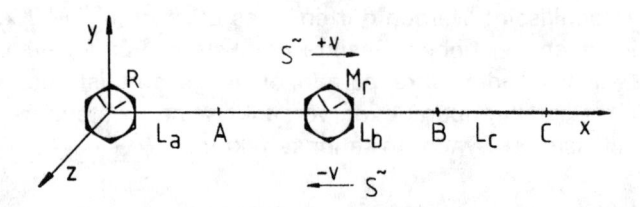

Abb. 7.8 Die Uhrenparadoxie unter Berücksichtigung der Beschleunigungsphasen.

Die Uhr M_r wird bis A auf +v beschleunigt, zwischen A und B bleibt die Geschwindigkeit der Uhr konstant, ab B bis C wird die Uhr M_r verzögert, ab C bis B auf -v beschleunigt und ab A bis zum Ursprung des Koordinatensystems wieder verzögert, bis sie bei der Uhr R ruht.

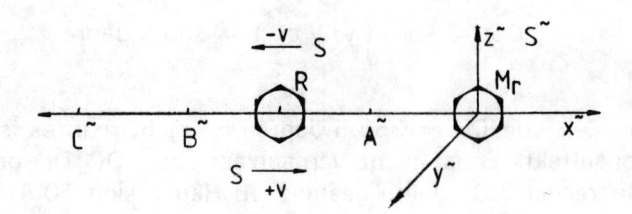

Abb. 7.9 Die Uhrenparadoxie von einer beschleunigten Uhr aus beobachtet.

Im System $S\tilde{\ }$ ruht M_r, R bewegt sich beschleunigt von M_r weg und wieder zurück, zwischen $A\tilde{\ }$ und $B\tilde{\ }$ hat R eine konstante Geschwindigkeit.

7. Paradoxien   135

In jedem Fall können wir festhalten: Beachtet man die Inertialsystemforderung gibt es kein Uhrenparadoxon, es besteht auch nicht, wenn Synchronisationseffekte von Uhren vernachlässigt werden dürfen.

7.6.7 Die allgemein relativistische Lösung

Durch Überlegungen auf der Basis der allgemeinen Relativitätstheorie sind die antinomischen Gleichungen (7.85) in Kap. 7.6.5 (ebenfalls) lösbar. Sowohl von S aus als auch von den Uhren M_l oder M_r aus betrachtet, laufen die bewegten Uhren langsamer als die ruhende Uhr R.

Wir legen im folgenden die Überlegungen von C. Möller (74) zu Grunde. Eine ähnliche, gut verständliche Diskussion enthält das Lehrbuch von G. Falk, W. Ruppel (113). Sie haben auf jeden Fall zwei Stärken:

a) Die Problemstellung entspricht unserer von Kap. 7.6.2 wie in Abb. 7.6. Dies ist nicht selbstverständlich (75).

b) Der mathematische Formalismus ist glanzvoll, er leistet widerspruchsfrei, was gewünscht wird.

Nicht überzeugend ist:

Die von C. Möller eingeführten Beschleunigungsfelder sollen wie Gravitationsfelder wirken, sie führen aber zu negativen Eigenzeiten, d.h. in gewissen Beschleunigungssituationen zu rückwärts gehenden Uhren.

Betrachten wir zunächst die Einzelheiten.

Es soll versucht werden, die Ideen C. Möllers so zu veranschaulichen, daß man eine eigene Entscheidung über ihre Anwendbarkeit treffen kann. Kenntnisse der allgeinen Relativitätstheorie sollen nicht vorausgesetzt werden, was aber auch heißt, daß wir keine der Formeln von C. Möller herleiten. Auf die allgemeinrelativistische Herleitung kann man verzichten, da sie in diesem Zusammenhang kein Problem darstellt. Das Problem liegt in der Frage, ob die richtige Anwendung der allgemeinrelativistischen Herleitung, das ist Formel (7.92), als Lösung der Uhrenparadoxie anzusehen ist. Das ist der Fall, wenn man negative Eigenzeiten für bedeutungslos hält.

In Abb. 7.8 ist das Gedankenexperiment von Abb. 7.6 präzisiert für den Fall einer real beschleunigten Uhr M_r. Im Inertialsystem $S(x,y,z,t)$ ruht die Uhr R während der gesamten Reise von M_r. Längs L_a bis zum Punkt A wird M_r beschleunigt, längs L_b bis zum Punkt B hat sie die konstante Geschwindigkeit v, in B beginnt die Verzögerung längs L_c bis zum Punkt C. Hier hat M_r kurzfristig die Geschwindigkeit null in S. Die weitere Beschleunigung bringt M_r wieder nach B, von dort geht es mit konstanter Geschwindigkeit -v zurück nach A, dort wird M_r bis zur Uhr R wieder verzögert und die Rundreise kann erneut beginnen.

Sämtliche Beschleunigungen sind hyperbolisch vom Betrag g. Hyperbolisch nennt man Beschleunigungen, die im jeweiligen Inertialsystem von M_r konstant sind, relativ zu S ändert sie sich dann ständig. Eine derartige Beschleunigung wird von M_r als konstant empfunden und bedeutet eine Rakete konstanter Schubkraft. Sie ist mathematisch bequem. Eine bezüglich S konstante Beschleunigung bedeutet im jeweiligen Inertialsystem von M_r und für M_r selbst eine ständig größer werdende Schubkraft.

Wir führen einige Bezeichnungen ein:

Im Inertialsystem S:

Dt_a = Beschleunigungszeit von M_r längs L_a auf $+v$
Dt_b = Bewegungsdauer von M_r längs L_b mit der Geschwindigkeit $+v$
Dt_c = Verzögerungszeit von M_r längs L_c bis auf die Geschwindigkeit null

EZ(R) = Eigenzeit von R vom Start von M_r bis zur Rückkehr von M_r
EZ(M_r) = Eigenzeit von M_r vom Start bei R bis zur Rückkehr zu R

$EZ_a(M_r)$ = Zunahme der Eigenzeit von M_r längs L_a,
$EZ_b(M_r)$ = Zunahme der Eigenzeit von M_r längs L_b,
$EZ_c(M_r)$ = Zunahme der Eigenzeit von M_r längs L_c - die entsprechenden Zunahmen der Eigenzeit von R sind die Intervalle Dt_a, Dt_b, Dt_c.

7. Paradoxien

Im beschleunigten System $S\tilde{\ } = S\tilde{\ }(x\tilde{\ }, y\tilde{\ }, z\tilde{\ }, t\tilde{\ })$:

In dem beschleunigten Bezugsystem $S\tilde{\ }$ ruht M_r ständig bei $x\tilde{\ } = 0$, die Uhr R entfernt sich von M_r in negative $x\tilde{\ }$- Richtung und kehrt dann zurück. Es gibt nur die beiden, hier gleichwertigen Bezugsysteme S und $S\tilde{\ }$, darin liegt die Eleganz der allgemein relativistischen Lösung.

Die in $S\tilde{\ }$ betrachteten Größen werden mit dem $\tilde{\ }$-Symbol gekennzeichnet.

Es gelten die einfachen Beziehungen:

$$EZ(R) = 2 (Dt_a + Dt_b + Dt_c)$$

$$EZ(M_r) = 2 (EZ_a (M_r) + EZ_b (M_r) + EZ_c (M_r))$$

weil die Eigenzeiten längs der Teilabschnitte L_a, L_b, L_c für die Hin- und Rückbewegung von M_r gleiche Werte besitzen.

In S gilt wegen der Zeitdilatation:

(7.90) $\qquad EZ_b (M_r) = Dt_b (1 - v^2 / c^2)^{1/2}$

Nehmen wir an, daß die Beschleunigungskraft von M_r unendlich groß wird, aber M_r stets nur bis auf v beschleunigt werden soll, so nimmt die Beschleunigungszeit Dt_a immer mehr ab und erreicht schließlich den Wert null. Auch die Eigenzeit $EZ_a (M_r)$ wird null, weil die Eigenzeit einer bewegten Uhr stets kleiner ist, als die einer ruhenden. (Beschleunigungen haben keinen Einfluß auf die Eigenzeit, nur die während der Beschleunigung sich ständig ändernde Geschwindigkeit. Der Faktor 1/k wird zunehmend kleiner und entsprechend die Zunahme der Eigenzeit. Insgesamt ist das immer weniger als die Eigenzeit der ruhenden Uhr. - Man sieht das natürlich auch aus den Formeln selbst, s. Möller (74), Seite 294)

Entsprechendes gilt für Eigenzeiten während der Bewegung längs L_c.

Für diesen Grenzfall, g wird unendlich, gilt:

(7.91) $$EZ(M_r) = EZ(R) \left(1 - v^2/c^2\right)^{1/2}$$

Das ist Formel (7.52).

Nun wenden wir dieselben Überlegungen auf das beschleunigte System S˜ an und zeigen, warum sich nicht die antinomische Formel (7.86) ergibt.

Für Bewegungen wie in Abb. 7.9 ergibt sich, wenn sie hyperbolisch sind, aus der allgemeinen Relativitätstheorie nach den Überlegungen von C. Möller (74) für die Eigenzeit EZ˜ "frei fallender Teilchen":

(7.92) $$EZ\tilde{\ } = \left(\frac{c}{g} + \frac{x_0\tilde{\ }}{c}\right) \tanh\left(g(t\tilde{\ } - t_0\tilde{\ })/c\right)$$

$$= \left(\frac{c}{g} + \frac{x_0\tilde{\ }}{c}\right)\frac{v}{c}$$

dabei ist
t˜   die Koordinatenzeit, d.h. die Zeitkoordinate in S˜
t_0˜   der Anfangswert von t˜
x_0˜   der Anfangswert von x˜
g   die Beschleunigung von M_r im jeweiligen Ruhesystem
x˜   die Ortskoordinate in S˜, gemessen in x-Richtung
v   die bei der hyperbolischen Beschleunigung erreichte Endgeschwindigkeit

x˜ ist nicht identisch mit der Koordinate eines Inertialsystems, weil sich die Längenkontraktion wegen der Beschleunigung fortlaufend ändert. Nur für den Sonderfall, daß M_r in S ruht, gilt für die Uhr R:

$$x\tilde{\ } = -L_a - L_b - L_c$$

Gerade dieser Sonderfall ist sehr wichtig, denn M_r ruht in S, wenn M_r in C die Bewegung umkehrt. Dann befindet sich die Uhr R in S˜ an der Position x˜ = −L.

7. Paradoxien

Die Formel (7.92) gilt nur für "frei fallende Teilchen", die Eigenzeit für andere Fälle wird nicht benötigt. Ein frei fallendes Teilchen ist für diese allgemein relativistischen Überlegungen die Uhr R in S, weil sie relativ zu S nicht beschleunigt wird, d.h. sich in einem Inertialsystem befindet. Mit Formel (7.92) kann ein beschleunigt bewegter Raumfahrer die Uhrzeiten in einem Inertialsystem (der Uhr R) relativ zu den Koordinaten des beschleunigten Bezugsystems, in dem er selber ruht, vorhersagen.

Aus der allgemeinen Formel (7.92) erhält man durch Einsetzen:

$$EZ_a \tilde{\ }(R) = \left(\frac{c}{g}\right) \tanh\left(\frac{g\, EZ_a(M_r)}{c}\right)$$

$$= v/g$$

(7.93) $\quad EZ_b \tilde{\ }(R) = EZ_b(M_r)\,(1 - v^2/c^2)^{1/2}$

weil v konstant ist und die Zeitdilatation gilt. Formel (7.90) eingesetzt:

(7.94) $\quad EZ_b \tilde{\ }(R) = Dt_b\,(1 - v^2/c^2)$

Anwendung von (7.92) für die Phase L_c:

$$EZ_c \tilde{\ }(R) = \left(\frac{c}{g} + \frac{L}{c}\right) \tanh\left(\frac{g\, EZ_a(M_r)}{c}\right)$$

$$= \left(\frac{c}{g} + \frac{L}{c}\right)\frac{v}{c}$$

Für den Grenzfall g unendlich, werden Dt_a und Dt_c null, aber

$$EZ_c \tilde{\ }(R) = \frac{L\,v}{c^2}$$

bleibt ungleich null. Für Dt_b ergibt sich wegen $L = L_h$:

(7.95) $\qquad Dt_b = L / v$

Somit hat man

$$EZ\tilde{\ }(R) = 2 [EZt_a\tilde{\ }(R) + EZt_b\tilde{\ }(R) + EZt_c\tilde{\ }(R)]$$

$$= 2 [\frac{L}{v} (1 - v^2 / c^2) + \frac{L v}{c^2}]$$

$$= 2 Dt_b$$

$$= EZ(R)$$

Formel (7.94) ist die antinomische Vorhersage (7.86), sie wird in dem allgemein relativistischen Ansatz durch den Anteil (7.95) in die richtige Lösung (7.91) überführt und das Uhrenparadoxon aus der Sicht des beschleunigt bewegten Raumfahrers ist gelöst.

Wir zeigen jetzt eine Situation mit negativen Eigenzeiten, die die Schönheit dieser Lösung schmälert.

Die Uhr M_r möge, wenn R sich zwischen den Punkten A und B an der Stelle D bei $x = - L / 2$ befindet, die gleichförmige Bewegung unterbrechen und sich auf $u = 0$ verzögern, und sofort danach wieder auf v beschleunigen. D.h. die Uhr M_r verhält sich zunächst so, als wolle sie umkehren, setzt aber dann doch die Bewegung fort. Erst an der Stelle B kehrt sie um. Was ist zu erwarten?

a) Die Eigenzeit von M_r ändert sich nicht für den Grenzfall einer unendlich großen Verzögerung -g und unendlich großen Beschleunigung g, ganz analog zu den vorigen Überlegungen.

b) Die Eigenzeit von R darf sich ebenfalls nicht ändern, denn in diesem Grenzfall ist nichts geschehen, die Bewegung von M_r erscheint so, als sei sie unverändert geblieben. Das zeigt auch die Rechnung:

7. Paradoxien

In der Verzögerungsphase ist die Eigenzeit von R:

$$EZ\tilde{\,}_v(R) = -\frac{L}{2c}\tanh(-g(t\tilde{\,} - t_0\tilde{\,})/c)$$

$$= -\frac{L}{c}\left(-\frac{v}{c}\right)$$

$$= +\frac{Lv}{2c^2} > 0$$

In der Beschleunigungsphase gilt die gleiche Rechnung mit positivem g:

$$EZ\tilde{\,}_b(R) = -\frac{Lv}{2c^2} < 0$$

Die Summe der Eigenzeiten ist null, aber nacheinander läuft R ein Stück vorwärts, dann rückwärts, denn R kann nicht "wissen", ob M_r sich weiterbewegt oder umkehrt oder etwas ganz anderes tun wird.

In verschiedenen Lehrbüchern (75) wird die Phase A-B weggelassen, vielleicht aus diesem Grund, aber das Uhrenparadoxon wird dann der eigentlichen Phase, einer konstanten Bewegung, beraubt. Für den dadurch entstehenden Sonderfall ist der Einwand negativer Eigenzeiten nicht mehr unmittelbar anwendbar.

Wiederholt man diese Überlegungen für eine endliche Beschleunigung g, werden die mathematischen Verhältnisse komplizierter, qualitativ ändert sich nichts.

Fassen wir zusammen: Die allgemein relativistische Lösung ist mathematisch glanzvoll und widerspruchsfrei, sie benötigt aber negative Eigenzeiten. Negative Eigenzeiten können nicht real sein.

8. Philosophisch-grundlagenwissenschaftliche Überlegungen zur relativistischen und relativistisch-klassischen Interpretation der speziellen Relativitätstheorie

8.1 Die Begriffe ein- und mehrdimensional

Mit Dimension oder Ausdehnung bezeichnet man die Eigenschaft des wirklichen und des vorgestellten Raumes, Länge, Breite und Höhe zu besitzen. Unser Ziel ist eine möglichst anschauliche Erweiterung dieser Vorstellungen auf vierdimensionale und später gekrümmte Räume, nicht aber eine mathematisch exakte (s. z.B. (89), (86)) oder philosophisch allgemeine Definition (s. z.B. (122)) des Dimensionsbegriffes, denn unser eigentliches Problem liegt weniger in der Einsicht, daß Raum und Zeit vereinigt vierdimensional sein müssen, als in dem Verstehen der Argumente, warum eine vierdimensionale Raum-Zeit-Struktur besser zur Wirklichkeit passen soll als die klassische Vorstellung von Raum und Zeit. In diesem Sinne werden die Begriffe ein- und mehrdimensional nicht ausführlich philosophisch-wissenschaftlich definiert, sondern nur veranschaulicht, um den Sprachgebrauch zu synchronisieren.

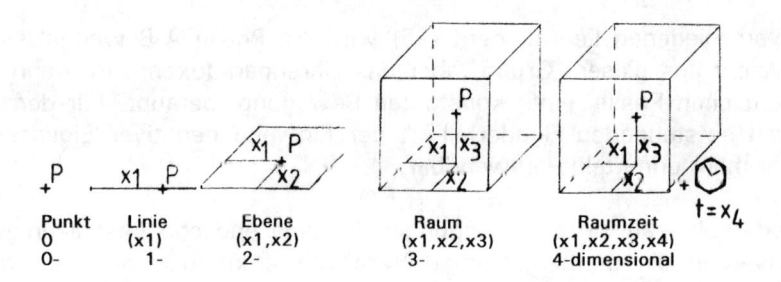

Punkt	Linie	Ebene	Raum	Raumzeit
0	(x1)	(x1,x2)	(x1,x2,x3)	(x1,x2,x3,x4)
0-	1-	2-	3-	4-dimensional

$t = x_4$

Abb. 8.1 Dimensionsbegriff

Raum-Zeit-Punkte befinden sich mathematisch betrachtet in einem vierdimensionalen Raum, unabhängig davon wie der wirkliche Raum aussieht.

8. Philosophisch-grundlagenwissenschaftliche Überlegungen zur relativistischen ... 143

Ausgehend vom normalen, dreidimensionalen Raum verallgemeinert man zunächst den Begriff Raum zu (Punkt-)Mannigfaltigkeiten, die dann wieder Raum genannt werden, und sagt: Raum kann alles das sein, was sich durch Punkte veranschaulichen läßt. Geraden und Flächen sind ein- und zweidimensionale Räume und nicht nur Teil des normalen Raumes, weil sie für sich betrachtet (Punkt-)Mannigfaltigkeiten darstellen. Die Zeit, veranschaulicht als Zeitpunkte, bildet eine eindimensionale (Punkt-)Mannigfaltigkeit, also einen Raum, und Raum und Zeit gemeinsam eine - wie wir sehen werden - vierdimensionale Punktmannigfaltigkeit, wieder einen Raum, der vierdimensionales Raum-Zeit-Kontinuum genannt wird. Da sich Zahlen als Punkte darstellen lassen, spricht man auch von den durch die Zahlen gebildeten Räume, entsprechendes gilt für Vektoren. Es ist nicht entscheidend, ob Gegenstände Punkte sind, sondern ob sie durch Punkte veranschaulicht oder als Punkte gedacht werden können.

Räume haben unterschiedliche Dimensionen, s. Abb. 8.1 (Seite 126). Die Anzahl der Dimensionen läßt sich schon recht gut beschreiben als die Anzahl der Koordinaten mit der Punkte eines Raumes festgelegt sind. Der normale Raum hat drei Dimensionen, weil ein Punkt im Raum durch seine x,y,z-Koordinaten festliegt. Sobald man in der Lage ist, in einem Raum Koordinatensysteme zu definieren, macht man Aussagen über seine Dimension und die physikalisch wichtigen Räume besitzen Koordinatensysteme z.B. in Form der Inertialsysteme. Sie und die weiteren hier behandelten Koordinatensysteme haben folgende beiden Eigenschaften:

a) Jedem Punkt werden Koordinaten zugeordnet, die die Lage des Punktes im Raum eindeutig bestimmen.
b) Die Anzahl dieser Koordinaten ist minimal (und gibt deshalb die Dimension des Raumes an).

Die Bedingung b) soll verhindern, beispielsweise einem Punkt der Ebene die Koordinaten (x,y,x+y) zuzuordnen und dann zu schließen, die Ebene habe drei Dimensionen. Eine weitere, hier aber bedeutungslose Forderung, um Verfälschungen der Dimension zu vermeiden, besteht darin zu verlangen, daß nahe beieinanderliegende Punkte auch nahe beieinanderliegende Koordinaten besitzen.

Als Mathematiker sieht man genauer, was gesagt wurde: Die Dimension eines affinen Raumes ist die Zahl seiner linear unabhängigen Vektoren (89).

Eine andere anschauliche Methode zur Dimension eines Raumes beschreibt Poincaré (122):

"Das wichtigste von allen Theoremen über die Analysis der Lage ist die Behauptung, daß der Raum drei Dimensionen hat... Was meinen wir mit dem Satz von der Dreidimensionalität des Raumes? Wollen wir den Raum in Teile teilen, so brauchen wir Schnitte, die wir Flächen nennen; um Flächen zu trennen, brauchen wir Schnitte, die wir Linien nennen; um Linien zu trennen, brauchen wir Schnitte, die wir Punkte nennen. Weiter können wir nicht gehen mit der Teilung, weil ein Punkt, der kein Kontinuum ist, nicht mehr geteilt werden kann. Die Linien also, die sich durch Schnitte teilen lassen, die ihrerseits keine Kontinua mehr sind, sind Kontinua einer Dimension. Flächen, die sich durch eindimensionale Kontinua trennen lassen, sind selbst zweidimensionale Kontinua. Der Raum schließlich, der sich durch zweidimensionale Kontinua trennen läßt, ist selbst ein Kontinuum von drei Dimensionen."

... und Koordinaten sind jeweils die Abstände der Punkte (bzw. ihrer Projektionen) von diesen drei Schnitten. Eine ähnliche Konstruktion tritt im Kap. 13 für dreidimensionale gekrümmte Räume auf.

Der physikalische Raum hat also drei Dimensionen, weil durch drei Koordinaten, die x,y,z-Koordinaten, jeder Ort im physikalischen Raum genau festgelegt ist, wobei ein Ort im physikalischen Raum etwas ist, an dem sich materielle Teilchen (Körper) befinden können. In Sonderfällen (Berlin hat eine geographische Breite von $53°$ und eine geographische Länge von $13°$) mögen es weniger Koordinaten sein, dann ist die fehlende implizit gegeben (... auf der Erdoberfläche). Die Zeit für sich betrachtet ist ein eindimensionaler Raum, weil jeder beliebige Zeitpunkt durch eine Zahlangabe, die Uhrzeit, genau beschrieben wird - wobei zur Uhrzeit das Datum hinzugehört, wenn der Zeitraum über einen Tag hinausgeht. Auch hier hat man ein Koordinatensystem, nämlich eine Festlegung über den Beginn der Zeitrechnung.

Was ist vierdimensional?

8. Philosophisch-grundlagenwissenschaftliche Überlegungen zur relativistischen ...

Eine Mannigfaltigkeit (Raum im allgemeineren Sinn) ist vierdimensional, wenn jeder seiner Gegenstände (Punkte im allgemeineren Sinn) durch vier unabhängige Größen (Koordinaten im allgemeineren Sinn) bestimmt ist.

Beispiele:
Der Ort eines Teilchens im Raum und sein Zeitpunkt, zu dem er sich an einem bestimmten Ort befindet, ist eine vierdimensionale Mannigfaltigkeit.
Der Ort des Teilchens und seine Ruhemasse sind ebenfalls eine vierdimensionale Mannigfaltigkeit, obwohl Ort und Masse an sich nicht vergleichbare Größen sind. Dies gilt auch für Ort und Zeitpunkt, auf den ersten Blick sind auch sie nicht miteinander vergleichbar.

Natürlich kann man diesen Umstand zum Anlaß nehmen, für Ort und Masse oder Ort und Zeit den Begriff vierdimensionale Mannigfaltigkeit abzulehnen, weil beides anschaulich klar erkennbar nicht zusammengehört. Das spielt aber keine Rolle, der Begriff des Raumes und der Dimension wird in dieser allgemeinsten Form verwendet - entsprechendes gilt für den Begriff des Punktes.

Zur weiteren Veranschaulichung von Dimensionalität bilde man die Mannigfaltigkeit aller Teilchen, bestimmt durch ihren Ort, die Zeitpunkte, an denen sie sich dort befinden und deren Ruhemassen. Dies ist ein fünfdimensionaler Raum. Man könnte einwenden, an einem Ort kann ein Teilchen nur eine bestimmte Masse haben und nicht beliebig viele Massen, wie es sein sollte, wenn die Ruhemasse eine Dimension darstellen soll. Um dem zu entsprechen, kann man sich alle an einem Ort möglichen Massen vorstellen oder man gibt den Ort nur grob (auf einen Kilometer genau) an und schon haben dort viele Teilchen unterschiedlicher Ruhemasse Platz. Zwei Teilchen mit gleichen Orts- und Zeitkoordinaten, aber verschiedenen Ruhemassen stellen in diesem fünfdimensionalen Raum verschiedene Punkte dar.

Mit solchen Beispielen soll gezeigt werden, etwas als vierdimensional zu bezeichnen, ist keineswegs notwendig tiefsinnig. Es heißt doch nur, Gegenstände Punkte nennen und durch vier unabhängige, in Zahlen ausdrückbare Eigenschaften zu beschreiben.

Noch einige mathematische Beispiele (Abb. 8.1): Die Gesamtheit der durch (x_1) bezeichneten Größen sind die Punkte auf einer Geraden. Sie bilden einen eindimensionalen Raum, die Gesamtheit der Punkte (x_1, x_2) sind die Punkte der Ebene, sie bilden einen zweidimensionalen Raum, entsprechend bilden die Gesamtheit der (x_1, x_2, x_3) einen dreidimensionalen Raum. Dazu genügt es auf einer Geraden, in der Ebene oder im Raum beliebig ein Koordinatensystem zu definieren und die x-Werte als die Koordinaten der Punkte anzusehen. Und was bedeutet (x_1, x_2, x_3, x_4)? Sie bilden die Gesamtheit der vierdimensionalen Punkte und somit einen vierdimensionalen Raum. Zu jedem beliebig gewählten Wert für x_4, z.B. $x_4 = 4.5$, lassen sich die übrigen x-Werte wie für einen dreidimensionalen Raum wählen. Man kann deshalb auch sagen, der vierdimensionale Raum aus den Punkten (x_1, x_2, x_3, x_4) enthält unendlich viele Räume (x_1, x_2, x_3), die sich in der x_4-Koordinate unterscheiden, so wie es im (x_1, x_2, x_3)-Raum unendlich viele Ebenen (x_1, x_2) gibt, die sich in den x_3-Koordinaten unterscheiden. So enthält der Raum ($x_1, x_2, x_3, x_4 = 0$) alle Punkte des (x_1, x_2, x_3) denen noch die Koordinate $x_4 = 0$ hinzugefügt wurde. Dieser Raum zerlegt den vierdimensionalen Raum (x_1, x_2, x_3, x_4) in die beiden Teile ($x_1, x_2, x_3, x_4 < 0$) und ($x_1, x_2, x_3, x_4 > 0$). Ein Raum der sich durch ein dreidimensionales Kontinuum trennen läßt, ist selbst vierdimensional - in Fortsetzung der obigen Argumentation von Poincaré.

Soviel Freiheit man hat, mehrdimensionale Mannigfaltigkeiten zu konstruieren, aussagekräftiger ist ihre Zerlegung in Untermannigfaltigkeiten geringerer Dimension. So sind die Ruhemassen ein (eindimensionaler) Raum für sich und der Ortsraum ein dreidimensionaler, während die Zeit wiederum ein eindimensionaler Raum ist. Wann ist das sinnvoll möglich?

Typischerweise kann im physikalischen Raum jede x,y,z-Koordinate in einem gedrehten Koordinatensystem durch x`,y`,z`-Koordinaten beschrieben werden. Dreht man um die z-Achse, ist z` = z und x, y liegen in derselben Ebene wie x`, y`. Analog zur Abb. 11.6 oder mit einer Formelsammlung (15), gilt dann

(8.1) $x` = x \cos(a) + y \sin(a)$
$y` = -x \sin(a) + y \cos(a)$

8. Philosophisch-grundlagenwissenschaftliche Überlegungen zur relativistischen ...

Es gibt keine verbindliche Vorschrift, aus der sich ergibt, was x-, y-, oder z-Achse im Raum werden soll. Alle Richtungen im Raum sind gleichwertig. Das macht es sinnvoll, insgesamt vom physikalischen Raum zu sprechen und ihm die Eigenschaft, drei Dimensionen zu haben, zuzubilligen. Eine Zerlegung des physikalischen Raums in einen x-Raum, y-Raum und z-Raum läßt sich nicht rechtfertigen.

Gehen wir über zur vierdimensionalen Raum-Zeit-Mannigfaltigkeit. Die klassische Zerlegung heißt: Die Raum-Zeit-Mannigfaltigkeit zerfällt in den dreidimensionalen Raum und die eindimensionale Zeit. Orte bestimmt man mit Maßstäben, Zeitpunkte mit Uhren. Nach klassischer Auffassung ist es nicht möglich, durch Drehungen und Verschiebungen im Raum, die Zeitkoordinaten zu beeinflussen und umgekehrt. Die vierdimensionale Mannigfaltigkeit Raum-Zeit wird deshalb in der klassischen Vorstellung angemessener als eine drei-plus-eins-dimensionale Mannigfaltigkeit beschrieben.

Ganz entsprechend ist es angemessen, die vierdimensionale Mannigfaltigkeit Raum-Ruhemasse als drei-plus-eins-dimensionale Mannigfaltigkeit zu bezeichnen, da Änderungen in der x-, y- oder z-Koordinate keinen Einfluß auf die Ruhemasse des Teilchens haben.

Die Eigenschaft, drei-plus-eins-dimensional zu sein, drückt sich auch in den Transformationsformeln aus. In der klassischen Physik gelten die Galilei-Transformationen, Formel (2.6). Sie gelten für Körper (Teilchen) und für den Übergang zwischen Inertialsystemen. Nur mittelbar beschreiben sie Raum und Zeit. Die für Raum und Zeit entscheidende Aussage liegt in der Beziehung $t = t`$. Gleichgültig, wo man sich im Raum befindet, es gibt unabhängig davon die Zeit t. Das rechtfertigt es physikalisch, vom Raum und der davon unabhängigen Zeit zu sprechen.

Anders liegen die Verhältnisse für die Lorentz-Transformationen. Alle Koordinaten x,y,z,t hängen voneinander ab, t besitzt keine Selbständigkeit mehr. (Die Formel (2.1) ist speziell gewählt, sie zeigt nur eine Abhängigkeit von x und t.) Interpretiert man diese Situation vorsichtig, heißt das, die Gesamtheit der gemessenen x-, y-, z- und t-Werte bilden einen vierdimensionalen Raum, denn Koordinaten sind zunächst einmal nur Meßwerte. Sind die gemessenen Werte auf Grund weiterer Überlegungen als Längen und Zeiten anzusehen, so bilden auch sie einen vierdimensionalen Raum, das vierdimensionale Raum-Zeit-Kontinuum.

8.2 Ein philosophisches Argument zum Raum-Zeit-Kontinuum

Im folgenden soll versucht werden, mit philosophischen Überlegungen zwischen einem vierdimensionalen Raum-Zeit-Kontinuum und einer drei-plus-eins-dimensionalen Raum-Zeit zu unterscheiden.

Im wesentlichen heißt das, ein von A. Müller (88) vorgetragenes Argument zu analysieren. Unter den zahlreichen philosophischen Einwendungen gegen ein vierdimensionales Raum-Zeit-Kontinuum ist dieses unter vielen zweifelhaften das am meisten einleuchtende. Ob es zwingend ist, hängt vom philosophischen Standpunkt ab. Ein pragmatischer Physiker, für den nur experimentelle Befunde zählen, wird sicherlich nicht überzeugt. Er wird es sogar als anmaßend empfinden, eine experimentell hervorragend abgesicherte Theorie in den Grundlagen kritisieren zu wollen, ohne dafür ein Experiment auch nur vorzuschlagen.

Aber auch für einen Pragmatiker ist diese Diskussion von Bedeutung, sie zeigt ihm, wo die vielfach intensive Ablehnung der Raum-Zeit-Konzepte der Relativitätstheorie durch Geisteswissenschaftler ihre Wurzel hat, nämlich im Nichtbeachten einfacher philosophischer Einsichten.

Mit einem Stichwort charakterisiert, heißt das Müllersche Argument:

Psychische Vorgänge sind zeitartig, aber nicht raumartig. Gibt es aber Zeit unabhängig vom Raum, ist die Zeit etwas Selbständiges und damit auch der Raum und nicht nur die Einheit von Raum und Zeit.

Die Überlegung von A. Müller ist phänomenologischer Art und vergleichsweise einfach. Zunächst dazu einige Fakten: Seele und Bewußtsein sind keine meßbaren Objekte der Physik, obwohl es beides gibt. Bekannt ist der Spruch des Chirurgen Virchow: "Ich habe schon viele

Leichen seziert, aber noch nie eine Seele gefunden." Psychische Vorgänge sind, obwohl es sie gibt, nicht im physikalischen Raum vorhanden.

In ähnlicher Weise ist ein Spiegelbild, das unabhängig von Gefühlen vorhanden ist, virtuell, d.h. es liegt nicht im physikalischen Raum wie z. B. das von einem Fotoapparat erzeugte Bild auf dem Film. Virtuell wiederum ist die Vergrößerung einer Lupe. Trotzdem kann man bei Spiegelbildern Abstände zwischen einzelnen Teilen angeben. Es genügt das Bild eines Maßstabes anzuschauen.

Alle diese Vorgänge und Zustände laufen aber in einer wirklichen Zeit ab, sie kann mit physikalischen Uhren gemessen werden. Der Zeitpunkt, zu dem man einen Gegenstand und gleichzeitig sein Spiegelbild sieht, ist ein und derselbe, die Zeit im Bewußtsein ist nicht außerhalb oder vorher oder später als die wirkliche Zeit, die man mit Uhren messen kann.

Auch Gefühle laufen in der Zeit ab. Ist die Zeit, in der sie erlebt werden, eine andere als die Zeit, in der physikalische Vorgänge ablaufen, z.B. der Einschlag eines Blitzes bei einem Unwetter und die Angst davor? Sicherlich nicht, hier zuzustimmen fällt nicht schwer. Man sollte aber unterscheiden. Das Gefühl des Glücks ist etwas anderes als der den Gefühlen zugrunde liegende physikalisch-chemische Vorgang im Gehirn. Warum bestimmte physikalisch-chemische Prozesse zu Glücksgefühlen, andere zu der Empfindung "rotes Licht" führen, ist unbegreiflich, auch dann, wenn man unterstellt, daß solche Gefühle und Empfindungen notwendig entstehen, sobald bestimmte physikalisch-chemische Prozesse ablaufen. Oder anders ausgedrückt, man wird nicht beweisen können, daß die Empfindung "rotes Licht" nicht die Empfindung "gelbes Licht" sein kann, wenn eine elektromagnetische Welle bestimmter Wellenlänge auf das Auge trifft. Den Zusammenhang zwischen Farbe und Wellenlänge kennt man nur durch die Beobachtung. Man kann überhaupt nicht aus einer physikalisch-chemischen Theorie ableiten, daß es Empfindungen gibt, denn Empfindungen sind keine Gegenstände in solchen Theorien.

Mit diesen nicht-physikalischen, sondern eher wesenspsychologischen Betrachtungen soll klar gemacht werden, es gibt Prozesse, die real in der Zeit ablaufen wie physikalische Vorgänge auch, die selbst aber keine physikalischen Vorgänge sind. Was heißt das für die räumlichen Beziehungen? Haben Gefühle und Empfindungen keinen bestimmten Ort?

Zunächst: Die Person, die Gefühle hat, befindet sich im physikalischen Raum an einem bestimmten Ort. Die physikalisch-chemischen Prozesse, die den Gefühlen und Empfindungen zugrunde liegen, haben einen bestimmten Ort, nämlich den, den die daran beteiligten Atome und Moleküle haben. Das Gefühl des Glücklichseins, die Empfindung "rotes Licht", sie sind nicht an einem bestimmten Ort im physikalischen Sinn. Dort sind nur Felder, Atome, Elementarteilchen. Die Gefühle kann man sich nicht irgendwo zwischen den Atomen sitzend vorstellen - sie haben keinen Ort im Raum der Physik.

Nun kann man sagen, die Gefühle seien im Leib des Menschen, also doch irgenwie im Raum. Diese Zuordnung erfolgt aber nur, weil man den Körper einer Person lokalisieren kann und man es so fühlt. Klarer wird das, wenn man Wahrnehmungen betrachtet. Die rote Farbe einer reifen Frucht lokalisiert man auf Grund des menschlichen Vorstellungsvermögens an die an einem Baum hängende Frucht. Tatsächlich gibt es dort nichts Rotes. An der Frucht werden Wellen unterschiedlicher Frequenz reflektiert, die Farbe Rot ist lediglich in meinem Wahrnehmungsraum. Es gibt die Empfindung nicht als eine Farbschicht im physikalischen Raum. Soweit Empfindungen und Gefühle raumartig ausgedehnt oder in einem Raum lokalisierbar sind, bezieht sich das nicht auf den physikalischen Raum.

In diesem Sinn sagt A. Müller (88): "Es gibt Vorgänge, die wohl in der Zeit, aber nicht im Raum verlaufen können, nämlich die psychischen Vorgänge, Vorstellungen, Gefühle, Willensregungen, Aufmerksamkeitsschwankungen u.a. haben zeitlichen, aber keinen räumlichen Charakter. Damit ist eine Unabhängigkeit des Raumes und der Zeit voneinander garantiert. Minkowski hat das ganz übersehen und darum ist sein anderer viel zitierter Ausspruch unmittelbar falsch: "Gegenstand unserer Wahrnehmung sind immer nur Orte und Zeiten verbunden. Es hat niemand einen Ort anders bemerkt als zu einer Zeit, eine Zeit anders als an einem Orte"."

8. Philosophisch-grundlagenwissenschaftliche Überlegungen zur relativistischen ... 151

8.3 Der vierdimensionale Minkowski-Raum

Mit den Erläuterungen des vorangegangenen Abschnitts sind die Voraussetzungen geschaffen, die Argumentation Minkowskis für ein vierdimensionales Raum-Zeit-Kontinuum zu erörtern.

Zugrunde liegen die Lorentz-Transformationen, Formel (2.1). Alle Eigenschaften des Minkowski-Raumes werden aus ihnen abgeleitet. Um die Unterschiede zu sehen, werden auch die Galilei-Transformationen, Formel (2.6), herangezogen.

In den Lorentz-Transformationen bezeichnen x, y und z die Ortskoordinaten und t die Zeitkoordinate. Die Gesamtheit dieser Werte bildet das vierdimensionale Raum-Zeit-Kontinuum (auch Minkowski-Raum genannt). Aus den Lorentz-Transformationen läßt sich kein drei-plus-eins-dimensionaler Raum ableiten, denn beim Übergang zu einem Inertialsystem S' hängt der neue Wert x' ebenso wie der neue Wert t' von x sowie von t ab. Welche Uhrzeit t' im System S' an der Stelle x' gemessen wird, hängt ab von den Orts- und Zeitkoordinaten in S und nicht nur von der Zeitkoordiate allein.

Zahlenbeispiel:
v = 0.5 c, t = 1h, x = 1 m ergibt mit (2.1) t' = 1h 9m. Ist es in S ein Uhr, so ist es in S' an der Stelle x = 1 m schon neun Minuten nach ein Uhr.
Zeigt die Uhr in S überall null Uhr, ist es an der Stelle x' = 0 ebenfalls null Uhr, für die übrigen Positionen gilt eine andere Uhrzeit:

(8.2) $\qquad t' = - k \, v \, x / c^2$

Mit den obigen Zahlen sind das für jeden Meter $1.9 \cdot 10^{-9}$ Sekunden.

Raum- und Zeitmessungen hängen untrennbar miteinander zusammen, man kann sagen: So wie im dreidimensionalen Raum die räumlichen Koordinaten ineinander übergehen, wenn man das Koordinatensystem wechselt, so gilt dasselbe hier unter Einschluß der Zeitkoordinaten.

Interpretiert man die x,y,z- und t-Koordinaten relativistisch als die wirk-

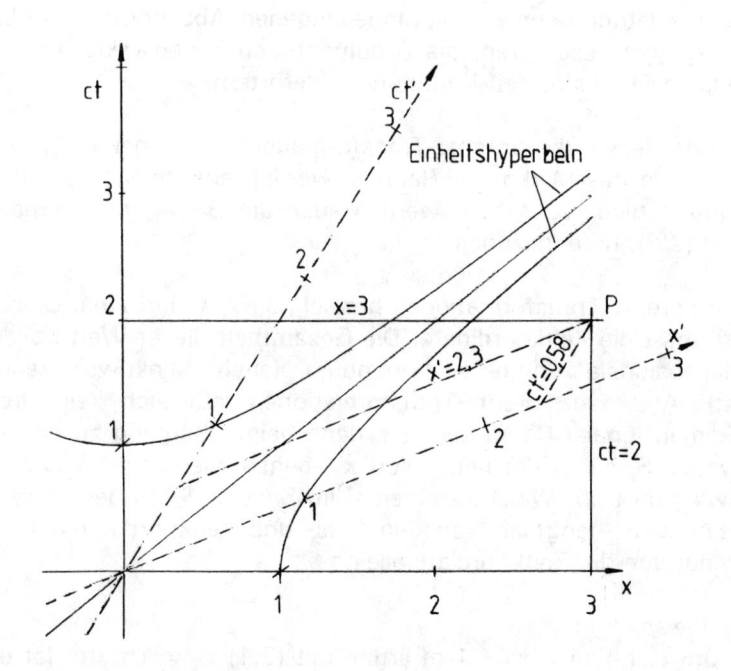

Abb. 8.2 Minkowski-Diagramm für Lorentz-Transformationen

Die Lorentz-Transformationen lassen sich geometrisch durchführen. Die x,t-Achsen repräsentieren das Inertialsystem S, die x`.t`-Achsen das Inertialsystem S`. Die Hyperbeln
$$x^2 - (ct)^2 = +1, \quad x^2 - (ct)^2 = -1$$
sind die geometrischen Orte der Einheitspunkte auf den x,x`- und t,t`- Achsen. Sie legen die Länge 1 auf den Achsen fest. Die Steigung der x`-Achse beträgt v/c und für dieses Beispiel 0.5, die Steigung der ct`-Achse ist der Kehrwert von v/c. Für den Punkt P ergeben sich - und analog für den allgemeinen Fall - P(x=3, ct=2) = P(x`=2.3, ct`=0.58) in Übereinstimmung mit der Rechnung.

8. Philosophisch-grundlagenwissenschaftliche Überlegungen zur relativistischen ... 153

lichen Koordinaten der Punkte im physikalischen Raum, so ist die Konsequenz unausweichlich: Der physikalische Raum ist ein vierdimensionales Raum-Zeit-Kontinuum, unzerlegbar in eine drei-plus-eins-dimensionale Mannigfaltigkeit. Dies ist die gedankliche Position von Minkowski, sie soll näher erörtert werden.

Für eine alternative Position bleibt folgender Ansatzpunkt: Die x,y,z- und t-Koordinaten der Lorentztransformation sind zunächst einmal keine Koordinaten der Punkte in der Raum-Zeit, sie sind nur deren Meßwerte und werden von Minkowski naheliegend, aber unzutreffend eins zu eins gedeutet. Diese alternative These wird im Kap.8.4 weiter verfolgt.

Wenn man die Zeit als das ansieht, was man selbst als Zeit erlebt und eine Uhr sichtbar anzeigt, gibt es keine universelle Zeit, denn in jedem Inertialsystem ist das etwas anderes. Etwas Schnelleres, wenn man ruht, etwas Langsameres, wenn man sich als bewegt ansieht. Mit dieser Sicht der Zeit bleibt nur die relativistische Vorstellung, Raum und Zeit als Ganzes zu betrachten.

Minkowski hat seine Erkenntnisse 1908 in einem Vortrag "Raum und Zeit" wiedergegeben (90). Berühmt ist sein Ausspruch: "Von Stund an sollen Raum für sich und Zeit für sich völlig zu Schatten herabsinken und nur noch eine Art Union der beiden soll Selbständigkeit bewahren." A. Sommerfeld (90) kommentiert : "Sachlich ist von dem, was Minkowski hier sagt, auch heute vom physikalischen Standpunkt nichts zurückzunehmen,...; wie man sich erkenntnistheoretisch zu Minkowskis Auffassung des Raum-Zeit-Problems stellen will, ist eine andere Frage, aber wie mir scheint eine Frage, die den physikalischen Sachverhalt nicht wesentlich berührt." Minkowski fährt fort: "Gegenstand unserer Wahrnehmung sind immer nur Orte und Zeiten verbunden. Es hat niemand einen Ort anders bemerkt als zu einer Zeit, eine Zeit anders als zu einem Orte. ... Ich will einen Raumpunkt zu einem Zeitpunkt, d.i. ein Wertsystem x, y, z, t einen Weltpunkt nennen. Die Mannigfaltigkeit aller denkbaren Wertsysteme x, y, z, t soll die Welt heißen."

"Die Anschauungen über Raum und Zeit ... sind auf experimentell-physikalischem Boden erwachsen." Damit meint er die Lorentztransfor-

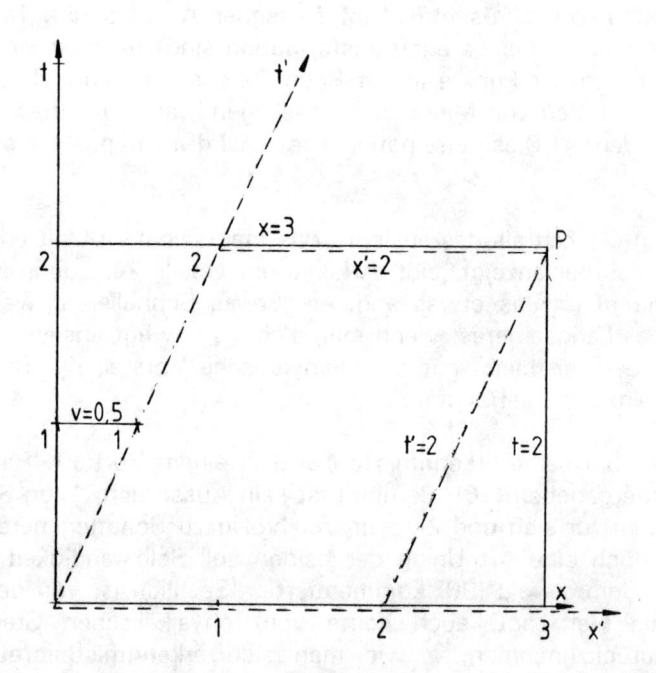

Abb. 8.3 Diagramm für Galilei-Transformationen

Auch die Galilei-Transformationen lassen sich geometrisch durchführen. x,t repräsentieren das Inertialsystem S, x`,t` das Inertialsystem S`. Die Steigung der t`-Achse, sie ist 1/v, und ihre Skalierung ergibt sich aus der Zeichnung. Für den Punkt P ergeben sich P(x=3, t=2) = P(x`=2, t`=2) und entsprechend verläuft die Konstruktion im allgemeinen Fall. (v = 0.5, die Einheiten sind beliebig.)

mationen, die er relativistisch interpretiert: x, t und x`, t` beides sind wirkliche Länge und wirkliche Zeit. Eine bewegte Uhr geht nicht langsamer und zeigt deshalb eine Stunde, wenn in Wirklichkeit zwei Stunden vergangen sind. Die Zeit an der Stelle der sich bewegenden Uhr ist so, wie sie die sich bewegende Uhr anzeigt, die Zeit ist dort langsamer.

Für die Gesamtheit dieser Orte und Zeiten definiert Minkowski ein mathematisches Modell, einen besonderen vierdimensionalen Raum, die "Welt", die in sich die Eigenschaften der Lorentz-Transformationen widerspiegelt. (Die Mathematiker nennen das einen vierdimensionalen pseudoeuklidischen Raum vom Index 1, d.h. es ist ein Raum ähnlich zum euklidischen, dem normalen Raum, nur in einer Dimension - Index 1 - , nämlich der Zeit, davon abweichend.)

Zu einem Raum, der die Realität darstellen soll, gehören mindestens Koordinatensysteme (um seine Punkte lokalisieren zu können) und eine Abstandsdefinition (um Entfernungen zwischen Punkten ausdrücken zu können). Der Abstand zweier Punkte ist die einfachste geometrische Eigenschaft von Figuren, z.B. die Länge einer Seite im Dreieck ist der Abstand seiner Eckpunkte, und daher ist die Abstandsdefinition grundlegend. Sie ist auch umfassend, denn jede beliebige geometrische Figur läßt sich als eine Punktmenge ansehen, deren Punkte voneinander bestimmte Abstände einhalten. So ist ein Kreis oder eine Kugel die Gesamtheit der Punkte, die von einem gegebenen Punkt, dem Mittelpunkt, in dem Abstand r liegen.

Dazu ein Zitat von Raschewski (89), aus dem sich die Bedeutung der Abstandsdefinition ergibt: "Die einzige Frage, die man noch stellen könnte, ist die, ob der gewöhnliche Raum nicht noch Eigenschaften hat, die dem dreidimensionalen eigentlich euklidischen Raum fehlen. Dies kann aber nicht sein, weil grob gesprochen, letzten Endes alle Eigenschaften des gewöhnlichen Raumes dadurch bestimmt sind, daß die Entfernung von Punkten nach der Formel

$$AB^2 = (x_1` - x_1)^2 + (x_2` - x_2)^2 + (x_3` - x_3)^2$$

berechnet wird, und weil diese Formel mit der entsprechenden ... für den dreidimensionalen eigentlich euklidischen Raum zusammenfällt."

Koordinatensysteme im Minkowski-Raum sind wie im normalen Raum durch Inertialsysteme definiert. Inertialsysteme bestehen aus räumlichen, zueinander senkrechten x-, y-, z-Achsen und aus Uhren zur Messung der Zeit. Bildet man Zeiten auf Längen ab, läßt sich ein Koordinatensystem durch vier zueinander senkrechte Achsen darstellen. Die x-, y-, z-Achsen unterscheiden sich nicht vom normalen Raum, deshalb genügt es, sich die x- und t-Achsen zu veranschaulichen, s. Abb. 8.2. Man sieht, kein Unterschied zur klassischen Darstellung von x und t. Der Unterschied entsteht, wenn man zu einem anderen Inertialsystem übergehen, d.h. das Koordinatensystems wechseln will.

Bevor weiter darauf eingegangen wird, zunächst das entscheidende Argument für die Existenz des Minkowski-Raumes, seine vierdimensionale Abstandsdefinition.

Abstände sind Größen, die von einem speziellen Koordinatensystem unabhängig sein müssen, es sind Invarianten. Im normalen Raum gelten

(8.3) $\quad Dt` = Dt$

(8.4) $\quad Dl`^2 = Dx`^2 + Dy`^2 + Dz`^2$

$\qquad\qquad = Dx^2 + Dy^2 + Dz^2$

$\qquad\qquad = Dl^2$

Beides wegen der Galilei-Transformationen. Dabei sind Dt, Dl, Dx ... Differenzen von Zeiten, Längen, Koordinaten wie in Kap. 2.4 und 4.2. So ist

$Dx` = x`_2 - x`_1$

$\qquad = (x_2 - vt) - (x_1 - vt)$

$\qquad = x_2 - x_1$

$\qquad = Dx$

8. Philosophisch-grundlagenwissenschaftliche Überlegungen zur relativistischen ...

(8.4) ist der Satz des Pythagoras im Raum.

Es sind diese von einander unabhängigen und für alle Inertialsysteme invarianten Abstandsdefinitionen, die die Begriffe Raum und Zeit in der klassischen Physik rechtfertigen.

Wegen der Lorentz-Transformationen gelten die Invarianzen (8.3) und (8.4) im Minkowski-Raum nicht, statt dessen aber

(8.6)
$$Ds`^2 = c^2 Dt`^2 - (Dx`^2 + Dy`^2 + Dz`^2)$$
$$= c^2 Dt^2 - (Dx^2 + Dy^2 + Dz^2)$$
$$= Ds^2$$

Formel (8.6) ist die vierdimensionale Abstandsdefinition des Minkowski-Raumes. Sie ist unabhängig vom jeweiligen Inertialsystem und rechtfertigt den Begriff eines vierdimensionalen Raum-Zeit-Kontinuums.

Man beweist Formel (8.6) mittels Einsetzen der Lorentz-Transformationen durch elementare Rechnung. Für das *Zahlenbeispiel* von Kap. 2.2 gilt:

$$x_1` = x_1 = t_1` = t_1 = 0$$
$$x_2 = -300\,000 \text{ km}$$
$$t_2 = 0$$
$$x_2` = -1.15 \times 300\,000 \text{ km}$$
$$t_2` = +0.57 \text{ s}$$

Damit ist
$$Ds^2 = -x_2^2 = -(300\,000 \text{ km})^2 \quad \text{(negativ)}$$
$$Ds`^2 = c^2 t_2`^2 - x_2`^2$$
$$= (300\,000 \text{ km})^2 (0{,}57^2 - 1{.}15^2) = Ds^2$$

Ohne Frage läßt sich der Minkowski-Raum als mathematischer Raum definieren, ob er damit auch physikalisch real sein kann, ist noch zu klären. Im Minkowski-Diagramm, s. Abb. 8.2, haben die Achsen t` und t, x` und x verschiedene Lagen im Raum. Der Übergang vom Inertialsystem S zum Inertialsystem S` entspricht einer Drehung der x`- und t`-Achse um den gleichen Winkel in entgegengesetzter Richtung, wie man aus der Zeichnung sieht. Für jeden beliebigen Punkt P sind dessen x,t- und x`,t`- Koordinaten aus der Zeichnung ablesbar. Deshalb sind Minkowski-Diagramme zunächst einmal eine geometrische Methode, die Lorentz-Transformationen durchzuführen. Ganz entsprechend gibt es Diagramme, die Galilei-Transformationen geometrisch durchzuführen, s. Abb. 8.3. Beide Diagramme lassen sich darüberhinaus als Koordinatensysteme und deren Transformationen innerhalb mathematischer Räume auffassen. Diese mathematischen Räume werden in (87) als Minkowski- und Galilei-Geometrie bezeichnet. Es ist deshalb auf jeden Fall berechtigt, von Minkowski-Räumen im mathematischen Sinne zu sprechen.

Die Diagramme sind aber keine unmittelbare Darstellung des realen, physikalischen Raumes. Vielleicht ist es bedeutungslos, aber es richtig zu sagen, daß in der Wirklichkeit für die Inertialsysteme S, S` die x- und x`-Achsen zusammenfallen, sie bestehen aus denselben realen Punkten, sie gleiten aneinander vorbei. In den Diagrammen sind sie aber verschieden. Vergleicht man das mit der Situation der x,y-Achsen eines Koordinatensystems der normalen Ebene, so liegt der Unterschied darin, daß hier die Koordinatenachsen unmittelbar Teil des wirklichen Raumes sind. Durch Verlängern der Achsen über den Papierrand hinaus erfaßt man alle Punkte einer Ebene des wirklichen Raumes. Im Minkowski-Diagramm entsprechen verschiedene Geraden genau einer wirklichen Geraden, der wirklichen Bewegung der Inertialsysteme entsprechen um einen Winkel gedrehte Achsen. Die Minkowski-Diagramme sind kein zweidimensionaler Schnitt durch den wirklichen Raum, sie sind ein Modell eines solchen Schnittes.

Die Minkowski-Diagramme scheiden als Beweis für die Existenz eines vierdimensionalen Raumes aus, aber man kann im Sinne Minkowskis wie folgt argumentieren: Wie Liebscher (87) zeigt, gibt es in der normalen, euklidischen Ebene die normale, euklidische Geometrie, darüberhinaus die Galilei-Geometrie, die aus den Galilei-Transformationen resultiert - diese Geometrie gibt es mathematisch gesehen, aber nicht real - und die Minkowski-Geometrie, die aus den Lorentz-Transformationen resultiert und sowohl mathematische Gültigkeit als auch physikalische Realität besitzt. Die Galilei-Transformationen galten als Beweis für die Realität des normalen, euklidischen Raumes, weil ihre Geometrie dazu paßt. Die Lorentz-Transformationen wären ganz genauso ein Beweis

8. Philosophisch-grundlagenwissenschaftliche Überlegungen zur relativistischen ... 159

für die physikalische Realität des euklidischen Raumes, wenn es eine absolute Zeit gäbe, aber sie schließt das Experiment aus, wie hier angenommen werden soll. Deshalb verbleibt als einzige physikalische Realität der Minkowski-Raum. Durch seine physikalische Realität wird die Gültigkeit der Lorentz-Transformationen gewährleistet. Seine Existenz besteht in Einklang mit dem Experiment, denn die Lorentz-Transformationen sind experimentell bewiesen und seine Existenz folgt aus dem Experiment, denn nur ein solcher Raum enthält die Lorentz-Transformationen.

Die Verkürzung bewegter Stäbe, die Verzögerung bewegter Uhren, alles ist anschaulich in den Minkowski-Diagrammen der Abb. 8.2 darstellbar, wie Liebscher in (87) näher ausführt. Erstaunlich ist, daß es einen solchen mathematischen Raum gibt und die Eleganz, mit der sich vieles aus der Relativitätstheorie in ihm veranschaulichen läßt. Wenn Eleganz ein Wahrheitsbeweis ist und wenn es nur auf mathematisch identische Formeln ankommt, dann gilt die Behauptung Minkowskis: Die Welt ist in Wirklichkeit vierdimensional, Raum und Zeit für sich sind Schatten.

Aus den mathematischen Eigenschaften des Minkowski-Raumes, setzt man ihn an den Anfang, folgen Transformationsformeln für den Übergang zwischen Koordinatensystemen. Sie stimmen mit den Lorentz-Transformationen überein, die somit Teil des Minkowski-Raumes sind. Er ist wirklich, weil die Lorentz-Transformationen gelten. Wir leben nicht im dreidimensionalen euklidischen Raum - in ihm gilt der Lehrsatz des Pythagoras und der Abstand zweier Punkte wird durch Formel (8.4) beschrieben - wir leben in einem Minkowski-Raum und den Abstand zweier Weltpunkte beschreibt Formel (8.6).

Diese Folgerungen sind zwingend, wenn eine absolute Zeit als experimentell ausgeschlossen angesehen wird, denn dann ist der Minkowski-Raum die noch übrigbleibende Realität. Gibt es eine absolute Zeit, ist der Minkowski-Raum etwas Reales, aber in einen dreidimensionalen physikalischen Raum zusammen mit einer unabhängigen Zeit einbettbar, wie für den Galilei-Raum auch galt.

Für den philosophischen Überbau der Physik hat der Minkowski-Raum große Bedeutung, aber wie sieht das der Physiker selbst? A. P. French

(11) formuliert das so: " Den grundlegenden Aussagen der Raum-Zeit-Transformationen (d.h. den Lorentz-Transformationen) wird durch derartige Überlegungen wenig hinzugefügt..." Andererseits bildeten sie für Einstein den mathematischen Ansatz zur allgemeinen Relativitätstheorie.

8.4 Alternative Interpretation des Minkowski-Raumes

So zwingend in der Physik die Annahme eines vierdimensionalen Raum-Zeit-Kontinuums erscheint, weil damit die unkonventionelle Struktur der Lorentz-Transformationen erklärbar wird, von Seiten der Philosophie bestehen Einwände. Diese Einwände beruhen auf der These, die Welt sei in der Minkowskischen Form nicht vorstellbar, es gäbe in Wirklichkeit nur den dreidimensionalen Raum und die eindimensionale Zeit.

Lassen wir offen, ob solche Thesen philosophisch fundiert sind - s. Kap. 8.2 - oder nur ein Beweis sind, für die Unbeweglichkeit einiger Geisteswissenschaftler gegenüber zwingenden Erfahrungen der Physik und Mathematik, so bleibt die Frage: Was ist mindestens mit den Überlegungen Minkowskis bewiesen? Da alle physikalischen Ergebnisse, die dem Minkowski-Raum zugrunde liegen, sinnvoll nicht bezweifelt werden können - die Experimente entscheiden - ist die Existenz des Minkowski-Raumes wenigstens in der folgenden Weise bewiesen:

Die Lorentz-Transformationen beschreiben (nur) den Zusammenhang zwischen Orts- und Zeitmessungen, nicht unmittelbar den Zusammenhang von Raum und Zeit. D.h. die gemessenen Zeitpunkte sind nicht die universelle Zeit, die Ortsmessungen sind nicht der universelle Raum, sie spiegeln diesen Zusammenhang nur wieder. Der Minkowski-Raum ist nur der vierdimensionale Raum der Orts- und Zeitmessungen.

Natürlich genügt es nicht, eine solche Behauptung aufzustellen, es wird notwendig, die physikalischen Gründe anzugeben, weshalb Orts- und Zeitmessungen nicht Raum und Zeit selbst sein sollen. Mit anderen Worten, es muß eine physikalische Theorie entwickelt werden, die zeigt, wie Zeit und Raum ihre behauptete Selbständigkeit verlieren können und in eine vierdimensionale Mannigfaltigkeit von Raum- und Zeitmessungen zerfallen bzw. zusammenfallen können. Die alternative Herleitung der Lorentz-Transformationen hat gezeigt, daß durch die Annahme eines ausgezeichneten Inertialsystems zusammen mit dem Relativitätsprinzip ein drei-plus-eins-dimensionaler Raum in Einklang mit der physikalischen Erfahrung denkbar ist. Damit entsteht zwangsläufig die Frage nach mehr. Es wird notwendig, etwas darüber auszusagen, was ein ausgezeichnetes System physikalisch bedeuten soll und wie es nachweisbar ist.

Eine derartige physikalische Theorie bleibt die Philosophie natürlich schuldig, aber ebenso klar ist auch, daß es nicht Aufgabe der Philosophie ist, Physik zu betreiben. Sie hat das Recht, eine solche Theorie zu fordern, aber nicht die Pflicht, sie zu entwickeln. In jedem Fall ist es richtig, von philosophischer Seite darauf hinzuweisen, daß in den Lorentz-Transformationen nur physikalische Meßergebnisse miteinander verknüpft werden und sie unmittelbar als Raum- und Zeitkoordinaten zu deuten, Hypothese ist.

Wer als Philosoph einerseits die drei-plus-eins-dimensionale Raum-Zeit fordert, andererseits aber nicht die experimentellen Befunde der speziellen Relativitätstheorie bestreitet und einverstanden ist, den Minkowski-Raum als die Gesamtheit der Raum-Zeit-Messungen der Physik aufzufassen, ist nicht widerlegbar. Für Vertreter dieser Philosophie fehlt aber eine physikalische Theorie, die erklärt, warum Raum und Zeit im Experiment als vierdimensionales Raum-Zeit-Kontinuum erscheinen und was ein ausgezeichnetes Inertialsystem physikalisch sein soll. Zu einer solchen Theorie gibt es aber Ansätze; auf sie wird in Kap. 8.7 eingegangen.

8.5 Inertialsysteme mit Lichtgeschwindigkeit

Durch einfache Überlegungen lassen sich zwei einander ausschließende Sachverhalte nachweisen:

a) Im Minkowski-Raum gibt es keine mit Lichtgeschwindigkeit bewegte Inertialsysteme.

162 Die Paradoxien und das Raum-Zeit-Kontinuum der speziellen Relativitätstheorie

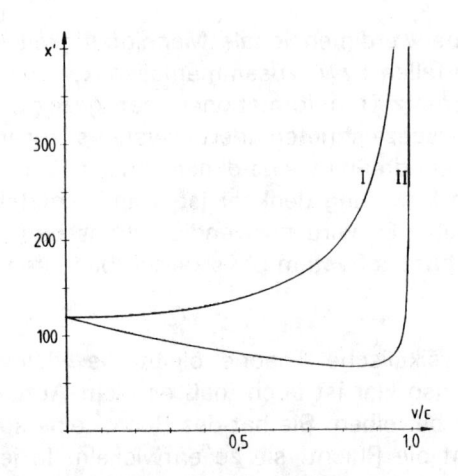

Abb. 8.4 Grenzwert v --> c für Lorentz-Transformation

Für $v = c$ hat die Transformation $x` = k(x - vt)$ einen Pol. Beispiele: I: $x = 120, t = 0$ II: $x = 120, t = 100$

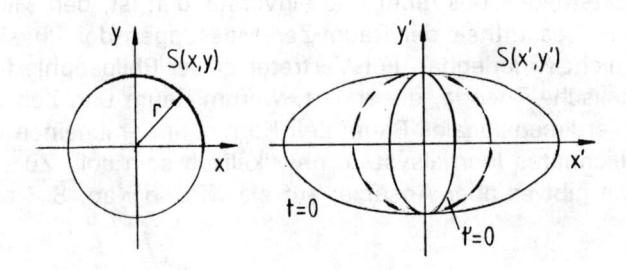

Abb. 8.5 Eine Kugel in S erscheint in S` zum Zeitpunkt $t = 0$ gedehnt, zum Zeitpunkt $t` = 0$ abgeplattet. ($k = 2$)

Man erwartet: Einem realen Körper entspricht im wirklichen (drei- oder vierdimensionalen) Raum eine definierte Punktmenge. Tatsächlich erfüllen die relativ zu Inertialsystemen beobachtbaren Abmessungen diese Bedingung nicht.

8. Philosophisch-grundlagenwissenschaftliche Überlegungen zur relativistischen ... 163

b) Im wirklichen Raum existieren dagegen mit Lichtgeschwindigkeit bewegte Inertialsysteme.

Daraus muß man folgern, daß der Minkowski-Raum nicht der Raum der Wirklichkeit sein kann. Der Minkowski-Raum umfaßt nur die Gesamtheit der durch die Lorentz-Transformationen beschriebenen Inertialsysteme, zum wirklichen Raum gehören aber alle existierenden Inertialsysteme.

Zunächst einmal kann man sich davon überzeugen, daß es im Minkowski-Raum Teilchen gibt oder geben kann, die sich mit Lichtgeschwindigkeit bewegen, z.B. Photonen (Lichtteilchen) und Neutrinos, während andere Teilchen, z.B. Elektronen, der Lichtgeschwindigkeit nur beliebig nahe kommen. Mit c bewegte Teilchen erfüllen in einem Inertialsystem S die Weg-Zeit-Beziehung $x = ct$. Sie besitzen dann in Inertialsystemen S` die Koordinaten:

(8.10) $\qquad x` = k x (1 - v/c)$

$\qquad\qquad = x (1 - v/c)^{1/2} / (1 + v/c)^{1/2}$

(8.11) $\qquad t` = t (1 - v/c)^{1/2} / (1 + v/c)^{1/2}$

wie man durch Einsetzen von $x = ct$ in die Lorentz-Transformationen zeigen kann. Ihre Bahn lautet dann in S` ganz analog

$$x` = c t`$$

wie sich durch Division der beiden Gleichungen (8.10) und (8.11) zusammen mit der Beziehung

$$x = c t$$

ergibt.

Im Minkowski-Raum besteht somit der einsichtige Sachverhalt, daß man die Bahn eines mit c bewegten Teilchens relativ zu jedem Inertialsystem S beschreiben kann. Aus $x = c t$ folgt $x` = c t`$.

Als nächstes die Frage, gibt es in der Wirklichkeit mit Lichtgeschwindigkeit bewegte Inertialsysteme? Die Antwort lautet, es gibt davon sogar unendlich viele, so viele wie es Richtungen im Raum gibt. Man wähle eine beliebige Richtung im Raum aus. In diese Richtung sende man Lichtblitze in gewissen zeitlichen Intervallen. Dann bewegen sich die so entstandenen Photonen in gewissen räumlichen Abständen voneinander in die gleiche Richtung. Alle diese Teilchen bilden ein Inertialsystem, das sich mit Lichtgeschwindigkeit bewegt. In ihm gibt es zeitliche Abläufe: Die Entstehung von Lichtquanten ist als Wirkung zeitlich später als ihre Ursache, die Anregung von Atomen. Entgegenkommende Lichtquanten haben eine andere Geschwindigkeit als die ruhenden. Zusammenstöße mit Atomen erfahren nicht alle und damit nicht alle zur gleichen Zeit, etc. Es besteht ein sich geradlinig, gleichförmig bewegendes System, d.h. ein Inertialsystem.

Wenn es mit c bewegte Inertialsysteme im Minkowski-Raum geben soll, muß es eine Lorentz-Transformation geben, die den Übergang in dieses System beschreibt. Da in den Lorentz-Transformationen die Größe v die Relativgeschwindigkeit zweier Inertialsysteme angibt, setze man $v = c$ in die Lorentz-Transformationen ein. Dabei wird aber der Faktor k unendlich groß und x` und t` sind nicht mehr definiert, d.h. dieses Inertialsystem existiert nicht im Minkowski-Raum.

In der Mathematik und Physik hilft es in solchen Fällen oft, den Grenzwert, in diesem Fall den Grenzwert v gegen c, zu untersuchen. Es zeigt sich, auch er existiert nicht, wie Abb. 8.4 veranschaulicht. Die Rechnung ist ebenfalls nicht schwierig:

$$\lim_{v \to c} x` = \lim_{v \to c} k(x - vt)$$

$$= (x - ct) \lim_{v \to c} k$$

$$= \text{undefiniert},$$

weil der Grenzwert von k undefiniert ist, solange nicht der Sonderfall $x = ct$ besteht.

8. Philosophisch-grundlagenwissenschaftliche Überlegungen zur relativistischen ... 165

Für den Sonderfall $x = ct$ gilt:

$$x` = kct(1 - v/c)$$

$$x` = ct(1 - v/c)^{1/2} / (1 + v/c)^{1/2}$$

(8.20) $\quad x` = 0 \quad$ für $v = c$

Entsprechend gilt für den Sonderfall $x = ct$:

(8.21) $\quad t` = 0 \quad$ für $v = c$

Formel (8.20) enthält für $x`$ einen vernünftigen Wert, denn $x = ct$ ist die Bewegung des Ursprungs $x` = 0$ des mit c bewegten Inertialsystems. Der Wert $t` = 0$ für alle t - Formel (8.21) - ist nicht plausibel, die obigen Überlegungen haben gezeigt, daß in einem mit c bewegten Inertialsystem unterschiedliche Zeitpunkte existieren. $t` = 0$ für alle t würde ein Stehenbleiben der Zeit bedeuten, was im Widerspruch zur Wirklichkeit steht. (Kein Widerspruch besteht in der Annahme, mit c bewegte Uhren bleiben stehen.)

Die bisherigen Überlegungen zeigen: Auch die Betrachtung des Grenzfalls $v \rightarrow c$ liefert kein Inertialsystem mehr, nur die x-Koordinate für Punkte $x` = 0$ läßt sich sinnvoll transformieren. Andererseits ist plausibel erklärt, daß es in Wirklichkeit nicht nur mit Lichtgeschwindigkeit c bewegte Teilchen sondern auch solche Inertialsysteme gibt. Genau diese kennt die Relativitätstheorie nicht, da sie von den Lorentz-Transformationen nicht erfaßt werden. Das heißt, das vierdimensionale Raum-Zeit-Kontinuum der speziellen Relativitätstheorie beschreibt die Wirklichkeit nicht vollständig. Beschrieben wird mit der relativistischen Interpretation der speziellen Relativitätstheorie die Gesamtheit der möglichen räumlich-zeitlichen Messungen, nicht der hinter ihnen stehende Raum und die hinter ihnen stehende Zeit, denn, obwohl es mit c bewegte Inertialsysteme gibt, Messungen lassen sich in ihnen natürlich nicht durchführen. Weder Maßstäbe noch Uhren lassen sich wegen

$$m(v) = k\, m(0)$$

auf Lichtgeschwindigkeit beschleunigen. Es ist nicht möglich, sich neben eine mit Lichtgeschwindigkeit bewegte Uhr zu stellen und unmittelbar nachzuprüfen, welche Zeit sie anzeigt.

Auch in diesem Fall haben die Überlegungen keine Bedeutung für die Experimentalphysik, denn was meßbar ist, wird in der speziellen Relativitätstheorie korrekt beschrieben, und was meßbar ist, liegt im Minkowski-Raum.

8.6 Räumliche Objekte und Zeitabläufe

8.6.1 Was sind geometrische Objekte in mathematischen Räumen, was Körper im physikalischen Raum?

Jeder weiß, was ein Körper im physikalischen Sinn ist, nämlich das, was er im täglichen Leben auch ist - ein Stück Materie, zusammengesetzt aus Atomen und Molekülen. Ein Körper kann beliebig im Raum verschoben werden und behält dabei seine Gestalt, sofern er starr ist.

So wie ein Körper sich im physikalischen Raum befindet, befinden sich geometrische Objekte in mathematischen Räumen - Kugel, Zylinder, Kegel z.B. im normalen dreidimensionalen Raum. Es gibt zahlreiche geometrische Eigenschaften von Objekten in den unterschiedlichen mathematischen Räumen - über sie soll hier nicht diskutiert werden. Wir stellen nur eine ganz einfache Frage: Wie sind beliebige geometrische Objekte in irgendwelchen mathematischen Räumen definiert? Darauf gibt es unterschiedliche Antworten, aber eines haben sie im Normalfall gemeinsam: Ein geometrisches Objekt ist oder umfaßt eine Teilmenge dieses mathematischen Raumes. Das heißt man kann von jedem Punkt des Raumes sagen, dieser Punkt gehört zu dem geometrischen Objekt und jener nicht.

Beispiel: Eine Kugel ist die Menge aller Punkte im dreidimensionalen Raum, die von einem Punkt $M = M(x,y,z)$ einen Abstand kleiner oder gleich dem Radius r haben. Von jedem Punkt des Raumes liegt fest, ob er innerhalb oder außerhalb der Kugel liegt.

8. Philosophisch-grundlagenwissenschaftliche Überlegungen zur relativistischen ... 167

Wir können demnach sagen, geometrische Objekte sind definierte Teilmengen eines mathematischen Raumes. Natürlich kommen noch weitere Eigenschaften hinzu. So kann man fragen, was Kugeln voneinander unterscheidet und was ihnen gemeinsam ist, und mögliche Antworten wären, verschieden große Radien einerseits, aber die Eigenschaft, alle gegenüberliegende Punktepaare der Kugeloberfläche als Nord- und Südpol definieren zu können, andererseits.

Was sind physikalische Körper im normalen Raum? Ohne Frage, sie entsprechen geometrischen Objekten, d.h. sie sind Teilmengen, definierte Punktmengen darin. Damit ist noch nichts dazu gesagt, wie sich die Punktmengen ändern, wenn der Körper bewegt wird.

Betrachten wir jetzt das vierdimensionale Raum-Zeit-Kontinuum. Sind dort Körper auch definierte Teilmengen? Gehen wir in ein Inertialsystem $S(x,y,z.t)$. Ein Körper ist beschrieben durch alle Punkte, die er zu einem beliebigen, festen Zeitpunkt umfaßt. Bei einer Stahlkugel sind das alle Punkte, die z.B. vom Mittelpunkt der Stahlkugel bis zu 5 cm entfernt sind. Genauer: Punkte mit solchen Koordinaten x,y,z zur Zeit t. Meßungenauigkeiten sollen dabei nicht interessieren. Wie sieht nun dieser Körper in S` aus? Die Anwort lautet, man wende die Lorentz-Transformationen an, die Punkte bleiben dabei dieselben, nur die Koordinaten ändern sich.

In S` tritt nun eine neue Situation auf: t` ist nicht mehr konstant für ein konstantes t (Relativität der Gleichzeitigkeit), t` hängt auch von der Ortskoordinate x ab. Unsere Stahlkugel hat nur dann dieselben Punkte im vierdimensionalen Raum-Zeit-Kontinuum relativ zu S`, wenn man in S` zu verschiedenen Zeiten mißt. Wie sieht es aber in Wirklichkeit aus? Ein Beobachter in S` zählt genau die Punkte zur Stahlkugel, die sie für ein bestimmtes t` einnimmmt.

Daraus folgt: In der Relativitätstheorie entsprechen Körpern keine geometrischen Objekte im mathematischen Sinn. Wie wir sehen, sind Körper nur relativ zu Inertialsystemen definiert.

Betrachten wir dazu ein quantitatives Beispiel:

Eine Kugel ruhe in S, ihr Mittelpunkt sei der Nullpunkt. Zur Kugel zählen alle Punkte P(x,y,z,t) mit

$$x^2 + y^2 + z^2 <= r^2$$

Nehmen wir den Punkt P_1 mit $x_1 = +r$, $y_1 = z_1 = 0$ und P_2 mit $x_2 = -r$, $y_2 = z_2 = 0$. Alle Punkte zwischen P_1 und P_2 gehören zur Kugel, sie bilden den Durchmesser der Kugel auf der x-Achse. Ihm entsprechen in S` zur Zeit t = 0 alle Punkte x`

$$x` = k\,x \quad \text{mit} -r <= x <= +r$$

Dabei ist
$$|x`| > |x|$$
weil k > 1

(< = heißt kleiner oder gleich, | x | ist der Betrag von x)

Für denselben Durchmesser gilt aber in S` zur Zeit t` = 0

$$x = k\,x` \quad \text{mit} -r <= x <= +r$$

d.h.
$$|x`| < |x|$$

(Dies ist die Lorentz-Kontraktion)

In Abb. 8.5 sind die Verhältnisse für v = 0,866 c , d.h. k = 2 veranschaulicht. Für t = 0 hat man in S` für eine Kugel ein gedehntes Ellipsoid, für t` = 0 ein abgeplattetes Ellipsoid.

Natürlich liegt darin kein Widerspruch zur Erfahrung. t = 0 bedeutet in S` für t` ein Intervall

(8.25) $$\frac{-v\,x`}{c^2} <= t` <= \frac{+v\,x`}{c^2}$$

Da sich die Kugel in S` bewegt, bedeutet das, es werden dieselben Punkte der Kugel über einen gewissen Zeitraum beobachtet.

8. Philosophisch-grundlagenwissenschaftliche Überlegungen zur relativistischen ... 169

Das ändert aber nichts daran, daß derselbe Körper in S` unterschiedliche Punktmengen besitzt, er ist kein fest umrissener Teil des vierdimensionalen Raum-Zeit-Kontinuums. Was für S die ganze Kugel bedeutet, bedeutet in S` die Beobachtung der Bewegung der Kugel über ein Zeitintervall.

Es ist nicht möglich, Körper der Relativitätstheorie als Teilmengen des vierdimensionalen Raum-Zeit-Kontinuums zu definieren. Man kann stets Punkte nennen, die einerseits dazu gehören, andererseits nicht. Der Begriff Körper ist in der Relativitätstheorie nur relativ zu einem Inertialsystem definiert. Obwohl er etwas Wirkliches ist, hat er nur die Stellung eines meßbaren Objektes, er ist keine für alle Inertialsysteme eindeutig definierte physikalische Größe.

8.6.2 Zeitparadoxien als Folge der Relativität der Gleichzeitigkeit

Der Minkowski-Raum umfaßt gegenwärtige, zukünftige und vergangene Ereignisse, denn sein Zeitparameter t darf null, positiv oder negativ sein.

Da unsere Welt allein aus der Gesamtheit der gegenwärtigen Ereignisse besteht, ganz sicher nicht aus den zukünftigen und Vergangenheit die Gegenwart höchstens mitverursacht hat, kann nur ein Teil des Minkowski-Raumes unsere Welt beschreiben. Welcher Teil soll das sein, wenn Gleichzeitigkeit nur relativ zu Inertialsystemen definiert ist?

Dazu ähnliche Fragen sind: Was ist im Minkowski-Raum ein zukünftiges, was ein vergangenes Ereignis? Fragen, die sich einfach nur relativ zu einem Inertialsystem beantworten lassen. Zu ihrer Klärung zunächst einige quantitative Zusammenhänge:

In weiter Entfernung im Weltall explodiere ein normal heller Fixstern (Sonne) weithin sichtbar als Supernova und verwandele sich dadurch in einen schwach leuchtenden Neutronenstern. Im Inertialsystem S sei

$$x_{Fixstern} = -1 \text{ Million Lichtjahre}$$

$x_{Erde} = 0$

Das Supernova-Ereignis finde in S jetzt statt,

$t_{Supernova} = 0$

S`, S`` seien die Inertialsysteme wie in Kap. 7 mit $v = c/2$. Dann gilt
$k = 1.15$

$x`_{Fixstern} = -1.15$ Millionen Lichtjahre
$t`_{Fixstern} = 1.15 (0 - 0.5 c \cdot x_{Fixstern} / c^2)$
$= + 577\,000$ Jahre

$x``_{Fixstern} = -1.15$ Millionen Lichtjahre
$t``_{Fixstern} = 1.15 (0 + 0.5 c \cdot x_{Fixstern} / c2)$
$= - 577\,000$ Jahre

Das folgt aus den Lorentztransformationen, Formel (2.1). Drei in den Ursprüngen von S, S`, S`` ruhende Beobachter fliegen zur Zeit $t = t` = t`` = 0$ aneinander vorbei und jeder sagt über den Ausbruch der Supernova - der für sie zu dieser Zeit nicht sichtbar ist - etwas anderes:

Für den S-Beobachter findet der Ausbruch jetzt statt, für den S``-Beobachter liegt er 577000 Jahre zurück und der S`-Beobachter sagt ihn für die Zukunft voraus. Er hat noch 577000 Jahre Zeit, den Ausbruch zu verhindern. Selbstverständlich aussichtslos für normale Raumfahrer, die in dieser Zeit nicht einmal 577000 Lichtjahre zurücklegen können, da $v < c$ gilt. In der Utopia-Welt als Navigator eines Fahrzeuges mit Überlichtgeschwindigkeit ist man dagegen rechtzeitig vor Ort, um die Katastrophe abzuwenden. Bewegen sich während der Explosion Uhren von S, S`, S`` am Explosionsort vorbei, so werden die von ihnen angezeigten, voneinander verschiedenen Uhrzeiten von allen Beobachtern S, S`, S`` richtig vorhergesagt, und das sind die Uhrzeiten, die ein Beobachter am Explosionsort von den Uhren ablesen könnte. Das Ereignis ist in allen Details einschließlich der Koordinaten für alle Beobachter dasselbe, allein seine Gleichzeitigkeit mit anderen Ereignissen ist umstritten.

8. Philosophisch-grundlagenwissenschaftliche Überlegungen zur relativistischen ...

Derartige zukünftige oder vergangene Ereignisse nennt M. Capek (85-4) in seiner relativistischen Interpretation des Minkowski-Raumes "nicht kausale Zukunft" oder "nicht kausale Vergangenheit". Wegen der endlichen Lichtgeschwindigkeit wird im obigen Beispiel der Beobachter an der Stelle $x = 0$, zur Zeit $t = 0$ durch die Supernova weder beeinflußt noch kann er umgekehrt auf die Supernova einwirken. Sieht er die Supernova im Fernrohr - dann kann sie kausal auf ihn wirken - oder fliegt er hin, ist sie längst vorbei.

Eine andere Art von Zukunfts- oder Vergangenheitsereignissen sind solche, die in kausalem Zusammenhang mit einem Beobachter stehen können. Ursachen (Lichtwellen, Geschosse) können nur auf solche Objekte Wirkungen ausüben, die nicht zu weit entfernt liegen. Bewegt sich ein Lichtteilchen für die Zeitdauer t, kann es auf Objekte in der Entfernung x nur dann wirken, wenn $x <= c\,t$. Derartige Ereignisse bilden mit den Worten von Capek die "kausale Zukunft" bzw. die "kausale Vergangenheit" und liegen im Minkowski-Diagramm im Lichtkegel, d.h. zwischen den Geraden $x = -c\,t$ und $x = +c\,t$ in Richtung der ct-Achse von Abb. 8.2. Die kausale Zukunft des Beobachters im Ursprung von S hat $t > 0$, die kausale Vergangenheit $t < 0$. Der Punkt P in Abb. 8.2 liegt außerhalb des Lichtkegels, ein vom Ursprung ausgehendes Lichtsignal erreicht diesen Raum-Zeit-Punkt nie, da $x > c\,t$, erreicht wird nur der spätere Raum-Zeit-Punkt P`($x=3$, $ct=3$).

Kausale Vergangenheit sind Tatsachen wie: "Die Bücher des griechischen Philosophen Plato kann auf dieser Erde jeder lesen", kausale Zukunft: "ein in fünf Jahren fertiggestelltes Buch noch niemand" (85-4). Die kausale Zukunft sind zwar Punkte im Minkowski-Raum, aber sie sind noch nicht Teil des Universums. Die kausale Zukunft (und entsprechendes gilt für die kausale Vergangenheit) hat etwas Absolutes, denn: kein anderer Beobachter im Universum kann sie früher erleben als - in unserem Beispiel - der Beobachter im Ursprung von S; Ursache und Wirkung können sich auch für andere Beobachter nicht umkehren; kausale Vergangenheit ist für andere Beobachter später Vergangenheit. Nicht kausale Vergangenheit dagegen vertauscht sich gegeneinander je nach Wahl des Bezugssystems, wie das obige Beispiel gezeigt hat.

Nach diesen Vorüberlegungen stellen sich wenigstens zwei Fragen: Wieso benötigt der Minkowski-Raum im Gegensatz zur täglichen Erfah-

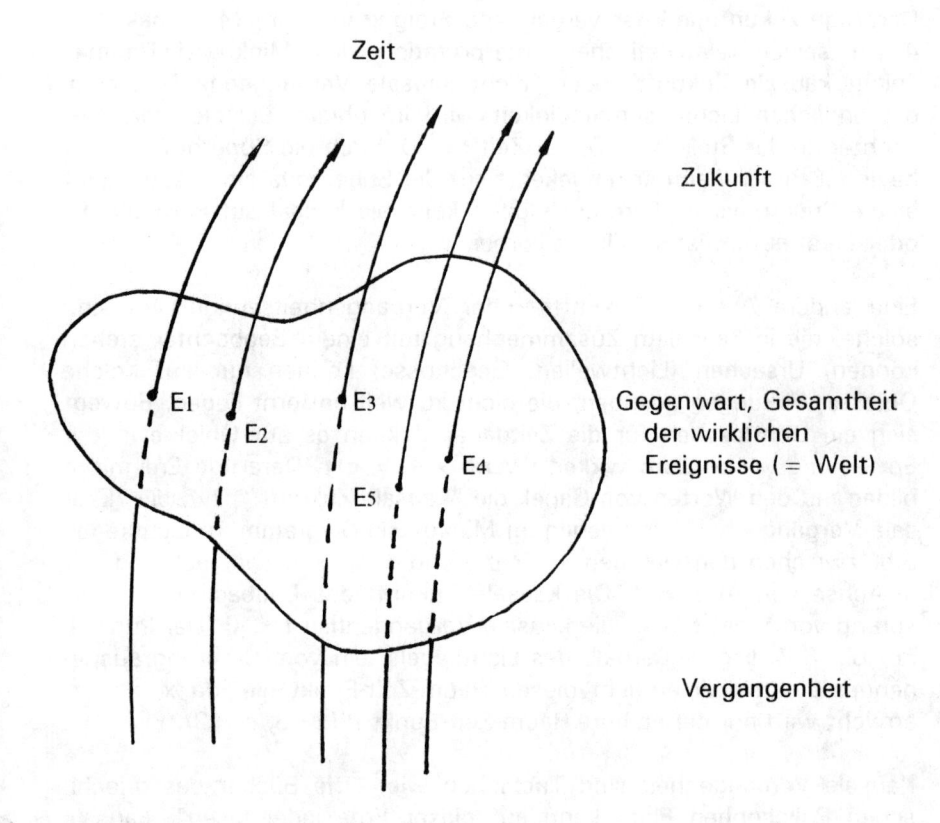

Abb. 8.6 Absolute und relative Gleichzeitigkeit

An jedem Ort x_i ist irgendetwas "wirklich". Bezeichnet man mit dem Ereignis E_i alles, was am Ort x_i wirklich ist, dann folgt: Alle Ereignisse E_1, E_2, ... E_i, ... sind "gemeinsam wirklich". Zu einem "wirklichen" Ereignis an einem Ort, gibt es eines und nicht mehrere "wirkliche" Ereignisse E_i an einem anderen Ort. "Gemeinsam wirklich sein" läßt sich definieren als "gleichzeitig wirklich sein" - ohne dabei den Begriff der Zeit zirkulär zu verwenden. Daraus folgt: Gleichzeitigkeit besteht und ist absolut, ist aber nicht meßbar (Relativität der Gleichzeitigkeit).

rung zwei Arten von Vergangenheit und Zukunft? Welchem Teil des Minkowski-Raumes entspricht die Wirklichkeit, die Welt, zu der weder Zukünftiges noch Vergangenes gehört, da dieses nichts Wirkliches (nicht mehr oder noch nicht) darstellt?

Es bestehen drei Möglichkeiten, aus dem Minkowski-Raum Zukunft und Vergangenheit zu streichen. Dazu wähle man einen beliebigen Zeitpunkt t, z.B. t = 0, der die Gegenwart kennzeichnet.

a) Unter der Voraussetzung, daß ein ausgezeichnetes Inertialsystem existiert, darf man argumentieren: Alle Ereignisse, die im ausgezeichneten Inertialsystem gleichzeitig sind und für die t = 0 gilt, bilden unsere Welt; die zu den übrigen Inertialsystemen gleichzeitigen Ereignisse sind in Wirklichkeit wegen der nur zweckmäßigen Synchronisation der Uhren nicht gleichzeitig, sie gehören zur Vergangenheit oder Zukunft. Die Welt ist in diesem Fall der dreidimensionale normale (euklidische) Raum, die unterschiedlichen Begriffe kausale - nicht kausale Vergangenheit oder Zukunft beschreiben Synchronisationseffekte.

b) Es gibt kein ausgezeichnetes Inertialsystem.

b1) Alle Inertialsysteme sind gleichberechtigt, alles was gleichzeitig zu einem beliebigen Inertialsystem zum Zeitpunkt t = 0 ist, ist in gleicher Weise Wirklichkeit. Die Konsequenz: Der gesamte Minkowski-Raum ist unsere Welt. Zukunft, Vergangenheit (kausal oder nicht kausal) sind in irgendeiner Form stets auch Gegenwart und müssen damit zur Wirklichkeit hinzugerechnet werden.

b2) Man entfernt alle Ereignisse, die zur Zeit t = 0 für einen Punkt kausale oder nicht-kausale Zukunft oder Vergangenheit bedeuten - es verbleibt nur dieser Punkt - oder man streicht nur dessen kausale Vergangenheit und Zukunft - dann gehören für weit entfernte Punkte deren Gegenwart und Zukunft zur Welt dazu.

Unmittelbar befriedigen können die Versionen zu b) nicht, philosophisch elegant ist Version a). Entsprechendes gilt für die unterschiedlichen Vergangenheits- und Zukunftsbegriffe. Zukunft und Vergangenheit erlebt man in großer Entfernung nicht anders als bei uns und mit Hilfe eines ausgezeichneten Inertialsystems erübrigt es sich, darüber zu diskutieren.

Die Relativität der Gleichzeitigkeit drückt zwei Möglichkeiten aus:

a) Es gibt keine absolute Gleichzeitigkeit und deshalb ist sie auch nicht meßbar. (relativistische Interpretation)

b) Es gibt sie, sie ist aber nicht meßbar, weil es wegen des Relativitätsprinzips keine Naturgesetze gibt, die sie meßbar machen. (relativistisch-klassische Interpretation)

Ist es tatsächlich unmöglich, etwas über Gleichzeitigkeit auszusagen, obgleich sie nicht meßbar ist? Schließlich gibt es physikalische Größen, die nicht meßbar sind, aber dennoch bestimmte, quantitativ festliegende Werte besitzen. Dazu gehört als Beispiel die Ein-Weg-Lichtgeschwindigkeit. Wie in Kap. 5 gezeigt wurde, ist ihr Betrag nicht meßbar, das gelingt nur für die Zwei-Weg-Lichtgeschwindigkeit, aber das von der Sonne ausgesandte Licht nähert sich der Erde in genau festliegender Form, die Geschwindigkeit besteht, ohne meßbar zu sein (31-1). In diesem Sinne gibt es ein wissenschaftstheoretisches Argument für eine inertialsystemunabhängige Gleichzeitigkeit, das in gewisser Weise naheliegend ist, Abb. 8.6:

An jedem beliebigen Punkt im Weltall - das sind beispielsweise alle relativ zu einem beliebigen Inertialsystem vorhandenen Punkte - kann ich mir einen Beobachter und eine dort ruhende Uhr vorstellen, die eine beliebige Uhrzeit anzeigt. Jeder Beobachter hat eine klare Vorstellung von dem, was für ihn Gegenwart ist, denn er erlebt sie. Sie ist in jedem Augenblick durch die von der Uhr angezeigte Uhrzeit von allen übrigen Zeitpunkten unterscheidbar. Wenig später ist sie die Uhrzeit eines vergangenen Ereignisses, auch liegt es stets fest, welche Uhrzeiten zukünftige Ereignisse haben werden. Diese Definition von Gegenwart ist inertialsystemunabhängig - beispielsweise haben die Beobachter von S, S`, S`` an der Stelle x = 0 dieselbe Auffassung von Gegenwart und deshalb sagt keiner vom anderen, er sei jetzt bereits Vergangenheit oder noch Zukunft; ihre von den eigenen Uhren angezeigten Uhrzeiten können jedoch verschieden sein. Es ist wichtig, sich die Begriffe "wirklich sein", "Gegenwart" deutlich vor Augen zu halten. Warum soll "wirklich sein" nur für einen Zeitpunkt, für "Gegenwart" gel-

8. Philosophisch-grundlagenwissenschaftliche Überlegungen zur relativistischen ...

ten? Ist nicht der Kölner Dom seit mehreren hundert Jahren "Wirklichkeit" und ein Symbol für Ewigkeit? Wie soll die "Wirklichkeit" des Kölner Doms für einen Zeitpunkt, für Gegenwart stehen? Das ist kein Widerspruch, Gegenwart ist der Kölner Dom in dem Glanz einer Feierstunde und das immer wieder in einer gefühlvollen Variante. Die Ewigkeit ist Gegenwart in sich ändernder Einmaligkeit, "wirklich" stets etwas anderes, stets nur ein Zeitpunkt.

Andererseits ist der Zustand "wirklich sein" völlig unabhängig von Zeit oder Gleichzeitigkeit erkennbar: Ein Vogel begreift die "wirkliche" Gefahr durch die heranschleichende Katze unmittlebar und nicht über das Wissen oder Fühlen einer gemeinsamen Zeit. Der Vogel ist "wirklich", die heranschleichende Katze ist "wirklich" und beide sind "gemeinsam wirklich" - von Gleichzeitigkeit ist noch nicht die Rede.

Durch eigenes Erleben unbezweifelbar, gehört zu jedem Raumpunkt eines beliebigen Inertialsystems eine Kette von Zeitpunkten und stets genau einer dieser Zeitpunkte ist Gegenwart. Das ist erkennbar und beobachtbar völlig unabhängig von allen übrigen Raum-Zeit-Punkten des Minkowski-Raumes und drückt aus, daß man "in Gedanken" überall hingehen kann und dort stets etwas sein muß. Die Gesamtheit dieser eindeutig definierten Gegenwartspunkte bildet unsere Welt, alle übrigen Raum-Zeit-Punkte sind Vergangenheit oder beschreiben Zukunft. Nur diese Gegenwartspunkte existieren, sie "sind", und sie sind es "gemeinsam". Alle "gemeinsam seienden" Punkte, die Gegenwartspunkte, nennt man "gleichzeitig". Auf diese Weise hat man Gleichzeitigkeit unabhängig von der Physik definiert und es ist Sache der Physiker sie zu messen oder auch nicht, aber es ist nicht in Ordnung, Gleichzeitigkeit zu bestreiten mit der Begründung, sie sei nicht meßbar. Da es nicht meßbare physikalische Größen gibt (Ein-Weg-Lichtgeschwindigkeit), genügt dieser Hinweis ohnehin nicht.

Es ist nicht möglich, die Gegenwartspunkte im Minkowski-Raum explizit anzugeben; die dort herrschende Relativität der Gleichzeitigkeit läßt sich als Ausdruck der Tatsache verstehen, Gleichzeitigkeit mit physikalischen Methoden nicht messen zu können, d.h. die Uhren aller Beobachter für alle gegenwärtigen Ereignisse, die ja eindeutig festliegen, dieselbe Uhrzeit anzeigen zu lassen. In diesem Sinne beschreibt der Minkowski-Raum genau das, was mit Hilfe der Naturgesetze von Raum und Zeit meßbar ist und nicht Raum und Zeit. Oder anders formuliert: Im Minkowski-Raum drücken sich die Naturgesetze unmittelbar aus. So das Relativitätsprinzip durch die Existenz von in allem gleichwertige Inertialsysteme und später die Gesetze der allgemeinen Relativitätstheorie als deren Grenzfall. Nicht umsonst hat Einstein die Erkenntnisse Minkowskis als für ihn bedeutungsvoll bei der Entdeckung der allgemeinen Relativitätstheorie bezeichnet.

Diese Überlegungen lassen sich fortsetzen. Auch die vergangenen Ereignisse eint oder unterscheidet, ob sie einmal gemeinsam wirklich waren oder nicht. Zu einer Vertiefung vergleiche man mit der Arbeit (85-4), einer konsequent relativistischen Interpretation des Minkowski-Raumes, sowie mit den dortigen Hinweisen auf Reichenbach, Grünbaum und deren Kritiker, wie z.B. Hugo Dingler. Entsprechende neuere Arbeiten finden sich in den philosophischen Fachzeitschriften (85-1) - (88-3). Ob der Begriff "gemeinsam wirklich sein" dem Begriff "gleichzeitig sein" vorausgehen kann, wie hier behauptet wird. muß man schließlich selbst entscheiden.

Wie gezeigt wurde, ist nicht nur die unterschiedliche Uhrzeit in Inertialsystemen eine Folge der Relativität der Gleichzeitigkeit sondern auch die Unklarheit über das, was die Wirklichkeit, die Welt, im Gegensatz zu "nicht mehr wirklich" oder "noch nicht wirklich" im Minkowski-Raum sein soll, obwohl der Zustand "wirklich sein" für jeden Beobachter überall im Weltall durch eigenes Erleben eindeutig festliegt. Andererseits spiegelt diese Unklarheit innerhalb des Minkowski-Raumes physikalische Gesetze, insbesondere das Relativitätsprinzip, wieder, sie werden durch ihn geometrisch anschaulich.

8.7 Die physikalischen Konsequenzen aus der Annahme eines ausgezeichneten Inertialsystems

Nimmt man einmal an, ein ausgezeichnetes Inertialsystem im Sinne der relativistisch-klassischen Interpretation sei real, dann muß man sich fragen, welche physikalischen Prozesse oder Zustände einem solchen ausgezeichneten Inertialsystem entsprechen könnten. Mindestens wäre zu klären, welches Bezugssystem ein ausgezeichnetes Inertialsystem

8. Philosophisch-grundlagenwissenschaftliche Überlegungen zur relativistischen ... 177

sein soll. Sicherlich nicht eines mit der Sonne als Mittelpunkt, Isotropie der Hintergrundstrahlung (s. Kap. 14.6) wird ebenfalls nicht genügen (das gilt für alle "frei fallende" Galaxienhaufen), eher ein kosmologisches Bezugsystem, in dem der Schwerpunkt des Weltalls ruht, wenn es ihn gibt (49-3). Fragen, die über die Ziele dieses Buches hinausgehen. Dieses Kapitel klärt eine Vorstufe dazu und vermittelt eine Modellvorstellung, warum ein ausgezeichnetes Inertialsystem Wirklichkeit sein kann und welche weiteren physikalischen Konsequenzen daraus entstehen können.

Aus historischen Gründen nennt man das physikalische Korrelat eines ausgezeichneten Inertialsystems häufig Äther, auch Medium oder Substratum. Mit diesem Begriff haben sich vor allem im 19. Jahrhundert vielfältigste Vorstellungen zur Ausbreitung von elektromagnetischen Phänomenen verbunden, die für die Entwicklung der Physik sehr fruchtbar gewesen sind. Im Zusammenhang mit der relativistisch-klassischen Interpretation der Relativitätstheorie verbleibt von ihnen als sinnvolle These: Äther ist alles das, was der leere Raum oder das Vakuum, außer ausgedehnt zu sein, an zusätzlichen Eigenschaften besitzt.

Solche Eigenschaften gibt es. Innerhalb der Quantenmechanik sind sie bedeutend, wie sich in der "Polarisation des Vakuums" zeigt. Bei diesem Effekt entstehen Elektron-Positron-Paare aus dem Nichts an beliebigen Orten im Vakuum, existieren kurzzeitig und verändern nachweisbar die Eigenschaften von Wasserstoffatomen (1) (98-1). Im Vergleich dazu sind die für ein ausgezeichnetes Inertialsystem zu fordernden Eigenschaften fast selbstverständlich: Der leere Raum muß die Maxwellschen Gleichungen zulassen. Daraus folgt dann, daß für ein Vorzugssystem die Lichtgeschwindigkeit in alle Richtungen gleichförmig ist und den Wert c hat, bewegte Längen kontrahieren und bewegte Uhren langsamer gehen - jedenfalls ist das Inhalt einer der bekannteren Äthertheorien, wie sie von Prokhovnik (49-3) und weiteren Forschern (90) - (97) vertreten werden.

Basis für dieses Modell, und auch die zum Teil ganz andersartigen Überlegungen (91-3ff) (93), ist der klassische Raumbegriff Newtons. Dieser Raum entspricht dem normalen (euklidischen) Raum. Jeder Ort im Raum ist durch die drei Koordinaten x,y,z festgelegt, hinzukommt die davon unabhängige Zeit t. Gedanklich kann man sich den Raum aus kleinen Würfeln (Punkten) aufgebaut vorstellen, dann sieht man sofort, daß sie sich als Teil des Raumes nicht bewegen können. Absolut ruht alles, was relativ dazu ruht. (Quantenmechanische Einwände sind ein anderes Thema, wir betrachten den makroskopischen Grenzfall, d.h. nur Thesen, die aus der Relativitätstheorie folgen.)

Die absolute Ruhe ist nicht experimentell nachweisbar. Körper, die man "in Ruhe läßt" und keinen Kräften unterwirft, können ruhen oder sich geradlinig, gleichförmig bewegen (Newtonsches Trägheitsgesetz). Wegen des Relativitätsprinzips gibt es überhaupt keine Naturgesetze, die eine absolute Geschwindigkeit zum Ausdruck bringen.

Ist nun der absolute Newtonsche Raum mehr als eine menschliche Vorstellung, um Erfahrungen besser einordnen zu können? Für Newton gibt es daran keinen Zweifel, da es außer gleichbleibenden Geschwindigkeiten noch Beschleunigungen gibt, die einen absoluten Charakter besitzen. Beispiel ist das berühmte Eimerexperiment. Dreht sich ein mit Wasser gefüllter Eimer, ist die Wasseroberfläche gekrümmt, dreht er sich nicht, ist sie glatt. Auf diese Weise wird eine Bewegung relativ zum absoluten Raum angezeigt, denn stellt man sich dieses Experiment im leeren Raum vor, so gibt es als Ursache für die gekrümmte Wasseroberfläche nur diese Erklärung: der Eimer dreht sich relativ zum Raum, es muß ihn "geben".

Eine Alternative bietet die Machsche These: Für sie ist im leeren Raum die Wasseroberfläche stets glatt, weil der Fixsternhimmel fehlt. Obwohl die Machsche These etwa 100 Jahre alt ist, für Physiker sehr attraktiv klingt und deshalb in Diskussionen selten fehlt, gibt es keine halbwegs akzeptierte physikalische Theorie, die die These plausibel macht, obwohl der Fixsternhimmel auf rotierende Körper natürlich Kräfte ausübt (38-5).

Mit dem Ätherbegriff verbinden sich die vielfältigsten Vorurteile; von Duffy (95-1f) werden sie analysiert. Weit verbreitet und ebenso falsch ist die Behauptung, die spezielle Relativitätstheorie habe den Äther abgeschafft. Hierzu paßt der emotionale Aufruf als Überschrift eines Zeitschriftenartikels "Don`t bring back the ether" (90-3). Eine zu späte Bitte, Einstein konnte sie nicht mehr lesen und hat sich anders ent-

8. Philosophisch-grundlagenwissenschaftliche Überlegungen zur relativistischen ... 179

schieden. So heißt es in seinem Vortrag "Äther und Relativitätstheorie" (90-1):

"Der nächstliegende Standpunkt ... schien der folgende zu sein. Der Äther exisiert überhaupt nicht. ... Indessen lehrt ein genaueres Nachdenken, daß diese Leugnung des Äthers nicht notwendig durch das spezielle Relativitätsprinzip gefordert wird."

Zum Newtonschen Raum und einem Äther äußert sich Einstein wie folgt (90-1): "Andererseits läßt sich aber zugunsten der Ätherhypothese ein wichtiges Argument anführen. Den Äther leugnen, bedeutet letzten Endes annehmen, daß dem leeren Raume keinerlei physikalische Eigenschaften zukommen. Mit dieser Auffassung stehen die fundamentalen Tatsachen der Mechanik nicht im Einklang. Das mechanische Verhalten eines im leeren Raume frei schwebenden Systems hängt nämlich ... noch von seinem Drehungszustande ab. ... Um die Drehung des Systems wenigstens formal als etwas Reales ansehen zu können, objektiviert Newton den Raum. ... Newton hätte seinen absoluten Raum ebensogut "Äther" nennen können ..." Man sieht, Äther und Relativitätstheorie trennen keine Welten.

Trotzdem klingt eine Forderung wie "Ätherformulierungen sind Hypothesen und werden es bleiben, bis die Anwesenheit eines Mediums in irgendeiner Weise nachgewiesen ist" (engl., 95-2) plausibel, soweit der Äther als überflüssiges Postulat erscheint, um klassische philosophische Vorstellungen zu retten. Das ist aber eine Frage, wer zuerst das Wort hat: Der relativistisch-klassischen Interpretation genügt genau ein Inertialsystem, relativ zu dem c isotrop ist, für die übrigen läßt es sich beweisen. Warum die anspruchsvolle Forderung, alle Inertialsysteme sind in Wirklichkeit gleich, wo sie doch nur so erscheinen? Ein wenig bigott dürfte es schon sein, ein ausgezeichnetes Inertialsystem nachweisen zu sollen, obwohl das Relativitätsprinzip genau das ausschließt. Entweder das Relativitätsprinzip gilt mit Einschränkungen (49-3) oder mehr als überzeugende, insgesamt empirisch bestätigte Theorien sind nicht erreichbar.

Gleichgültig wie einsichtig solche Ideen sind, jedenfalls existieren physikalische Theorien (91) - (97), für die es ein Gewinn ist, ein ausgezeichnetes Inertialsystem voraussetzen zu dürfen. Die relativistisch-klassische Interpretation macht derartige Ansätze glaubhaft. Der in (91) genannte Autor ist kein geringerer als der berühmte Physiker P. A. M. Dirac. Er fühlt sich in seiner Arbeit über elektromagnetische Phänomene gezwungen, von einem ausgezeichneten Inertialsystem zu sprechen. Damit ist die Gültigkeit der relativistisch-klassischen Interpretation nicht bewiesen, aber es wird noch einmal plausibel, daß keine prinzipiellen Schwierigkeiten bestehen, den Begriff eines ausgezeichneten Inertialsystems physikalisch zu interpretieren.

Bei derartigen Überlegungen hat man noch einen weiteren theoretischen Freiraum: So führt Jammer (85) zum Kraftbegriff der speziellen Relativitätstheorie aus: "... Alle diese Einschränkungen und Einwände (Anm.: durch die spezielle Relativitätstheorie) ... beeinträchtigen jedoch nicht den Begriff der Kraft irgendwie tiefgreifender. Ein wichtiger Punkt ist jedoch zu beachten: Aufgrund der Ablehnung einer absoluten Gleichzeitigkeit zweier voneinander weit entfernt stattfindender Ereignisse muß man in der speziellen Relativitätstheorie zu dem Schluß kommen, daß Fernwirkungen als legitimer physikalischer Begriff unhaltbar sind."

Genau das gilt bei einem ausgezeichneten Inertialsystem nicht mehr. Der Begriff der Fernwirkung ist wieder legitim, soweit die endliche Ausbreitungsgeschwindigkeit c von Wirkungen dem nicht entgegensteht.

Nun zu der Frage, warum es von grundlegender Bedeutung ist, diesen Fragen nachzugehen: In diesem Buch stehen zwei Positionen gleichberechtigt nebeneinander. Trotzdem kann es sich kein Physiker aussuchen, welche der beiden Theorien er nehmen will, denn geben kann es entweder nur den Raum und die davon unabhängige Zeit oder ein vierdimensionales Raum-Zeit-Kontinuum (von ganz anderen Alternativen einmal abgesehen). Gilt aber die relativistisch-klassische Interpretation, ist der prinzipielle Unterschied zwischen nicht-relativistischer und relativistischer Physik aufgehoben, weil es immer erlaubt ist, näherungsweise die Einflüsse gewisser physikalischer Größen zu vernachlässigen, nicht aber grundlegende Fakten zu Raum und Zeit. Beispielsweise ist es korrekt, für kleine Geschwindigkeiten die Galilei-Transformation zu verwenden, aber es ist nie korrekt, bei einer solchen Näherung das (oder ein) vierdimensionales Raum-Zeit-Kontinuum als dreidimensionalen Raum und unabhängige Zeit anzusehen. Genau das geschieht beim Übergang von der relativistischen zur nichtrelativistischen Physik, aber nicht beim Übergang von der relativistisch-klassischen Interpretation zur nichtrelativistischen Physik, weil dabei Raum und Zeit sich nicht ändern. Bei einer Suche nach einem einheitlichen Weltbild der Physik ist das ein klarer Vorteil für die relativistisch-klassische Interpretation der Relativitätstheorie - kein Argument für die Richtigkeit der Theorie, aber eines, ihr nachzugehen.

8.8 Die relativistische und relativistisch-klassische Interpretation von physikalischen Größen und Meßwerten

Im 4. Kapitel wurden die Lorentz-Transformationen aus der Annahme eines ausgezeichneten Inertialsystems hergeleitet. Man kann einwenden, diese Annahme ist nur Teil der experimentellen Erfahrung, denn genau genommen zeigt sie eine absolute Gleichwertigkeit aller Inertialsysteme. Entscheidend ist aber die Herleitung der Lorentz-Transformationen, da sie unter verschiedenen Voraussetzungen möglich ist, hat man verschiedene Interpretationen der Relativitätstheorie und dieser Sachverhalt soll im folgenden weiter analysiert werden.

Für beide Interpretationen gelten die Lorentz-Transformationen, in beiden Interpretationen werden Uhren mit Lichtsignalen synchronisiert und damit gilt in beiden Interpretationen derselbe Umfang an Formeln und ihren Herleitungen und derselbe Umfang an experimentellen Beweisen. Worin liegt ihr Unterschied? Ihr wesentlicher Unterschied liegt darin, was von den Meßwerten und was von den sie verknüpfenden Formeln Aussagen über wirkliche physikalische Größen sein sollen. Wirklich bedeutet soviel wie "an sich" sein, unabhängig von, nicht nur relativ zu einem Inertialsystem bestehen.

Physikalische Größen sind Länge, Zeit, Masse, Temperatur, elektrische und magnetische Feldstärke, Impuls, Energie usw. Physikalische Grössen werden an physikalischen Gegenständen gemessen. Ihre Meßwerte setzen sich zusammen aus gemessenem Wert und Maßeinheit. So wird die Länge eines Stabes mit 1.5 m gemessen, die Zeit, die eine Uhr anzeigt oder die ein Vorgang dauert, mit 10 s, die Masse eines Körpers mit 20 g.

Länge ist in der relativistischen Interpretation eine physikalische Größe, die nur relativ zu einem Inertialsystem einen Sinn hat. Die gemessene Länge eines Maßstabes hat jeden Wert zwischen null und der Ruhelänge abhängig von seiner Geschwindigkeit bzw. der Geschwindigkeit des Inertialsystems, in dem er ruht. Zeit ist ganz analog eine physikalische Größe relativ zu einem Inertialsystem, weil Uhrzeiten als Meßwerte der Zeit nur relativ zu einem Inertialsystem eindeutig sind. Raum ist eine physikalische Größe relativ zu einem Inertialsystem, weil die Meßwerte des Raumes, die Entfernungen, nur relativ zu einem Inertialsystem eindeutig sind. So läßt sich fortfahren für elektrische Feldstärke, magnetische Feldstärke etc.

Was sind diese Größen in der relativistisch-klassischen Interpretation? Raum, Zeit, Länge, elektrische und magnetische Feldstärke sind für sie von Inertialsystemen unabhängige physikalische Größen, die aber wegen des Relativitätsprinzips nur unvollständig gemessen werden können. Das Relativitätsprinzip besagt, alle Inertialsysteme sind gleichwertig oder - völlig äquivalent - wenn es ein ausgezeichnetes Inertialsystem in der Wirklichkeit gibt, ist dieses wegen des Relativitätsprinzips nicht lokalisierbar. Gibt es ein ausgezeichnetes Inertialsystem, liegt es nahe zu sagen, die relativ zu diesem gemessenen Entfernungen, Uhrzeiten, Längen, elektrische und magnetische Feldstärken sind die wirklichen Werte von Raum, Zeit, elektrischer und magnetischer Feldstärke.

Ähnlich sieht es für das Prinzip der Konstanz der Lichtgeschwindigkeit aus: Der wirkliche Wert der Lichtgeschwindigkeit ist der relativ zum ausgezeichneten Inertialsystem gemessene Wert und es ist das Relativitätsprinzip, welches dasselbe Meßergebnis relativ zu jedem Inertialsystem erzwingt mit dem Unterschied, daß hier Lichtsignale eine andere wirkliche Geschwindigkeit haben. (In Bewegungsrichtung des Inertialsystems beispielsweise c - v).

In der relativistischen Interpretation gelten alle Messungen als gleichwertig und als wirklich schließlich das, was unabhängig von allen Inertialsystemen Bestand hat. In der relativistisch-klassischen Interpretation hat man ein ausgezeichnetes Inertialsystem und die mit diesem ver-

8. Philosophisch-grundlagenwissenschaftliche Überlegungen zur relativistischen ... 183

bundenen wirklichen Meßwerte, außerdem wegen des Relativitätsprinzips die übrigen, sich genauso verhaltenden Inertialsysteme.

Ein Vergleich kann den Unterschied veranschaulichen: Man betrachte eine Firma, in der sich alle Personen wie ein Chef verhalten, perfekt in allen Einzelheiten bis hin zum überzeugten Auftreten. Gibt es in dieser Firma einen Chef oder nicht? Nehmen wir an es gibt einen. Dann sind alle Erkenntnisse über eine beliebige Person der Firma Erkenntnisse über den Chef, aber die wirklichen Eigenschaften des Chefs besitzt nur eine Person, von der wir nicht wissen, wer es ist. Da es nur einen Chef gibt, spricht das Beispiel für die relativitisch-klassische Interpretation? Nein, sicherlich gibt es auch Firmen, die keine Mitarbeiter, sondern nur Chefs haben und so können beide Interpretationen erst einmal leben, beides ist denkbar.

Wie in diesem Vergleich haben alle weiteren Diskussionen diesen einen Unterschied vor Augen: Alle Inertialsysteme sind in Wirklichkeit gleichwertig (relativistische Interpretation) bzw. alle Inertialsysteme erscheinen als gleich, sind es aber in Wirklichkeit nicht, und das Relativitätsprinzip verhindert es, dies experimentell nachzuweisen (relativistisch-klassische Interpretation).

Die Tatsache, daß auch für die relativistisch-klassische Interpretation $E^2 - H^2$, Ds^2 usw. für alle Inertialsysteme gilt, drückt ein physikalisches Gesetz aus. Vierervektoren, Tensoren allgemein sind keine wirklichen physikalischen Größen, wie man für den Vierervektor (x,y,z,ict) am besten sieht. Nicht er ist die Realität, sondern (x,y,z) und (t), der Vierervektor beschreibt nur die Transformationseigenschaften von Meßwerten.

Ein klares Beispiel ist die Lichtgeschwindigkeit c. Sie gilt in der relativistischen Interpretation für alle Inertialsysteme und ist für sie eine wirkliche physikalische Größe. In der relativistisch-klassischen Interpretation ist c nur der Meßwert der Lichtgeschwindigkeit, nicht ihr wirklicher Wert. Der Meßwert ist in allen Inertialsystemen gleich, die (Ein-Weg-)Lichtgeschwindigkeit selbst verschieden für verschiedene Richtungen in einem Inertialsystem. Deshalb sind Skalare, Vierervektoren, Tensoren in der relativistisch-klassischen Interpretation das, was in allen Inertialsystemen von den wirklichen Größen meßbar ist. Es ist das

Relativitätsprinzip, das alle Inertialsysteme zum ausgezeichneten Inertialsystem macht, mit der Konsequenz, daß in jedem Inertialsystem physikalische Größen nicht so gemessen werden können, wie sie dort sind, sie werden dort so gemessen und erscheinen dort so, als läge ein ausgezeichnetes Inertialsystem vor. Man kann das folgendermaßen ausdrücken: Wäre ein Inertialsystem das ausgezeichnete Inertialsystem, dann hätte die Zeit den Wert der Uhrzeit einer in ihm ruhenden Uhr, Länge den Wert der Längenmessung, elektrisches Feld den gemessenen Feldstärkewert in diesem System. So wie man Raum und Zeit erlebt, sind sie wirklich im ausgezeichneten Inertialsystem, deren wirkliche Werte, z.B. Uhrzeiten, kennt man aber nicht.

Innerhalb der relativistischen Interpretation gibt es zwei Arten von Meßwerten:

a) Meßwerte von physikalischen Größen relativ zu einem Inertialsystem, dazu gehören Längenmessungen von Körpern oder Maßstäben, Zeitmessungen (Uhrzeiten) und beispielsweise Messungen der elektrischen und der magnetischen Feldstärke.

b) Meßwerte, die unabhängig von Inertialsystemen gelten, und die aus den Meßwerten zu a) berechnet werden. Dazu gehören das Raum-Zeit-Intervall

(8.30) $$Ds^2 = (c\, t_1 - c\, t_2)^2 - (x_1 - x_2)^2 - (y_1 - y_2)^2 - (z_1 - z_2)^2$$

die Größe $E^2 - H^2$, die Lichtgeschwindigkeit c, die unabhängig vom Inertialsystem als konstant c gemessen wird.
(und die weiteren Skalare und Invarianten von Vierervektoren, Tensoren n-ter Stufe)

Zu dieser doppelten Realität gelangt die relativistische Interpretation auf folgende Weise:

Das Relativitätsprinzip lautet: Alle Inertialsysteme sind gleichberechtigt. Daraus folgt: physikalische Größen relativ zu einem Inertialsystem sind keine Größen an sich, keine wirklichen physikalischen Größen, da sie

8. Philosophisch-grundlagenwissenschaftliche Überlegungen zur relativistischen ...

für jedes Inertialsystem andere Werte besitzen. Die Messung z.B. der Uhrzeiten ist keine Messung der Zeit an sich, da die Messung einer Uhrzeit in jedem Inertialsystem anders ausfällt. Die Messung der Länge keine Messung der Länge an sich, da Längenmessungen in jedem Inertialsystem anders ausfallen und alle gleichberechtigt sind. Deshalb die These, Raum und Zeit für sich sind keine wirklichen physikalischen Größen.

Die These der relativistisch-klassischen Interpretation lautet:

Alle Inertialsysteme erscheinen als gleichberechtigt, sie sind durch Messungen nicht untereinander als verschiedenartig einstufbar. Daraus folgt: Es gibt kein Meßverfahren (wofür z.B. das von Michelson-Morley geplant war), das ein Inertialsystem auszeichnet. Daraus folgt: Mit physikalischen Methoden ist das ausgezeichnete Inertialsystem nicht er-kennbar. Daraus folgt: Ähnlich wie zuvor, es gibt zwei Arten von realen physikalischen Meßwerten:

a) Meßwerte oder Messungen relativ zu beliebigen Inertialsystemen

b) Meßwerte oder Messungen relativ zum ausgezeichneten System, bei diesen Messungen zeigen sich die wirklichen physikalischen Größen unmittelbar, d.h. so wie sie sind.

Aus a) folgt: Welche qualitativen Eigenschaften physikalische Größen haben, zeigt sich in jedem Inertialsystem, aber es ist nicht erkennbar, welcher der realen, meßbaren Werte ihnen im konkreten Fall zukommt.

Beispiel: Länge ist eine physikalische Größe, weil sich Länge relativ zu jedem Inertialsystem zeigt, aber die tatsächliche Länge eines Maßstabes ist nicht bekannt, denn die tatsächliche Länge eines Stabes muß relativ zum ausgezeichneten Inertialsystem gemessen werden. Die Zeit ist eine physikalische Größe, weil sich Uhrzeiten relativ zu jedem Inertialsystem messen lassen, auch wenn ihr wirklicher Wert nicht bekannt ist. Bewegte Uhren, bewegte Stäbe gehen in Wirklichkeit langsamer, werden verkürzt, weil es relativ zu jedem Inertialsystem so gemessen wird, aber ihre wirklichen Werte sind nicht bekannt, weil man das ausgezeichnete Inertialsystem nicht kennt, relativ zu dem sie ermittelt werden müßten.

Physikalische Größen relativ zu Inertialsystemen sind außer Zeit und Länge z.B. elektrische und magnetische Feldstärke, Geschwindigkeit, Impuls, Energie. Sie sind für die relativistische Interpretation physikalische Größen, die nur relativ zu Inertialsystemen bestehen, sind also gewissermaßen keine physikalischen Größen. Physikalische Größen sind für die relativistische Interpretation die aus ihnen zusammengesetzten Vierervektoren oder Tensoren, wie z.B.

    Vierergeschwindigkeit (k c, k v_x, k v_y, k v_z)
    Viererimpuls (E, p_x, p_y, p_z)
    zweifach kovarianter Tensor des elektromagnetischen Feldes.

Diese Größen sind in der relativistischen Interpretation die eigentlichen physikalischen Größen, da sie das von den Inertialsystemen Unabhängige beschreiben. Für die relativistisch-klassische Interpretation sind Vierervektoren, Tensoren usw. Zusammenhänge zwischen physikalischen Größen, die gewährleisten, daß für Gesetze wie Impuls- und Energieerhaltung oder die Maxwellschen Gleichungen das Relativitätsprinzip erfüllt bleibt und Naturgesetze die gleiche Gestalt in allen Inertialsystemen behalten.

In diesem Zusammenhang können das 1. und 2. Faradaysche Induktionsgesetz die Situation veranschaulichen (1) (3) - (6). Der Vorzug der relativistischen Interpretation besteht darin, beide in eine vollständige Relativität aufgehen zu lassen, in dem man die Maxwellschen Gleichungen tensoriell umschreibt. Für die relativistisch-klassische Interpretation liegt der Reiz der beiden Gesetze gerade darin, einerseits ein Inertialsystem auszuzeichnen, andererseits aber alles Meßbare als davon unabhängig nachzuweisen.

Um der Wahrheit willen läßt sich übertreiben: Die elektrische und magnetische Feldstärke, die Ein-Weg-Lichtgeschwindigkeit in Kap. 5, die Gleichzeitigkeit usw. kann relativ zu jedem beliebigen Inertialsystem mit der dortigen Uhrensynchronisation gemessen werden. Das richtige Inertialsystem ist darunter, das Problem nicht die Messung, sondern die Auswertung der Meßergebnisse. Die Welt bleibt auch für die relativistisch-klassische Interpretation in Ordnung: physikalische Größen sind meßbare physikalische Größen.

8. Philosophisch-grundlagenwissenschaftliche Überlegungen zur relativistischen ... 187

Pragmatisch wäre es zu sagen, der Minkowski-Raum ist ein mathematisch-physikalischer Raum, der nicht Raum und Zeit oder eine vielleicht stattdessen bestehende Raum-Zeit beschreibt, sondern von Raum und Zeit nur das, was davon in den Naturgesetzen und deren physikalischer Messung zum Ausdruck kommt. Nicht alles von Raum und Zeit muß meßbar sein, philosophische Argumentation nicht überflüssig.

Die Ausführungen dieses Kapitels lassen sich präzisieren und vielleicht auch in den Akzenten verschieben und sollten lediglich die Unterschiede beider Interpretationen in der physikalischen Begriffsbildung verständlicher werden lassen. Physikalisch betrachtet sind die relativistische und die relativistisch-klassische Interpretation gleichwertig, indem sie meßbare Zusammenhänge in gleicher Weise vorhersagen. Für beide Interpretationen gilt ein Relativitätsprinzip und ein Prinzip der Konstanz der Lichtgeschwindigkeit, wenn auch modifiziert. Sie unterscheiden sich in der Philosophie, in der nicht durch Messungen verifizierbaren Theorie zu Raum und Zeit.

8.9 Vergleich der Interpretationen

Beide Interpretationen beziehen sich auf identische Formeln und identische experimentelle Beweise, sie gelten für dieselbe physikalische Theorie. Sie unterscheiden sich in den raumzeitlichen Konzepten. Der Wirklichkeit adäquat kann nur eine der beiden sein, eine experimentelle Unterscheidung zwischen ihnen ist wegen des Relativitätsprinzips nicht möglich.

Für die relativistische Interpretation spricht die formale Eleganz und die Tatsache, daß Einstein auf dieser Basis die Relativitätstheorie entdeckt hat. Die relativistische Interpretation ist attraktiv wegen ihrer revolutionären (Um)deutung der Wirklichkeit als vierdimensionales Raum-Zeit-Kontinuum und später als gekrümmte Raumzeit. Die relativistisch-klassische Interpretation ist attraktiv wegen genau des Gegenteils. Trotz der Fülle überraschender physikalischer Experimente behält die klassische Deutung von Raum und Zeit durch diese Interpretation ihre Berechtigung. Für sie sprechen eine über Zweifel erhabene Behandlung der relativistischen Paradoxien und ein der täglichen Erfahrung näherer Wirklichkeitsbegriff physikalischer Größen.

Eine Unterscheidung beider Interpretationen ist nur durch philosophisch-grundlagenwissenschaftliche Überlegungen und damit nur bedingt zwingend möglich. Man überdenke in diesem Sinne die Kap. 6.4 und 7.5 sowie Kap. 7.6.6 mit Formel (7.85) und gegebenenfalls die Konsequenzen von Kap. 8.5.

II. Der gekrümmte Raum der allgemeinen Relativitätstheorie

9. Überblick

Ziel der folgenden Ausführungen ist es, den Begriff des gekrümmten Raumes der allgemeinen Relativitätstheorie so zu definieren und zu veranschaulichen, wie es für grundlagenwissenschaftliche und philosophische Überlegungen notwendig und vorteilhaft ist. Ziel ist es nicht, formale mathematische oder formale theoretisch-physikalische Exaktheit zu gewährleisten, die sich aber mit Hilfe der Fachliteratur wie (110) bis (121) gut nachholen ließe.

Es handelt sich andererseits auch nicht um eine allgemeinverständliche Einführung in die gesamte allgemeine Relativitätstheorie, wie z.B. in (100) (101), sondern um eine allgemeinverständliche Darstellung der Teilgebiete der allgemeinen Relativitätstheorie, die für den Begriff des gekrümmten Raumes besondere Bedeutung haben. Dies sind Fragen und Ergebnisse der Schwarzschild-Metrik, weil hier die theoretischen Vorhersagen experimentell gut bestätigt sind, und es sind elementare Thesen zur Kosmologie, weil sie, obwohl spekulativ, besonders deutlich die andersartigen Raumvorstellungen der allgemeinen Relativitätstheorie belegen.

Für beide ausgewählten Bereiche wird exemplarisch die Poincaré'sche These verifiziert, daß gekrümmter Raum und normaler (euklidischer) Raum zusammen mit zusätzlichen physikalischen Annahmen in gleicher Weise zur Beschreibung der allgemein-relativistischen Phänomene geeignet sind. Die Poincaré'sche These drückt aus, daß die relativistische und relativistisch-klassische Interpretation auch in der allgemeinen Relativitätstheorie berechtigt sind. Der relativistischen Interpretation entspricht die Vorstellung eines gekrümmten Raumes, der relativistisch-klassischen Interpretation die Vorstellung, die Raumkrümmung durch Maßstabsveränderungen in Gravitationsfeldern physikalisch erklären zu können.

Der gekrümmte Raum der allgemeinen Relativitätstheorie

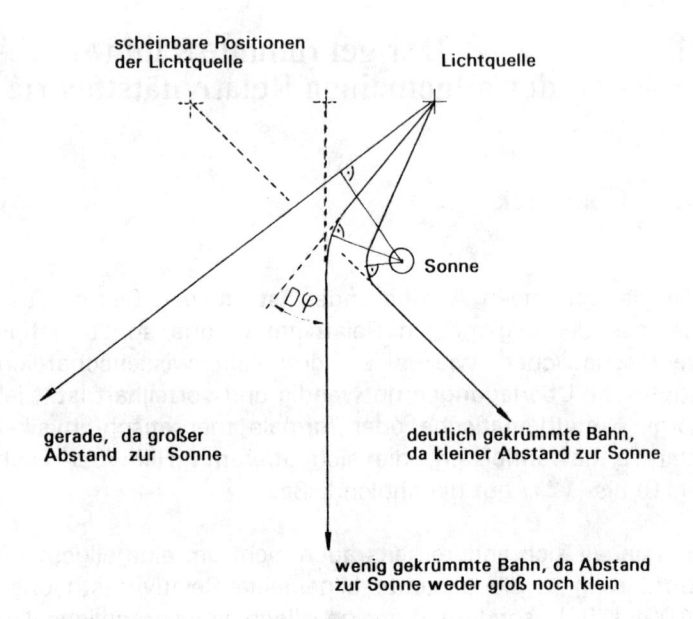

Abb. 11.1 Licht bewegt sich krumm in Sonnennähe

(Im Gegensatz zur Zeichnung werden für die Sonne nur Winkeländerungen von etwa 2`` beobachtet.)

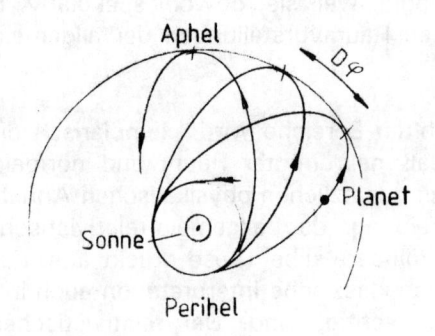

Abb. 11.2 Abweichung der Planetenbahnen von einer Ellipse.

Die wirkliche Planetenbahn erscheint als eine sich um die Sonne drehende Ellipse.

10. Die Bedeutung der allgemeinen Relativitätstheorie für die speziell-relativistischen Raum-Zeit-Thesen

Als Ergebnis der Diskussion der speziellen Relativitätstheorie haben sich zwei verschiedene Raum-Zeit-Versionen ergeben:

a) das vierdimensionale Raum-Zeit-Kontinuum, das auch als Minkowski-Raum bezeichnet wird

b) der dreidimensionale Raum und die eindimensionale Zeit bei gleichzeitiger Gültigkeit des Relativitätsprinzips

Es entsteht die Frage, ob die allgemeine Relativitätstheorie mit beiden Versionen harmoniert oder ob sie geeignet ist, zwischen ihnen eine Entscheidung herbeizuführen. Ohne Frage steht sie in Einklang zur ersten Version, sie verallgemeinert das vierdimensionale Raum-Zeit-Kontinuum zu dem sog. normalhyperbolischen pseudoriemannschen Raum, d.h. zu einem gekrümmten Raum, der für nicht zu große Abmessungen (lokal) mit einem Minkowski-Raum beschrieben werden kann. Aber sie harmoniert auch mit der zweiten Version, weil man jeden physikalisch gekrümmten Raum auffassen kann als einen normalen (euklidischen) Raum, für den sich Maßstäbe und Uhren ortsabhängig ändern.

In Abb. 11.1 ist die gekrümmte Bahn von Lichtstrahlen in Sonnennähe veranschaulicht. Dazu sagt die allgemeine Relativitätstheorie, der Raum ist in Sonnennähe gekrümmt, wie ebenes Papier in feuchter Luft. In Wirklichkeit gibt es die Raumkrümmung, Gravitatonskräfte sind nur seine Folge. Die kürzeste Verbindung zwischen zwei Punkten ist deshalb keine Gerade mehr wie im normalen Raum, sondern eine gekrümmte Linie wie z.B. der Großkreis auf einer Kugelfläche. Im gekrümmten Raum bewegen sich Lichtstrahlen auf dem kürzesten Weg zwischen zwei Punkten und man kann in dieser Form in gekrümmten Räumen "gerade" definieren, aber da der Raum selbst krumm ist, hat "gerade" einige andere Konzequenzen als im normalen Raum. Das paßt zu These a).

Ebenso läßt die allgemeine Relativitätstheorie auch die Aussage zu,

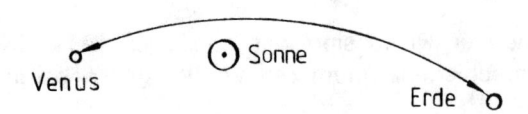

Abb. 11.3 Radarsignale von der Erde zur Venus und zurück

Von der Erde ausgesandte Radarsignale werden an der Venusoberfläche reflektiert und auf der Erde wiederempfangen. Die Laufzeit der Signale wächst, wenn sich die Sonne ihrer Bahn nähert.

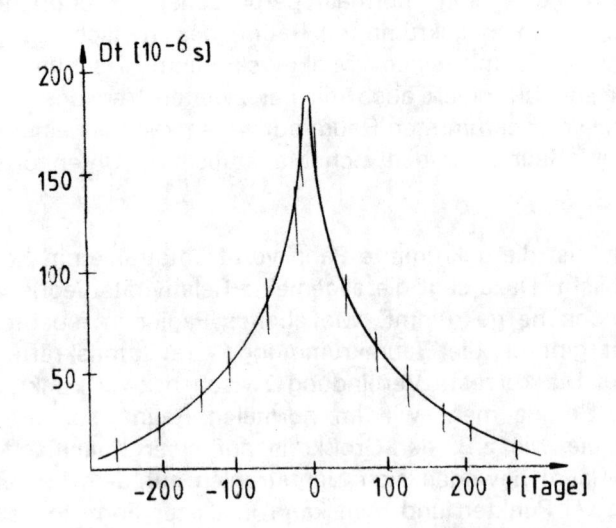

Abb. 11.4 Die Laufzeitverzögerung Dt der Radarsignale von Abb. 11.3 als Funktion der Zeit t hat ein deutliches Maximum, wenn die Signale dicht an der Sonne vorbeilaufen.

10. Die Bedeutung der allgemeinen Relativitätstheorie für die speziell-relativistischen Raumzeit-Thesen

nicht der Raum selbst ist krumm, sondern die Lichtstrahlen werden durch Gravitationskräfte abgelenkt. Es gibt dann im Gravitationsfeld keine idealen Maßstäbe, sondern alle Maßstäbe verändern sich um so stärker, je größer das Gravitationsfeld wird. Diese Maßstabsveränderungen, die zu gekrümmten Lichtbahnen führen, lassen sich allerdings bequemer mathematisch in den Griff kriegen, wenn man sie durch gekrümmte Räume veranschaulicht. Entsprechendes gilt für die in Gravitationsfeldern langsamer gehenden Uhren und auf diese Weise behält These b) ihre Berechtigung.

Beide Deutungen sind Stand der Wissenschaft (101) (110) (120) und besagen, daß mit Hilfe der allgemeinen Relativitätstheorie keine Entscheidung zwischen den unterschiedlichen Interpretationen der speziellen Relativitätstheorie möglich ist.

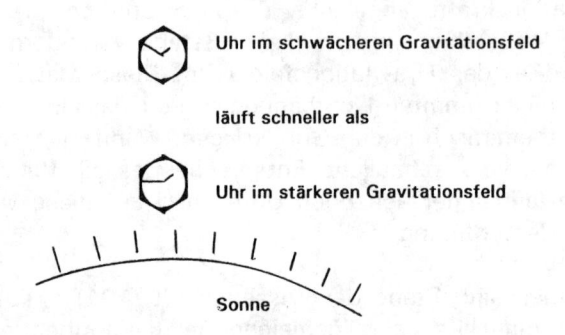

Abb. 11.5 In Gravitationsfeldern gehen Uhren langsamer

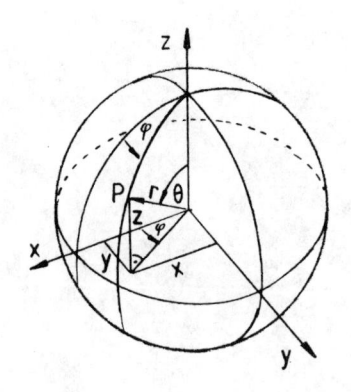

Abb. 11.6 Kugelkoordinaten im normalen Raum.

Der Punkt P liegt fest durch seine Koordinaten (x, y, z) oder (r, Θ, Φ). Konstantem Θ, Φ entsprechen auf der Erdkugel Breiten- und Längenkreise.

11. Schwarzschild-Metrik

11.1 Einleitung

Dieses Kapitel ist zentral für das Verständnis einer gekrümmten Raumzeit und erläutert die Schwarzschild-Metrik sowie mit ihr verbundene gekrümmte (Gaußsche) Koordinatensysteme.

Die Bedeutung der Schwarzschild-Metrik liegt in mehreren Punkten:

a) sie ist experimentell gut abgesichert

b) sie beschreibt den gekrümmten Raum zwar nur für kugelsymmetrische Massenverteilungen, d.h. Sonnen und Planeten, und macht damit Aussagen über räumliche Bereiche in der Größenordnung unseres Sonnensystems, aber: da die Gravitationskraft für kleine Radien gegen unendlich steigt, und die Größe der Gravitationskraft zur Raumkrümmung proportional ist, läßt sich schon hier besonders klar erkennen, was mit dem Begriff des gekrümmten Raums gemeint ist. (125)

c) Ebenso deutlich zeigt sich am Schwarzschild-Radius auch eine mögliche Grenze der allgemeinen Relativitätstheorie.

11.2 Die experimentellen Beweise für die Gültigkeit der Schwarzschild-Metrik

Um mit den Phänomenen vertraut zu werden, die in der allgemeinen Relativitätstheorie Bedeutung haben, sollen zunächst die experimentellen Beweise für die Gültigkeit der Schwarzschild-Metrik beschrieben werden. Sie beziehen sich auf eine gekrümmte Raumzeit und man hätte als erstes das dafür geänderte Koordinatensystem einzuführen. Damit befindet man sich in einer scheinbar widersprüchlichen Lage: Einerseits will man Beobachtungen der Schwarzschild-Metrik darstellen, andererseits will man dafür bereits ein nicht-klassisches Koordinatensystem verwenden. Genau genommen ist dies die Situation der gesamten Physik, sie benötigt ein Koordinatensystem, um Meßergebnisse zu beschreiben, will aber andererseits keine unbewiesenen Voraussetzungen über die Darstellbarkeit der Beobachtungen machen.

Diesen Schwierigkeiten kann man zunächst entgehen, da die experimentellen Vorhersagen der Schwarzschild-Metrik in großer Entfernung von den Gravitationszentren überprüft werden sollen und für große Entfernungen unterscheidet sich das Koordinatensystem der Schwarzschild-Metrik nicht von dem der klassischen Physik. Das ist keine ungewöhnliche Situation, so ist für viele astronomische Beobachtungen der Fixsternhimmel als unveränderlich anzusehen, obwohl sich alle Sterne relativ zu einander bewegen. In diesem Sinne heißt es in Fließbach (114):"... daher können wir den Fixsternhimmel als asymptotischen Bezugsrahmen nehmen. Insbesondere sind ... berechnete Winkeländerungen (etwa für die Lichtablenkung, Periheldrehung ...) gleich beobachtbaren Winkeländerungen gegenüber dem Fixsternhimmel".

Die Berechnung der zu beobachtenden Effekte selbst ist dagegen in einem gekrümmten Koordinatensystem durchzuführen.

Die vier bekanntesten experimentellen Bestätigungen der allgemeinen Relativitätstheorie sind, s. Abb. 11.1 - 11.5:

a) Ablenkung von Lichtstrahlen im Gravitationsfeld der Sonne,

b) Abweichung der Planetenbahnen von einer Ellipse (Periheldrehung),

c) Verzögerung des Radarechos von der Venus, wenn sich die Sonne zwischen Erde und Planet schiebt,

d) Nachgehen von Uhren im Schwerefeld der Erde.
Alle vier Experimente sind quantitative Bestätigungen der theoretischen Vorhersagen für zentralsymmetrische Gravitationsfelder, wie sie mit der Schwarzschild-Metrik beschrieben werden, allerdings nur in Bereichen, in denen die Gravitationskräfte schwach sind.

Die Ablenkung von Lichtstrahlen im Gravitationsfeld der Sonne ist auch nach der Newtonschen Gravitationstheorie zu erwarten. Licht besteht aus Teilchen (Photonen), sie haben eine bestimmte Energie und damit wegen der speziellen Relativitätstheorie eine bestimmte Masse, und werden deshalb von der Sonne angezogen. Die Gravitatonsbeschleunigung g ist unabhängig von der Größe der Masse und ist deshalb für Lichtteilchen dieselbe wie für Planeten. In Sonnennähe werden vorbeilaufende Lichtstrahlen senkrecht zu ihrer Bahn beschleunigt, d.h. abgelenkt. Beobachtet man den Sternenhimmel während einer Sonnenfinsternis sieht man die Sterne in Sonnennähe im Vergleich zum Nachthimmel in einer anderen Richtung und zwar nach außen hin verschoben, s. Abb. 11.1. Die allgemeine Relativitätstheorie sagt allerdings eine gegenüber der Newtonschen Theorie größere Ablenkung voraus, die das Experiment bestätigt.

Da auf Planeten nicht nur die Gravitationskräfte der Sonne sondern auch die der übrigen Himmelskörper wirken, ist eine Abweichung von einer elliptischen Bahn wiederum auch nach der Newtonschen Theorie zu erwarten. Ergebnis ist eine nicht mehr geschlossene Bahn der Abb. 11.2, die sich so darstellt, als würden sich der sonnenfernste und der sonnennächste Punkt der Planetenbahn (Aphel und Perihel) um die Sonne drehen. Die Periheldrehung verursacht durch die übrigen Planeten - sie besser zu beobachten ist als die des Aphel - ist deutlich größer als die Abweichung der Vorhersagen von Newtonscher Gravitations- und allgemeiner Relativitätstheorie für den Fall ungestörter, elliptischer Bahnen. Die Newtonschen Berechnungen und deren Beobachtung erfolgte bereits vor Entwicklung der allgemeinen Relativitätstheorie und es verblieb eine allgemein bekannte, unerklärbare kleine Abweichung. Für Einstein war es, wie er selbst geäußert hat, eines seiner glücklichsten Erlebnisse, als es ihm gelang, genau die bekannte Abweichung aus seiner Theorie vorherzusagen.

Die Zahlenwerte sind für die verschiedensten Planetenbahnen aus (111) zu entnehmen.

Mit den heutigen technischen Geräten lassen sich von der Erde ausgesandte und am Planeten Venus reflektierte Radarsignale wiederempfangen und deren Laufzeiten mit Atomuhren messen, Abb. 11.3. Werden die Signale beeinflußt, weil sich die Sonne ihrer Bahn nähert, vergrößert sich deren Laufzeit meßbar. Die Laufzeit ist täglich etwa ein Jahr lang beobachtet worden. In Abb. 11.4 ist die Zunahme der Laufzeit bei Annäherung an die Sonne dargestellt, das Maximum wird erreicht, wenn das Radarsignal die Sonnenoberfläche streift. Die Bahn des Radarstrahls ist leicht gekrümmt, wie allgemein für Licht im Versuch der Abb. 11.1; gemessen wird aber hier die Verringerung der Lichtgeschwindigkeit mit wachsenden Schwerefeldern. Der gesamte in Abb. 11.4 gezeigte Verlauf der Verzögerungskurve - nicht nur das Maximum - stimmt mit der allgemeinen Relativitätstheorie überein.

Den Nachweis für ein Nachgehen von Uhren im Schwerefeld der Erde hat das bereits besprochene Experiment von Häfele und Keaton (21) erbracht. Man transportiert Uhren in große Höhen und mißt die Zeitdifferenz zu den langsamer gehenden Uhren auf der Erdoberfläche, s. Abb.11.5. Mit diesem Experiment wurde gleichzeitig die Zeitdilatation der speziellen Relativitätstheorie nachgewiesen. Die Meßgenauigkeit wurde ständig gesteigert und liegt weit unter einem Prozent (22).

Alle beschriebenen Experimente beweisen die Gültigkeit der Schwarzschild-Metrik, wie in den nächsten Kapiteln begründet werden soll, und damit die der gesamten allgemeinen Relativitätstheorie. Darüberhinaus sind die Vorhersage von schwarzen Löchern (101), deren Existenz mit ständig wachsender Wahrscheinlichkeit als gesichert angesehen werden kann, und des expandierenden Universums (Kap. 14) wichtige qualitative Bestätigungen der Theorie.

11.3 Grundlagen der Schwarzschild-Metrik

Das Ergebnis der allgemeinen Relativitätstheorie für zentralsymmetrische Felder, d.h. für kugelförmige Körper, drückt sich in der Schwarzschild-Metrik aus. Mit ihr werden Uhrzeiten und Längenmessungen miteinander verküpft, so wie Längen für den normalen Raum durch

(11.1) $$ds^2 = dx^2 + dy^2 + dz^2$$

und Längen und Zeitintervalle für den Minkowski-Raum durch

(11.2) $$ds^2 = dx^2 + dy^2 + dz^2 - c^2 dt^2$$

11. Schwarzschild-Metrik

verknüpft sind.

Beide Beziehungen werden auch Metrik dieser Räume genannt. Der Begriff Metrik steht für Maß, d.h. es wird festgelegt, wie der Abstand ds zweier räumlicher oder raumzeitlicher Punkte gemessen werden kann. (Der Abstand ds bezieht sich zunächst nur auf nahe beieinanderliegende Punkte. Das ist aber keine prinzipielle Einschränkung, da man jeden beliebigen Abstand in eine Folge nahe beieinanderliegender Punkte auflösen kann.)

Durch die Einführung der Scharzschild-Metrik gelangt man ohne Umwege zu gekrümmten Räumen. Um das Verständnis der Metrik zu erleichtern, wird sie in mehreren Schritten analysiert. Als erstes wird mit ihr gerechnet, um ihre einzelnen Elemente kennenzulernen, danach wird sie geometrisch veranschaulicht. Erst dann wird ihre physikalische Bedeutung für die gekrümmte Raumzeit gezeigt. Verschiedentlich werden in der Literatur, z. B. (121), mathematische Überlegungen über gekrümmte Räume vorangestellt. Wer das vorzieht, lese erst einmal das unabhängig geschriebene Kapitel 13 über den mathematischen Begriff gekrümmter Räume.

Da die Schwarzschild-Metrik in sogenannten Kugelkoordinaten formuliert ist, betrachte man zunächst Abb. 11.6. Dort ist gezeigt, wie die üblichen x,y,z-Koordinaten eines Punktes P durch den räumlichen Abstand r des Punktes P vom Ursprung, sowie durch die Winkel Θ und Φ ersetzt werden können. Θ und Φ geben die Richtung an, in der der Punkt P vom Ursprung aus gesehen liegt. dr, dΘ, dΦ sind die Differenzen der Koordinaten von zwei dicht nebeneinanderliegenden Punkten, so wie das für dx, dy, dz auch gilt. Seien P_1 (r_1, Θ_1, Φ_1), P_2 (r_2, Θ_2, Φ_2) zwei derartige Punkte, so ist z.B. dΦ = Φ_1 - Φ_2

Mit diesen Koordinaten lautet Formel (11.1)

(11.3) $\qquad ds^2 = dr^2 + r^2 (d\Theta^2 + \sin^2 \Theta \, d\Phi^2)$

sowie Formel (11.2)

(11.4) $\qquad ds^2 = dr^2 + r^2 (d\Theta^2 + \sin^2 \Theta \, d\Phi^2) - c^2 \, dt^2$

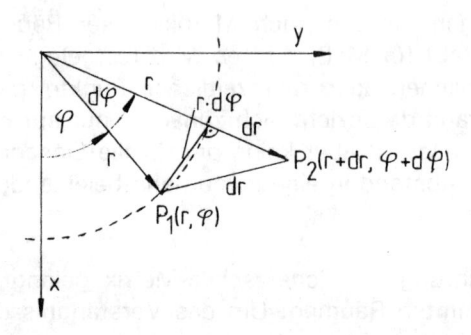

Abb. 11.7 Der Abstand ds in anderen Koordinaten

Für nahe Punkte P1, P2 der Ebene unterscheiden sich der Kreisbogen r dΦ und die Kreissehne vernachlässigbar wenig und es gilt wegen des Satzes des Pythagoras: $ds^2 = dr^2 + r^2 d\Phi^2$

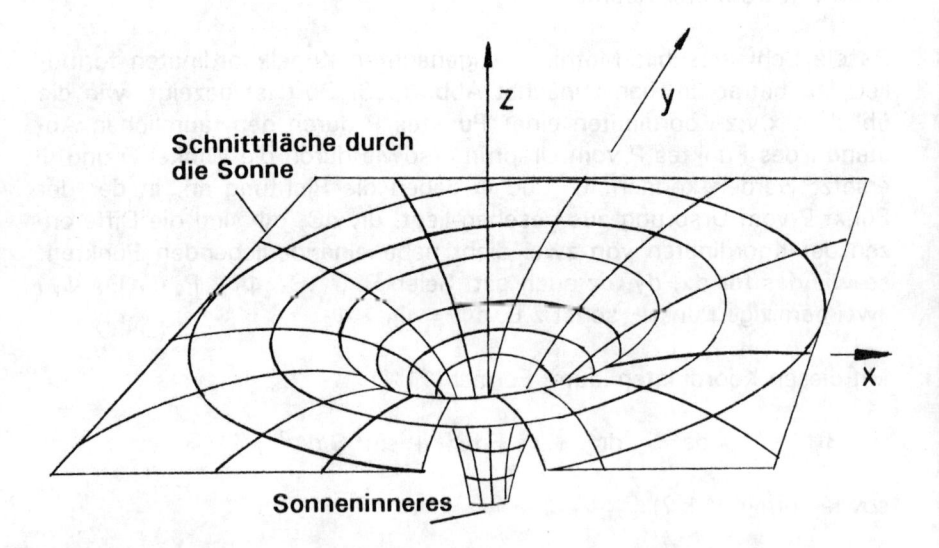

Abb. 11.8 Flächen durch Drehung der Parabel der Abb. 11.9. (111) (101)

11. Schwarzschild-Metrik

und die Schwarzschild-Metrik hat ganz ähnlich die Gestalt:

(11.5) $$ds^2 = \frac{1}{A} dr^2 + r^2 (d\Theta^2 + \sin^2 \Theta \, d\Phi^2) - A c^2 dt^2$$

mit

$$A = 1 - \frac{2GM}{c^2} \frac{1}{r}$$

Man sieht, der Unterschied zu den nicht gekrümmten Räumen liegt hier in dem Faktor A vor dt und seinem Kehrwert vor dr und auch nur dieser Faktor hat etwas mit der Krümmung zu tun.

Es bedeuten:

r, Θ, Φ   die Kugelkoordinaten eines Punktes P
dr, dΘ, dΦ   die Differenz dieser Koordinaten für zwei nahe Punkte
t   ist die Zeit, dt die Zeitdifferenz zweier dicht aufeinander folgender Ereignisse
G   die Gravitationskonstante
M   die Masse des kugelförmigen Körpers (Sonne)

ds der raumzeitliche Abstand zweier naher Punkte

Setzt man in Formel (11.2) dt gleich null, so ergibt sich (11.1), der räumliche Teil von (11.2). Entsprechend führt dt gleich null in (11.5) zum gekrümmten Raum der Raumzeit von (11.5):

(11.6) $$ds^2 = \frac{1}{A} dr^2 + r^2 (d\Theta^2 + \sin^2 \Theta \, d\Phi^2)$$

dabei ist ds der räumliche Abstand zweier naher Punkte.

Zahlenbeispiele:
Der räumliche Abstand zweier Punkte auf dem Äquator der Sonne mit P_1 ($\Theta = 90°$, $\Phi_1 = 0°$, $r = R_{Sonne}$) und P_2 ($\Theta = 90°$, $\Phi_2 = 1°$, $r = R_{Sonne}$) ergibt für den normalen Raum mit Formel (11.1):

$$ds^2 = r^2 \, d\Phi^2 = (1.2 \; 10^7 \text{ m})^2$$

da $dr = 0$, $d\Theta = 0$, $d\Phi = 2\pi \, 1° / 360° = 0.0175$ (Bogenmaß) und $\sin(90°) = 1$ (Taschenrechner). Konstanten: s. Tabelle im Anhang.

Dasselbe Ergebnis folgt für die Schwarzschild-Metrik, da $dr = 0$ ist und sich beide Formeln nicht weiter unterscheiden.

Für einen Punkt P_3 in der Höhe $dr = 1$ m über P_1 (oder P_2) ist
$$ds^2 = dr^2 \quad \text{für die normale Metrik}$$
und
$$ds^2 = \frac{1}{A} dr^2 = 1.000\,013 \, dr^2$$

für den gekrümmten Raum der Schwarzschild-Metrik

In Worten ausgedrückt: Ein senkrecht gestellter Metermaßstab dr ist an der Sonnenoberfläche gegenüber dem normalen Raum um $6 \; 10^{-6}$ m, Wurzel aus $1/A$, geschrumpft.

Eine weitere Eigenschaft der Schwarzschild-Metrik ergibt sich aus der Untersuchung großer Radien r. In diesem Fall werden sowohl A als auch $1/A$ zu eins, weil die Größe $1/r$ zu null wird und die Schwarzschild-Metrik geht über in die Metrik (11.2) des Minkowski-Raumes. Das ist ein vernünftiges Resultat, da für weit entfernte Sonnen die Gravitationskräfte verschwinden und die spezielle Relativitätstheorie gilt. Dies veranschaulichen auch die geometrischen Betrachtungen des nächsten Kapitels.

Abschließend der Fall, daß in (11.3) der räumliche Abstand null ist und dt ungleich null. Das bedeutet dr, $d\Theta$, $d\Phi$ sind null und es gilt für die Schwarzschild-Metrik

(11.10) $$ds^2 = -A\,c^2\,dt^2$$

Diese Situation beschreibt eine im Gravitationsfeld ruhende Uhr und wird in Kap. 11.6 noch benötigt.

Zahlenbeispiel:
Mit den obigen Werten ist $A = 0.999\,987$. In Sonnennähe geht eine Uhr um den Faktor $0.999\,987^{1/2}$ langsamer. Ist auf der Erde eine Sekunde vergangen, sind es in Sonnennähe nur $0.999\,994$ Sekunden.

11.4 Geometrisches Modell der Schwarzschild-Metrik

Die Schwarzschild-Metrik läßt sich geometrisch als gekrümmte Fläche ähnlich wie eine Kugelfläche darstellen. Dazu muß man sich aber auf zweidimensionale Schnitte durch den dreidimensionalen gekrümmten Raum beschränken, da dreidimensionale gekrümmte Räume nur in einem vierdimensionalen Raum darstellbar wären.

Um diese Idee zu veranschaulichen, suchen wir zunächst ein geometrisches Modell für die Metrik (11.3) des normalen Raumes. Das Ergebnis ist klar, zweidimensionale Schnitte durch den dreidimensionalen (normalen) Raum führen zur normalen (euklidischen) Ebene. Um dasselbe aus der Metrik (11.3) zu gewinnen, setze man $\Theta = 90°$ und betrachte nur Punkte mit diesem Θ, dann wird $d\Theta$ null und Formel (11.3) reduziert sich auf

(11.18) $$ds^2 = dr^2 + r^2\,d\Phi^2$$

Aus Abb. 11.7 sieht man, daß je zwei Punkte P_1 und P_2 im Abstand r_1, r_2 vom Ursprung in Richtung Φ_1 und Φ_2 in der x.y-Ebene die Beziehung (11.18) erfüllen. Die Ebene selbst ist somit das gesuchte geometrische Modell für die Metrik (11.3), wenn man sich auf den Schnitt $\Theta = 90°$ beschränkt und ds ist dabei der räumliche Abstand zweier naher Punkte, was in einer Zeichnung anschaulich, ohne Mathematik, durch Nachmessen überprüfbar ist.

Ganz analog läßt sich ein Modell für die Schwarzschild-Metrik finden, wenn man sich zunächst auf den Schnitt $\Theta = 90°$ beschränkt. Siehe Abb. 11.8. Es wird behauptet, jedes in der gekrümmten Fläche gemessene ds, d.h. jeder Abstand zweier naher Punkte, läßt sich auch aus der Schwarzschild-Metrik berechnen, die sich für $\Theta = 90°$ ergibt: (120)

(11.19) $$ds^2 = \frac{1}{A} dr^2 + r^2 d\Phi^2$$

Als Beweis durch Probieren könnte man sich ein räumliches Gipsmodell der Abb. 11.8 erstellen, eine Reihe von Punktabständen ausmessen und mit (11.19) vergleichen. Natürlich läßt sich auch rechnen: Die Fläche ergibt sich durch Drehung der Parabel

(11.20) $$z = (8 M_s (x - 2 M_s))^{1/2}, \quad M_s = GM/c^2$$

um die z - Achse. Dabei wird x zu dem ebenen Abstand r für alle Punkte auf der Drehfläche. In Abb. 11.9 ist die Parabel gezeichnet. Wie man aus der Ableitung erkennt, gilt

$$dz = 4 M_s / (8 M_s (r - 2 M_s))^{1/2} dr$$

Nun berechne man

$$ds^2 = dz^2 + dr^2$$
$$= \frac{1}{A} dr^2$$

Damit hat man den ersten Term der Schwarzschild-Metrik (11.6), der zweite Term in (11.6) ist für unseren Sonderfall identisch mit

$$r^2 d\Phi^2$$

und $r d\Phi$ ist nichts anderes als der Abstand zweier Punkte auf demselben Breitenkreis der Rotationsfläche.

11. Schwarzschild-Metrik

Dazu ein Zitat von Weyl (120): "Die Geometrie der Ebene ist also die gleiche, wie sie im Euklidischen Raum auf der Rotationsfläche mit der Parabel $z = (8 M (r - 2 M))^{1/2}$ gilt." Mit Ebene ist hier die gekrümmte Ebene (zweidimensionale Fläche) durch den Sonnenmittelpunkt gemeint.

Die Krümmung der Flächen für den Fall der Abb. 11.8 läßt sich quantitativ am Verhältnis von ds, dem räumlichen Abstand zweier naher Punkte, und den entsprechenden Koordinatendifferenzen dr im radialen Fall und r dɸ im tangentialen Fall ablesen. Ist ds tangential gerichtet, ist ds unverzerrt und stimmt mit r dɸ überein, ist ds radial gestellt, nimmt das zugehörige dr ab. Betrachtet man ds als Maßstab, ist er in einer Ebene durch den Sonnenmittelpunkt je nach Drehung verkürzt (radial) oder unverkürzt (tangential).

Nähert man sich in der Mittelpunktsebene radial dem Radius $r = 2 M_s$, so wird dr = 0, man bewegt sich in der Fläche mmer steiler nach oben und erreicht nicht das Innere der Fläche und den Mittelpunkt. Für große Abstände vom Sonnenmittelpunkt wird die Fläche immer mehr zur normalen Ebene. Daran erkennt man, daß für große Radien die Schwarzschild-Metrik in den normalen (euklidischen) Raum übergeht, bzw. im allgemeinen Fall in den Minkowski-Raum, der aber immer relativistisch-klassisch interpretierbar ist.

Man kann sich die Schwarzschild-Metrik auch für jede andere Ebene parallel zur Mittelpunktsebene im Abstand a veranschaulichen. Dazu dreht man die Kurve

$$z = (8 M_s (a^2 + x^2)^{1/2} - 2 M_s)^{1/2}$$

um die z-Achse, s. Abb. 11.9. Für x = 0 gilt für die Fläche

$$ds = dr$$

an dieser Stelle ist ein Maßstab oder die Länge des Raumschiffes unverändert. Diese Fläche stellt aber nur noch die Maßstäbe, die in Richtung der Kurve liegen, oder die Länge eines Raumschiffes, nicht seine

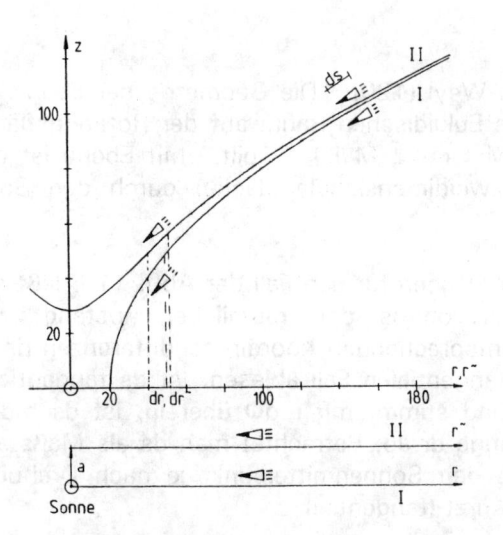

Abb. 11.9 Raumschiff im Gravitationsfeld der Schwarzschild-Metrik

Kurve I: Das Raumschiff bewegt sich radial zum Gravitationszentrum und schrumpft dabei bis auf null. (Parabel)

Kurve II: Das Raumschiff bewegt sich im Abstand a am Gravitationszentrum vorbei. Für $r\tilde{} = 0$ ist $dr\tilde{} = ds$, da dann das Raumschiff ein tangential gestellter Maßstab ist. Für großes $r\tilde{}$ entspricht das Raumschiff einem radial gestellten Maßstab und wird verkürzt.

ds: ursprüngliche Länge des Raumschiffes
dr, dr~: geschrumpfte Länge des Raumschiffes im Gravitationsfeld

Abb. 11.10 Der Winkel Φ in der Schwarzschild-Metrik

U: Umfang des Breitenkreises
b: Kreisbogen
F1, F2: Bahnen frei fallender Körper

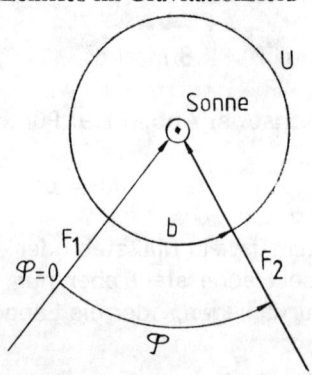

Breite, in wahrer Größe dar. Für die dazu senkrecht gestellten Maßstäbe benötigt man eine weitere Fläche. (Mathematisch zeigt sich hier das Isometrie-Problem, nicht jede gekrümmte zweidimensionale Fläche läßt sich im dreidimensionalen (euklidischen) Raum längentreu darstellen, s. Kap. 13.5, was aber die Vorstellung von sich verkürzenden Maßstäben nicht beeinträchtigt.)

11.5 Gaußsches Koordinatensystem für zentralsymmetrische Gravitationsfelder

Ein Gaußsches oder gekrümmtes Koordinatensystem hat, wie andere Koordinatensysteme auch, den Zweck, Raumpunkten Lageparameter zuzuordnen. Im Modell der Schwarzschild-Metrik, Abb. 11.8, wird das anschaulich für die Mittelpunktsebene durch die grafisch dargestellten Breitenkreise und die sie schneidenden Parabeln erreicht.

Mathematisch gesehen sind die Breitenkreise des Modells Punkte mit demselben radialen Abstand r von der z-Achse, die Parabeln unterscheiden sich nur in ihrem Drehwinkel Φ um die z-Achse, so daß jeder Punkt der Mittelpunktsebene durch die Koordinaten r, Φ festliegt. Physikalisch entsprechen den Parabeln im Gravitationsfeld die Fallinien von Körpern mit der Anfangsgeschwindigkeit null und für einen Breitenkreis erfahren alle auf ihm ruhenden Lichtquellen die gleiche Rotverschiebung. Dadurch sind Längen- und Breitenkreise physikalisch bestimmbar; der quantitative Zusammenhang zwischen Zeitdilatation und Radius r ist uns aus Formel (11.10) bekannt.

Jetzt fehlt noch ein Verfahren, den Drehwinkel Φ festzulegen. Einer beliebigen Fallinie wird als erstes der Winkel Φ = 0 zugeordnet, der Drehwinkel der übrigen Fallinien berechnet sich dann aus

$$\Phi = 360° \, b / U$$

mit der Bogenlänge b und dem Umfang U eines beliebigen Breitenkreises, wie in Abb. 11.10 skizziert ist. Für große Entfernungen vom Gravitationszentrum ist der so gemessene Winkel Φ identisch mit dem des normalen (euklidischen) Raumes, so daß man den Winkel Φ der Fallinien in genügend großem Abstand mit jeder gewünschten Genauigkeit auch in der gewohnten Weise ermitteln kann. Weder ist es notwendig noch ist es physikalisch realisierbar, Φ vom Mittelpunkt der Sonne aus zu messen.

Diese Konstruktion ist ins Räumliche übertragbar, da der Winkel Θ, wie Φ, in genügend großer Entfernung in jeder gewünschten Genauigkeit in der gewohnten Weise meßbar ist. Will man kein Näherungsverfahren, sind zusätzliche Überlegungen analog zu denen des Kapitels 13.4 notwendig. Andeutungsweise die folgenden: Räumlich verteilte, ruhende Lichtquellen mit gleicher Rotverschiebung liegen auf einer Kugelfläche, denn zu ihnen gehört derselbe Radius r. Auf ihr stehen alle Fallinien senkrecht, so wie die Radien von Kugeln im normalen (euklidischen) Raum. Mittelpunktsebenen schneiden Kugelflächen gleicher Rotverschiebung in Großkreisen, d.h. sie zerlegen die Fläche in zwei gleiche Hälften. Eine der Mittelpunktsebenen wird ausgezeichnet und auf ihr Φ festgelegt, wie beschrieben. Ordnet man ihr Θ = 90° zu (Äquatorebene), haben alle senkrecht auf ihr stehenden Mittelpunktsebenen konstantes Φ und Θ hat alle Werte von 0 bis 180°. Es sind hier alle Konstruktionen wie auf Kugelflächen im normalen (euklidischen) Raum erlaubt, weil in tangentialer Richtung Maßstäbe nicht verändert werden und auf diese Weise sind jedem Punkt die Koordinaten r, Θ, Φ zuordbar. Gleichgültig, ob der Raum der Schwarzschild-Metrik in Wirklichkeit gekrümmt ist oder als euklidisch anzusehen ist, Θ und Φ unterscheiden sich nicht.

Mit einem Satz zusammengefaßt: Die Fallinien von anfangs ruhenden Körpern haben konstante Winkel Θ und Φ, deren Werte sich in großer Entfernung von der Sonne wie im normalen (euklidischen) Raum messen lassen; die radiale Koordinate r kann aus der Rotverschiebung von im Gravitationsfeld ruhenden Lichtquellen berechnet werden.

11.6 Die relativistische und relativistisch-klassische Deutung der Schwarzschild-Metrik

Mit der Schwarzschild-Metrik verbunden sind zwei grundsätzlich verschiedene Deutungen, die beide legitim sind, und von Einstein (110)

11. Schwarzschild-Metrik

und anderen (101) (120) diskutiert wurden.

These I: Die Schwarzschild-Metrik beschreibt einen gekrümmten Raum bzw. eine gekrümmte Raumzeit.

These II: Die Schwarzschild-Metrik beschreibt, wie sich Maßstäbe und Uhren in Gravitationsfeldern ändern, der Raum selbst bleibt flach.

These I wird analog zu den Überlegungen der speziellen Relativitätstheorie als relativistische und These II als relativistisch-klassische Interpretation der allgemeinen Relativitätstheorie bezeichnet.

These I bedeutet:
Normale Uhren und normale Maßstäbe sind als ideal anzusehen. Die Eigenzeiten ruhender Uhren zeigen die an deren Orten wirklichen Zeiten an, ruhende Maßstäbe messen die wirklichen Abstände zwischen zwei Punkten. Beides wird in der Schwarzschild-Metrik durch ds wiedergegeben, d.h. die Wirklichkeit wird durch die Größe ds wiedergegeben, so wie für eine Kugelfläche die Größe ds den wirklichen Abstand zweier Punkte auf ihr darstellt. Die übrigen Größen dr, dΘ, dφ und dt sind nur die zugehörigen Koordinatendifferenzen, sie besitzen keine unmittelbare physikalische Bedeutung.

Wegen der Raumzeitkrümmung gehen ruhende Uhren unterschiedlich schnell, auch die übrigen Effekte, wie Lichtkrümmung, beruhen darauf. Licht sucht sich die schnellste, d.h. eine extremale Verbindung zwischen zwei Raumpunkten und das ist keine Gerade sondern eine gekrümmte Bahn.

Das Ausmaß der Raumkrümmung ist mit Abb. 11.8 anschaulich darstellbar, so wie für eine Kugelfläche auch. Da die Koordinaten r, Θ, φ, t, keine unmittelbar physikalische Bedeutung haben, sind sie nicht mit Maßstäben meßbar und sie können nach Belieben in andere Koordinaten transformiert werden, ohne daß sich der Raum, bzw. die Raumzeit, selbst ändert. Mißt man beispielsweise in Sonnennähe mit einem Bandmaß die Länge ds zwischen zwei Punkten als 1.5 m, so sind die 1.5 m die wirkliche Länge ds, der wirkliche Abstand zwischen den beiden Punkten, die Koordinatendifferenzen sind reine Rechengrößen.

Die physikalische Bedeutung von Koordinatensystemen liegt für These I darin, einen gegebenen gekrümmten Raum anwendungsgerecht, elegant zu beschreiben. So drücken Kugelkoordinaten in der Schwarzschild-Metrik die Linien konstanter Krümmung unmittelbar und anschaulich aus, im Gegensatz zu den x,y.z-Koordinaten, die auch verwendbar wären.

In großen Entfernungen vom Gravitationszentrum gilt näherungsweise die Raumzeit der speziellen Relativitätstheorie, d.h. der Minkowski-Raum.

These II bedeutet:
Es gibt keine idealen Maßstäbe für Gravitationsfelder, alle normalen Uhren und alle normalen Maßstäbe schrumpfen mit wachsenden Gravitationsfeldern. Die Schwarzschild-Metrik beschreibt im einzelnen wie. Zeigt beispielsweise ein Bandmaß in Sonnennähe den Betrag ds von 1.5 m zwischen zwei Punkten an, so ist dies nur ein Meßwert, der wirkliche Abstand ist dr, wenn das Bandmaß in radialer Richtung liegt und auch in den übrigen Fällen das, was die Koordinatendifferenzen der Schwarzschild-Metrik anzeigen.

Die wirklichen räumlichen Abstände, die wirklichen Zeitintervalle werden durch die Koordinaten r, Θ, Φ, t beschrieben. Sie sind aber nicht unmittelbar meßbar, meßbar sind nur ds-Werte, die auch die Eigenzeitintervalle dτ als Sonderfall umfassen. Die ds-Werte müssen in entsprechende dr-, dΘ -, dΦ-, dt-Werte unter Verwendung der Schwarzschild-Metrik umgerechnet werden.

Die Raumzeit ist flach, wie mit der Minkowski-Metrik beschrieben, aber relativistisch-klassisch zu deuten. Alle früheren Ausführungen zu Raum und Zeit der speziellen Relativitätstheorie bleiben für These II von der allgemeinen Relativitätstheorie unberührt, abgesehen von den Änderungen von Uhren und Maßstäben.

Abschließend zu den Thesen I und II einige Zitate. Sie bestätigen, beide Thesen sind widerspruchsfrei denkbar innerhalb der allgemeinen Relativitätstheorie. So heißt es bei Einstein (110): "Der Einheitsmaßstab erscheint also mit Bezug auf das Kordinatensystem in dem gefundenen Betrage durch das Vorhandensein des Gravitationsfeldes verkürzt, wenn er radial angelegt wird. ... Bei tangentialer Stellung hat das Gravitationsfeld des Massenpunktes keinen Einfluß auf die Stablänge." Weyl (120) läßt sich zitieren mit: "Freilich ist es möglich, diesen Sachverhalt auch folgendermaßen darzustellen: In Wahrheit gilt die Euklidische Geometrie; das Gravitationsfeld wirkt aber auf die Maßstäbe so ein, daß ein radial gestellter Maßstab, der sich in der (wahren) Entfernung r vom Gravitationszentrum befindet, eine Kontraktion im Verhältnis

$$(1 - 2m/r)^{1/2} : 1$$

erfährt, während an einem tangential, senkrecht zu den Radien gestellten Maßstab das Gravitationsfeld keine Längenmessung hervorruft." Sexl (101) führt aus: "Man kann dieses Resultat auf zwei Arten deuten: Wir sind davon ausgegangen, daß die Schnittfläche eine Ebene ist, in der Maßstäbe schrumpfen. Wir haben dann die Struktur des Raumes axiomatisch festgelegt und suchen im Experiment Auskunft über das Verhalten von Maßstäben zu erhalten.

"Eine andere Art, die Resultate unseres Gedankenexperimentes zu veranschaulichen, ist für viele Zwecke jedoch bequemer. Da das Schrumpfen von Maßstäben nicht direkt durch Heranbringen weiterer Maßstäbe meßbar ist, können wir alternativ definieren, daß ein Maßstab immer die gleiche Länge hat, unabhängig davon, wo er sich befindet.

"In dieser Deutung gibt das Experiment nicht Auskunft über das Verhalten von Maßstäben, sondern über die Struktur des Raumes."

Audretsch (114-1): "Es lassen sich nämlich auch alternative Formulierungen der allgemeinen Relativitätstheorie ohne "Krümmung" der Raum-Zeit angeben, die für die Vereinheitlichung von Quantenmechanik und Gravitation Bedeutung haben."

11.7 Experimentell überprüfbare Schlußfolgerungen aus der Schwarzschild-Metrik

Die dem Kapitel vorangestellten experimentellen Beweise der allgemeinen Relativitätstheorie sind Schlußfolgerungen aus der Schwarzschild-Metrik. Für das Uhren-Experiment ist das quantitativ und für die übrigen ist es qualitativ unschwer einzusehen.

Als erstes die quantitative Überlegung. Für eine unendlich weit entfernte Uhr ist in der Schwarzschild-Metrik die Koordinate r unendlich, d.h. der Faktor A wird eins:

(11.25) $$ds^2 = c^2 \, dt^2$$

andererseits gilt:

(11.26) $$ds^2 = c^2 \, d\tau^2$$

und damit folgt:

(11.27) $$dt^2 = d\tau^2$$

Zur Erklärung von (11.26): ds soll der raumzeitliche Abstand zweier Punkte sein, ds soll ausdrücken, was an Längen und Zeiten gemessen werden kann. Dies bedeutet:

a) Ruht der Maßstab, so ist

$$dt = 0$$

denn die Längenmessung zwischen zwei Punkten geschieht gleichzeitig in einem Koordinatensystem und deshalb gibt ds die gemessene Länge an.

b) Ruht die Uhr, so sind die räumlichen Abstände der Uhr null, da die Uhr stets an demselben Punkt bleibt. ds soll auch in diesem Fall ausdrücken, was meßbar ist. Das ist aber nur das Eigenzeitintervall $d\tau$ der Uhr (multipliziert mit dem Faktor c^2 wie im Minkowski-Raum). Diese

11. Schwarzschild-Metrik

Interpretation ist angemessen, da für große Radien r der Faktor A gegen eins strebt und nur die Messung einer normalen Uhrzeit übrig bleibt. (Der griechische Buchstabe τ wird üblicherweise anstelle von t für die Eigenzeit verwendet. In Kap. 7.6 wurde die Abkürzung EZ benutzt.)

Es ist unnötig, sich allzu viele Gedanken darüber zu machem, warum ds in dieser Form mit Längen- und Zeitmessungen verknüpft sein soll, es ist eine hypothetische Annahme, die von der Erfahrung bestätigt wird. Eine Metrik ist in dieser Form physikalisch zu interpretieren. Einstein sagt dazu sinngemäß (125), es habe ihm sehr viel Zeit gekostet, bis er endlich die Idee hatte, ds als die eigentlich meßbare Größe anzusehen und nicht die Koordinatendifferenzen dx, dy, dz und dt.

Formel (11.27) ist mit diesen Ausführungen verständlich, sie besagt nichts anderes als: Die Eigenzeit einer unendlich weit entfernten ruhenden Uhr stimmt mit der Koordinatenzeit t überein. Oder anders formuliert, in großer Entfernung vom Gravitationszentrum geht die Schwarzschild-Metrik in die des Minkowski-Raumes über.

Ruht die Uhr an der Stelle r_1, so gilt:

(11.28) $\qquad ds^2 = A\, c^2\, dt^2$

und wegen (11.26) und der Beziehung für A gilt:

(11.29) $\qquad d\tau_1 = dt_1\, (1 - 2\, M_s\, /\, r_1\,)^{1/2}$

$\qquad\qquad M_s = G\, M\, /\, c^2$

In Worten, vergeht für die weit entfernte Uhr die Zeit dt, so vergeht für die Uhr an der Stelle r_1 die kürzere Zeit $d\tau_1$. Das ist analog zu der bewegten Uhr in der speziellen Relativitätstheorie, jetzt ist es der Faktor A, um den sie langsamer geht. Dieser Faktor nimmt ab, je kleiner r wird. Gilt

$\qquad\qquad r_1 < r_2$

so ist

$\qquad\qquad d\tau_1 < d\tau_2$

Genau das ist in Abb. 11.5 behauptet worden.

Zwei der vier Experimente wurden mit Lichtsignalen durchgeführt. In diesen Fällen ist

(11.30) $$ds^2 = 0$$

Das ist physikalisch gesehen sehr einfach einzusehen, man betrachte zunächst den Grenzfall mit unendlich großem Radius r, d.h. den Minkowski-Raum. ds = 0 ist nichts anderes als eine Messung der Lichtgeschwindigkeit längs des Weges dx_i in der Zeit dt und das muß c ergeben, denn schreibt man die Formel (11.2) für den Minkowski-Raum für diesen Fall um, so lautet sie:

$$0 = dx^2 + dy^2 + dz^2 - c^2 \, dt^2$$

Setzt man dy und dz gleich null, hat man:

$$\frac{dx}{dt} = c$$

dx / dt ist aber eine Geschwindigkeit v, sein Wert ist c, was für Lichtsignale erfüllt ist.

Aus der Schwarzschild-Metrik ergibt sich für die Messung der Lichtgeschwindigkeit - Formel (11.30) soll gelten - in radialer Richtung:

(11.31) $$\frac{dr}{dt} = +- c \, (1 - 2 \, M_s \, / \, r)$$

$$= c \text{ Licht,radial}$$

und in tangentialer Richtung, jetzt ist dr = 0,

(11.32) $$\frac{r \, d\Theta}{dt} = +- c \, (1 - 2 \, M_s \, / \, r)$$

= c Licht,tangential

Die Lichtgeschwindigkeit im Gravitationsfeld ist abhängig von der Richtung und abhängig vom Ort r.

Der Saphiro-Effekt mißt die Laufzeitänderung von Radarsignalen, d.h. Licht, über den gesamten Weg l Erde - Venus und zurück. Denkt man sich l in n Intervalle dl zerlegt, so gehört zu jedem dl eine aus (11.31) und (11.32) bestimmbare Lichtgeschwindigkeit, über alle dl summiert ergibt sich eine mittlere, von c verschiedene Lichtgeschwindigkeit und die damit verbundene Laufzeitänderung der Radarsignale wird gemessen.

Die Berechnung der Krümmung von Lichtbahnen und der Periheldrehung von Planetenbahnen benötigt außer der Schwarzschild-Metrik noch zwei weitere Gleichungen, die sich mit Hilfe der Variationsrechnung aus der Schwarzschild-Metrik ableiten lassen (111) (116). Das ist auch im Detail anspruchsvoll, im Gegensatz zur Zeitdehnung für in Gravitationsfeldern ruhende Uhren.

11.8 Die Schwarzschild-Metrik in anderen Koordinaten und der Einwand von Weyl

Von Weyl (120) stammt ein beachtenswerter Einwand gegen die These II zur Interpretation der Schwarzschild-Metrik. Um ihn zu verstehen, läßt es sich nicht vermeiden, die Schwarzschild-Metrik in anderen Koordinaten darzustellen.

Dazu wird r durch ein $r^\sim$ ersetzt, das durch den folgenden Zusammenhang definiert ist:

(11.35) $$r = r^\sim \left(1 + \frac{M_s}{2\,r^\sim}\right)^2$$

Die Beziehung für $r^\sim$ ist in Abb. 11.11 graphisch dargestellt. Θ, Φ werden nicht geändert. $(r^\sim, \Theta, \Phi)$ heißen isotrope (in alle Richtungen

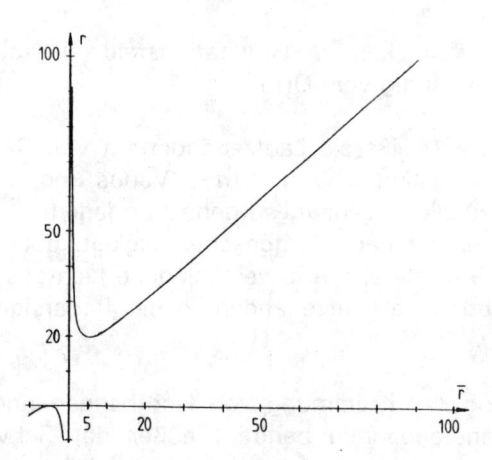

Abb. 11.11 Isotrope Koordinaten

Ersetzt man r durch r˜ wie die Abbildung zeigt und übernimmt Θ, Φ unverändert, erhält man die isotropen Koordinaten (r˜, Θ, Φ). Für sie wird die Größe ds richtungsunabhängig.

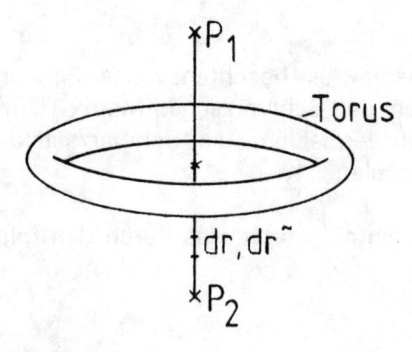

Abb. 11.12 Torus-Gedankenexperiment

Die Koordinatendifferenzen dr oder dr˜, deren Summe mit dem Abstand der Punkte P1, P2 bei Abwesenheit des Torus übereinstimmt, "retten" den normalen (euklidischen) Raum.

11. Schwarzschild-Metrik

gleichartige) Koordinaten, weil sie ds unabhängig von seiner Richtung beschreiben, wie gezeigt wird. Mit ihnen lautet die Schwarzschild-Metrik:

(11.36) $ds^2 = B_1^2 (dr^{\sim 2} + r^{\sim 2} (d\Theta^2 + \sin^2 \Theta \, d\Phi^2))$

$- B_2 \, c^2 \, dt^2$

mit

$$B_1 = (1 + \frac{M_s}{2 \, r^{\sim}})^2$$

$$B_2 = (\frac{1 - M_s / (2 \, r^{\sim})}{1 + M_s / (2 \, r^{\sim})})^2$$

Von Bedeutung ist zunächst nur der Fall dt = 0:

(11.37) $ds^2 = B_1^2 [dr^{\sim 2} + r^{\sim 2} (d\Theta^2 + \sin^2 \Theta \, d\Phi^2)]$

Man erkennt die enge Verwandtschaft zur Kugelgeometrie, Formel (11.3) lautete:

(11.38) $ds^2 = dr^{\sim 2} + r^{\sim 2} (d\Theta^2 + \sin^2 \Theta \, d\Phi^2)$

und man sieht leicht, was sich aus These II für diese Darstellung der Schwarzschild-Metrik folgern läßt: Maßstäbe der Länge ds verkürzen sich stets - radial oder tangential gestellt - um den gleichen Faktor B_1. Im Gegensatz dazu gilt für die ursprüngliche Form der Schwarzschild-Metrik, daß nur ein radial gestellter Maßstab ds sich ändert und darüber hinaus um einen anderen Faktor. Der Einwand von Weyl (120) lautet: Es ist nicht entscheidbar, welche Länge - r oder $r^{\sim}$ - die wahre Länge sein soll. Existiert die gekrümmte Fläche als wirklicher Raum, hat das keine Konsequenz, wohl aber für die Behauptung, die Fläche sei in den normalen Raum eingebettet.

So sagt Weyl (120): "Im Gravitationsfeld können wir, unserer zweiten Normierung (= Formel (11.37)) entsprechend, die Euklidische Geometrie auch dadurch retten, daß wir annehmen, alle Maßstäbe, die tangential wie die radial gestellten, erfahren in der Entfernung r vom Gravitationszentrum die Kontraktion $(1 + M/2r)^2$. So gibt es hier offenbar unendlich viele gleichmögliche und gleichberechtigte Vorschriften zur Korrektur der an den Maßstäben direkt abgelesenen Längen, deren jede zur Euklidischen als der wahren Geometrie führt; kein Anhaltspunkt ist da, um eine von ihnen im Gegensatz zu allen anderen als die allein richtige auszuwählen."

Als Gegeneinwand zu (120) nehmen wir einmal an, die These "ds verkürzt sich real" sei korrekt. Nehmen wir weiter an, die ursprüngliche Form der Schwarzschild-Metrik beschreibe die Verkürzung in Einklang mit der Wirklichkeit. Dann gibt es auch in diesem Fall die Möglichkeit, r in r˜ zu transformieren. r˜ ist dann nicht das wirkliche r, aber es ist eine reale physikalische Größe, die sich aus r berechnen läßt. Für dieses r˜ gilt dann, daß es sich in Gravitationsfeldern in gleicher Weise ändert, unabhängig davon, ob der Maßstab ds radial oder tangential gestellt wird. Ursache dafür ist letztlich der in Abb. 11.11 dargestellte, nichtlineare Zusammenhang zwischen r und r˜. Auch wenn r real ist, gibt es die Transformation zu r˜. Dem Einwand von Weyl kann man deshalb nicht zustimmen, denn die unendlich vielen Transformationen von r gibt es immer. Aus dem Weylschen Argument folgt lediglich, daß der wirkliche Zusammenhang zwischen ds und r nicht bekannt ist und das beweist nicht, daß es ihn nicht gibt.

Weiterhin muß man bedenken: Es gibt unendlich viele Koordinatentransformationen ähnlich zu (11.35), die mathematisch möglich sind, aus physikalischen Gründen aber bereits heute ausscheiden, nämlich alle Transformationen, die für unendlich große Entfernungen nicht zu ds = dr führen. Diese Bedingung erfüllt r˜; wie Abb. 11.11 zeigt, unterscheidet sich r˜ für große Werte nicht von r. Wie kann man ausschließen, daß aus einer weiter entwickelten Theorie weitere Einschränkungen folgen? Stimmt man nämlich der These II zu, wird es auch eine Theorie geben, die etwas zu den Ursachen der Längenverkürzungen sagen kann. Für eine solche Theorie veranschaulicht die Raumkrümmung nur die Auswirkungen auf Maßstäbe. Das gilt auch, wenn man sagt, die Maßstabsveränderungen sind die Folge eines verallgemeinerten Relativitätsprinzips (Kovarianz), wie es bei der Herleitung der Feldgleichungen vorausgesetzt wird.

Physikalisch-theoretisch läßt sich somit zwischen beiden Transformationsformeln nicht entscheiden, es bleibt aber noch das Experiment: Man bringe analog zu Abb. 11.12 zwischen zwei weit entfernte Punkte P_1 und P_2 einen massereichen Ring (Torus). P_1 und P_2 bilden dann die Achse des Ringes und der Abstand $P_1 P_2$ ändert sich euklidisch betrachtet nicht. Wird er allerdings mit Maßstäben ds ausgemessen, ergibt sich wegen der Maßstabsänderungen in Gravitationsfeldern ein größerer Wert. Die Summe der zugehörigen dr muß den euklidischen Abstand ergeben und das kann nur für eine der beiden Formeln (11.5) oder (11.36) gelten. (Formeln (11.5) und (11.36) müssen für einen Torus umgerechnet werden, was nicht trivial ist, man gelangt bei der Messung aber nicht in Bereiche innerhalb des Schwarzschild-Radius.)

(Ein weiterer Einwand sei angedeutet: Man stelle sich das Modell der Abb. 11.8 in der Wirklichkeit und aus massiven Stabelementen aufgebaut vor. Ein räumliches Modell erhält man durch Drehung der Ebene v. Abb. 11.8 um eine Achse durch das Zentrum, in dem sich die Sonne befindet. Ist das (Draht-)Modell hergestellt, entferne man die Sonne gedanklich. Nun wird der Raum flach, das Drahtmodell kann so nicht mehr existieren, denn die Kreisformel gilt wieder. Verbiegen sich jetzt die radialen oder die tangentialen Elemente? Hat man nur die Ebene der Abb. 11.8 realisiert, könnte sich das Drahtmodell im Raum wölben und sich zu der räumlichen Figur der Abb. 11.8 verformen, es entstünde keine normale (euklidische) Ebene. Für Weyl behalten Maßstabselemente in gekrümmten Räumen ihre ursprüngliche Länge, deshalb bleibt offen, welche von ihnen sich verformen könnten - das Argument gegen den euklidischen Raum kehrt zurück. Siehe dazu Kap. 7.5 und die Idee zum inflationären Kosmos, Kap. 14.6. Hier sieht man die - bislang vernachlässigte - physikalische Konsequenz der abschließenden mathematischen Überlegung:)

Von allen bisherigen Argumenten abgesehen, besteht ein prinzipieller Einwand: Die Schwarzschild-Metrik beschreibt nur innere Eigenschaften einer Fläche, der Zusammenhang zwischen ds und dr ist aber eine äußere Eigenschaft einer Fläche. Soll es keinen die Schwarzschild-Metrik einbettenden Raum geben, ist das nicht mit der Schwarzschild-Metrik, sondern nur durch zusätzliche Überlegungen nachweisbar (s. Kap. 13).

11.9 Die Singularität der Schwarzschild-Metrik

Zum Abschluß ein Blick auf die Grenzen der allgemeinen Relativitätstheorie wie sie sich in der Schwarzschild-Metrik zeigen.

Die Schwarzschild-Metrik besitzt für r = 0 und für r = 2 M_s Singularitäten, d.h. einzelne herausfallende Punkte. An diesen Stellen wird der Faktor A null und 1 / A unendlich. Da es unendlich große Werte in der Natur nicht gibt, liegt es nahe, hier die Gültigkeit der Schwarzschild-Metrik zu bezweifeln, zumal sich alle experimentellen Bestätigungen auf Radien beziehen, die groß gegen r = 2 M_s sind.

Nach herrschender Meinung beseitigt auch die allgemeine Relativitätstheorie nicht die Ausnahmesituation für r = 0, wie sie schon in der klassischen Gravitationstheorie besteht. Für r = 2 M_s, dem Schwarzschildradius, ist die häufigste Ansicht in der Literatur, daß es sich hierbei um eine Koordinatensingularität handelt, in anderen Koordinaten - z.B. den isotropen Koordinaten, (116) - gibt es diese Singularität nicht.

Es ist hier nicht möglich, diese These zu beweisen oder zu widerlegen, es lassen sich aber die Besonderheiten für r = 2 M_s aufzählen:

Einem endlichen ds an der Stelle r = 2 M_s entspricht dr = 0, d.h. für die These II, an dieser Stelle verschwindet der Maßstab ds. Es bedeutet weiterhin, daß die Eigenzeit dτ einer dort ruhenden Uhr null wird.

Weitere Konsequenzen sind: Man betrachte einen im Gravitationsfeld frei fallenden Beobachter. Wie groß ist für ihn der räumliche Abstand s vom Start bis zu r = 2 M_s und wie lange dauert es bis dahin? Der räumliche Abstand s ist berechenbar, wie die übrigen Größen auch, und hat einen endlichen Wert, ebenfalls endlich ist die bis dahin vergangene Eigenzeit τ des frei fallenden Beobachters, dagegen ergibt sich für die Koordinatenzeit t ein unendlich großer Wert. Es sind die physikalisch sinnvollen Werte für s und τ, die die These stützen, nur die Koordinaten t und r seien ungünstig gewählt und durch andere zu ersetzen.

Durch die unendlich große Koordinatenzeit t entsteht eine paradoxe

11. Schwarzschild-Metrik

Situation: "Für ein Testteilchen (frei fallender Beobachter) sagen die Gleichungen ..., daß es die unendlich lange Zeit t braucht, um den endlichen Abstand s zurückzulegen, aber schon in endlicher Eigenzeit τ an sein Ziel gelangt" (116). Folgerung: "... die Koordinatenzeit t ist physikalisch nicht brauchbar zur Beschreibung des Vorgangs" (116). Die Schwarzschild-Metrik in der Gestalt (11.5) versagt.

Die Koordinatenzeit t ist deshalb nicht zur Beschreibung des Vorgangs geeignet, weil man annehmen muß, daß das Testteilchen nicht bei r = 2 M_s stehenbleibt, sondern wirklich bis nach r = 0 herabstürzt. Unter dieser Voraussetzung ist t in der Nähe von r = 2 M_s nicht mehr die Zeit eines weit entfernten Beobachters. Andererseits kann man sich nicht nur auf die Eigenzeit τ stützen, da es nicht verwunderlich ist, daß sie endlich bleibt, denn an der entscheidenden Stelle r = 2 M_s ist sie null, dort bleibt die Uhr stehen, darüberhinaus haben t und τ von der Theorie her die gleiche Berechtigung. Die Einführung der isotropen Koordinaten löst formal das Problem, sie haben für r = 2 M_s endliche Werte, aber sie sind konstruiert, um die Singularität zu vermeiden, sie sind keine zwingende Folgerung der Einsteinschen Feldgleichungen. Es sind viele andere Koordinaten konstruierbar, die dasselbe leisten. Mit einer gewissen Berechtigung darf man hier von einem ungelösten Problem sprechen.

(Abenteuerlich ist die These, der frei fallende Beobachter trete in eine andere Zeit τ ein, die von unserer Zeit t entkoppelt ist.)

Dagegen ist für r < 2 M_s die Schwarzschild-Metrik wieder regulär und geeignet, plausible Aussagen über den Gravitationskollaps und die Entstehung schwarzer Löcher zu machen - dem Ende massereicher Sterne, wenn ihr Kernbrennstoff verbraucht ist (116).

12. Die Poincarésche These und der leere, materiefreie Raum der allgemeinen Relativitätstheorie

Die Krümmung des Raumes ist nach der allgemeinen Relativitätstheorie abhängig von der Anwesenheit von Materie; je geringer die Massenanhäufung, desto geringer wird die Raumkrümmung und im Grenzfall verschwindender Massen, so wird in der Regel und in Übereinstimmung mit den Folgerungen aus der Schwarzschild-Metrik angenommen, entsteht der flache Minkowski-Raum der speziellen Relativitätstheorie. Aber solange Materie vorhanden ist, sind die nachweislich gekrümmten Bahnen von Lichtteilchen oder anderen Objekten stets als die Wirkung von Gravitationsfeldern deutbar und nicht als Folge eines in sich gekrümmten Raumes. Eine Raumkrümmung ist streng genommen im Experiment nicht beweisbar.

Dies ist die These Poincare's und Jammer (122) beschreibt sie wie folgt: "Über die Struktur des Raumes als solchen kann uns das Experiment nichts berichten. Es kann uns nur über Beziehungen zwischen materiellen Gegenständen belehren. Angenommen, so sagt Poincare`, bei der von Gauß durchgeführten Triangulation hätte sich eine Abweichung gegenüber der Summe von zwei Rechten ergeben, würde das wirklich eine Widerlegung euklidischer Geometrie gewesen sein? Nichts würde uns daran hindern, weiterhin die euklidische Geometrie zu benützen unter der Voraussetzung, daß Lichtstrahlen gekrümmt sind."

Die Triangulation von K.F. Gauß war die um 1810 durchgeführte Winkelvermessung eines von ca. 100 km voneinander entfernten Bergspitzen gebildeten Dreiecks, die, obwohl sehr genau durchgeführt, nicht genau genug sein konnte, um Erfolg zu haben. Ziel war es, festzustellen, ob die Winkelsumme des Dreiecks gleich 180⁰ (euklidische Geometrie), kleiner als (hyperbolische Geometrie) oder größer als 180⁰ (sphärische Geometrie) ist, wobei eine Abweichung von 180⁰ eine Raumkrümmung bedeutet.

Die Poincare`sche These ist sicherlich korrekt und am Beispiel der Schwarzschild-Metrik bewiesen. Deshalb steht es einem grundsätzlich frei, sich für eine der beiden Raumzeit-Theorien zu entscheiden. Möglich wäre es allerdings, daß beide Thesen unterschiedlich plausibel sind und nicht für jede Beobachtung in gleicher Weise gleich elegant anwendbar sind. Eine solche Situation wäre insbesondere dann nicht überraschend, wenn der Raum tatsächlich nichteuklidisch ist. Mit anderen Worten, eine elegante, einfache Erklärung einer Beobachtung mit Hilfe einer nichteuklidischen Geometrie hat eine Beweiskraft für sich, und dies vor allem dann, wenn zur Rettung der euklidischen Interpretation komplizierte Thesen entwickelt werden müssen. Die von Gauß gewählte Methode, Dreiecke zu vermessen, hatte die Chance zu einer derartigen Beobachtung, denn wenn sich in alle Richtungen des Raumes, ohne Zusammenhang mit Massen der Umgebung, eine Abweichung ergeben hätte, wäre das ein überzeugendes Ergebnis zur Bestätigung eines gekrümmten Raumes gewesen. Der experimentelle Nachweis der Lichtkrümmung in der Nähe großer Massen hat diese Beweiskraft nicht, hier gilt der Poincare'sche Einwand in vollem Umfang, wie auch in den weiteren Kapiteln noch bewiesen wird.

Wie sieht die Raumkrümmung im materiefreien, im leeren Raum aus? Denkbar wäre es doch, daß die Vermessung von Dreiecken mit Lichtstrahlen in kosmischen Dimensionen nach Abzug der Gravitationseinflüsse noch immer eine Abweichung von der euklidischen Geometrie anzeigen würde. Ein solches Experiment existiert natürlich nicht, im Gegenteil, die allgemeine Relativitätstheorie rechtfertigt sich gerade dadurch, daß sie die Krümmung von Lichtstrahlen korrekt in Abhängigkeit der umgebenden Massen vorhersagt. Aber es verbleibt eine andere Möglichkeit: Welche theoretische Vorhersage macht die allgemeine Relativitätstheorie für den Grenzfall verschwindender Massen? Ist in dieser Grenzsituation auf Grund allgemein-relativistischer Überlegungen der Raum gekrümmt oder nicht?

Die allgemeine Relativitätstheorie gibt für diesen Grenzfall keine eindeutige Antwort, da sie lediglich an jede der denkbaren Möglichkeiten anpaßbar ist und angepaßt wird. Für kosmische Dimensionen, in denen die Schwarzschild-Metrik nicht mehr gelten muß, geschieht dies mit Hilfe der sogenannten kosmologischen Konstante, die Einstein (123) in die Feldgleichungen eingeführt hat und die Grundlage vieler Diskussionen geworden ist. Prinzipiell ist die Konstante durch astronomische Beobachtungen bestimmbar und es wäre möglich, daß die zukünftige Entwicklung der Theorie nur noch ein Weltmodell zuläßt und damit die kosmologische Konstante berechnet werden kann. Ist sie null, hat der leere Raum eine euklidische Geometrie und keine Krümmung. (116) (121)

Einstein hat zu späterer Zeit die von ihm eingeführte kosmologische Konstante als Fehlgriff empfunden (100) (125), im Normalfall wird sie von Fachleuten als null angesehen, so daß es für den leeren Raum bei der einfachsten These bleibt, man sieht ihn als euklidisch an. Jedoch ist jede andere These widerspruchsfrei und mit der allgemeinen Relativitätstheorie auch vereinbar.

Einstein hat zu diesem Thema eine verblüffende, von beiden Thesen verschiedene Ansicht vertreten und die Existenz eines leeren Raumes als ganzes bestritten: "Einen leeren Raum, d.h. einen Raum ohne (Gravitations-)Feld gibt es nicht." (100) An anderer Stelle sagt er: "Man kann es scherzhaft so ausdrücken: Wenn ich alle Dinge aus der Welt verschwinden ließe, so bliebe nach Newton der Galileische Trägheitsraum, nach meiner Auffassung nichts übrig." (125)

Dazu ist zu sagen: Dies ist die eleganteste Art, ein physikalisch-philosophisches Problem zu lösen, man weist nach, daß das Problem gar nicht besteht. So kann man das Problem der Willensfreiheit auch dadurch aus der Welt schaffen, indem man sagt, der Mensch habe überhaupt keinen Willen. Da es den leeren Raum nicht gibt, erübrigt es sich, nach seiner Geometrie zu fragen.

Gegen diese Auffassung des leeren Raums gibt es verschiedene Einwände. Vor allem den folgenden: Aus der allgemeinen Relativitätstheorie selbst folgt die Existenz gravitationsfeldfreier und damit materiefreier Räume. So ist das Innere einer Hohlkugel feldfrei. "Der Raum im Innern einer Hohlkugel ist feldfrei (flach), wie in der Newtonschen Gravitationstheorie" (116). Wegen des viel diskutierten sog. Birkhoff-Theorems (116) ist das als bewiesen anzusehen und anschaulich in Analogie zu einer geladenen Metallkugel vorstellbar, die als Faradayscher Käfig in ihrem Inneren auch kein elektrisches Feld besitzt.

Bringt man in eine Hohlkugel genügender Größe eine kugelsymetrische Masse (Sonne), entspricht das Gravitationsfeld im Innern der Hohlkugel der Schwarzschild-Metrik unabhängig von den Gravitationsfeldern ausserhalb (116). Auch Lichtstrahlen breiten sich in der leeren Hohlkugel nicht anders aus als in Bereichen des Kosmos mit verschwindender Massendichte, so daß man sich fragen muß, wieso dort kein leerer Raum, sondern "nichts" sein soll.

Die These, der leere Raum sei nicht existenzfähig, wird auch durch folgende Überlegung zweifelhaft: Wenn die Materie, z.B. ein Proton oder eine Sonne, den sie umgebenden Raum erst erschaffen soll und vorher absolut nichts da ist, so entstehen doch zwei Fragen:

a) Wie groß ist der Raum, den sich ein Proton erschafft? Die Schwarzschild-Metrik angewandt führt zu einem unendlich großen Radius unabhängig von der Größe der Masse. Diesen unendlichen Raum dürfte man - im Gegensatz zur üblichen Anschauung - nicht als einen in weiten Teilen leeren Raum bezeichnen.

b) Wenn sich eine Masse seinen Raum aus dem absoluten Nichts erschafft und zuvor kein leerer Raum vorhanden ist, wieso finden sich zwei entfernte Massen in ein und denselben Raum und in derselben Zeit wieder? Zumindest zeitweise, da die Schaffung des Raumes eine endliche Zeit erfordert, müßten sich zwei voneinander getrennte Räume bilden.

So nahe die Vorstellung liegt, Gravitationsfelder gibt es nur, wenn es Materie gibt, wer dasselbe für den Raum behauptet, muß sagen: das Innere einer Hohlkugel ist nicht nur leerer Raum, es ist in Wirklichkeit nichts. Mindestens als Grenzfall verschwindender Massen gibt es den leeren, materiefreien Raum. Die allgemeine Relativitätstheorie macht keine verbindliche Aussage über seine Krümmung. Die in der Regel vertretene Ansicht geht von einem flachen Minkowski-Raum aus.

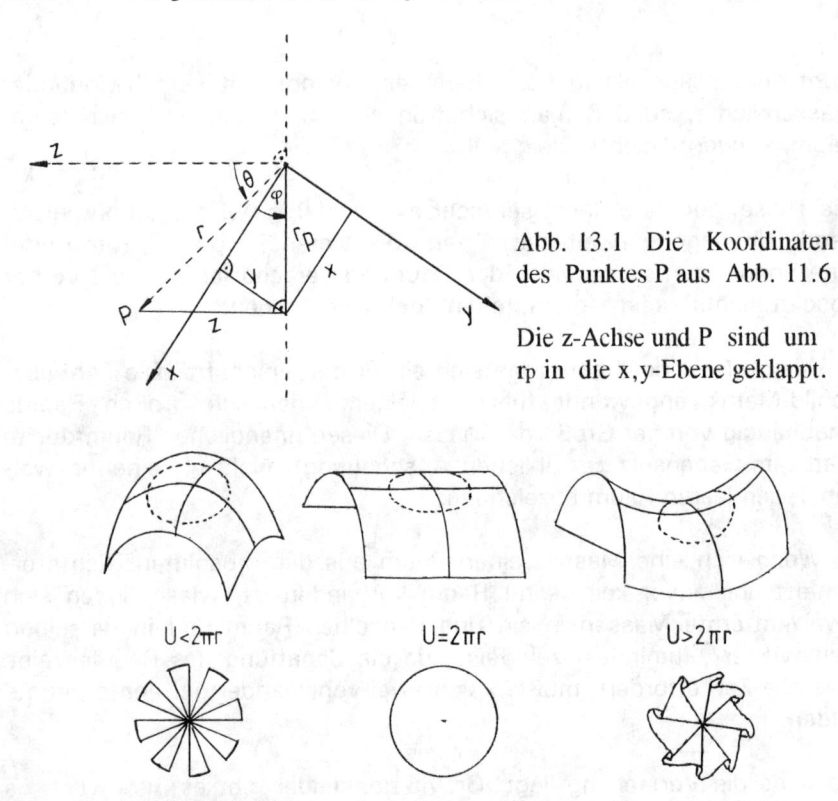

Abb. 13.1 Die Koordinaten des Punktes P aus Abb. 11.6

Die z-Achse und P sind um r_P in die x,y-Ebene geklappt.

Abb. 13.2 Innere Krümmung

Die Kugelkappe in die Ebene verformt, führt zu Rissen, der kreisförmige Ausschnitt der Sattelfläche ist in der Ebene gewellt, eine Zylinderfläche läßt sich abrollen. Die innere Krümmung der Kugel ist positiv, des Zylinders null, der Sattelfläche negativ.

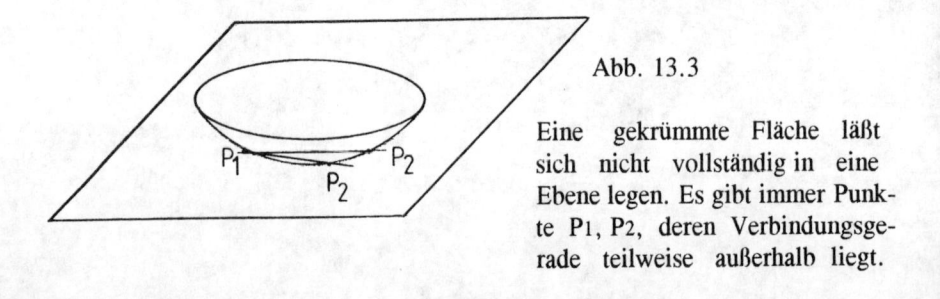

Abb. 13.3

Eine gekrümmte Fläche läßt sich nicht vollständig in eine Ebene legen. Es gibt immer Punkte P_1, P_2, deren Verbindungsgerade teilweise außerhalb liegt.

13. Zur Definition des gekrümmten Raumes mit Hilfe der Mathematik

13.1 Einleitung

Die Schwarzschild-Metrik hat uns den Teil der allgemeinen Relativitätstheorie gezeigt, der experimentell am besten begründet ist. Gilt sie, ließ sich zeigen, wie der gekrümmte Raum in der Umgebung von Sonnen (und anderen kugelförmigen Körpern) als flacher, nicht gekrümmter Raum zusammen mit Maßstabsveränderungen durch das Gravitationsfeld verstanden werden kann.

Spektakulärer, aber weitaus spekulativer ist in der allgemeinen Relativitätstheorie die Vorstellung eines endlichen, geschlossenen Universums, wie sie Einstein in die Diskussion gebracht hat. Der beste Weg zum Verständnis dieses physikalischen Raumes führt über die ihm entsprechenden mathematischen Räume. Dazu gehören die Kugelflächen im dreidimensionalen und im vierdimensionalen euklidischen Raum, wobei dreidimensionaler euklidischer Raum die mathematische Bezeichnung für den normalen Raum ist.

Da sich jeder Kugelflächen und andere beliebig geformte Flächen im normalen Raum vorstellen kann, hat jeder eine durchaus richtige Vorstellung von gekrümmten Räumen. Es geht nur darum, diese Vorstellung zu präzisieren, um so zu verstehen, was ein endliches Universum sein soll.

13.2 Zweidimensionale Kugelflächen

Beginnen wir mit der normalen Kugelfläche. Sie ist ein zweidimensionaler gekrümmter Raum. Sie besteht aus allen Punkten des normalen Raumes, für die gilt:

(13.1) $$x^2 + y^2 + z^2 = r^2$$

r = Radius der Kugel mit Mittelpunkt im Ursprung des Koordinatensystems. x,y,z sind die Koordinaten des Punktes P = P(x,y,z) auf der Kugel. Die Formel (13.1) liest man aus dem rechtwinkligen Dreieck der Abb. 13.1 ab, in dem man den Satz des Pythagoras anwendet, erst für die Projektion r_p von r, dann für r. Für ein gegebenes r liegt jeder Punkt P durch zwei Koordinaten - z.B. x und y - fest, die dritte berechnet sich aus (13.1), deshalb ist die Kugeloberfläche zweidimensional.

Die Kugelfläche läßt sich auch in Kugelkoordinaten darstellen - dies entspricht den Längen- und Breitenkreisen der Erdkugel. Sie haben beim Rechnen den Vorteil, keine Quadrate zu enthalten, aber den Nachteil Sinus- und Cosinus-Funktionen zu verwenden. Die Kugelkoordinaten lauten, s. Abb.11.6:

$$x = r \sin(\Theta) \cos(\Phi)$$
(13.2)
$$y = r \sin(\Theta) \sin(\Phi)$$
$$z = r \cos(\Phi)$$

mit $0° <= \Theta <= 180°$
$0° <= \Phi <= 360°$

Zahlenbeispiel für Taschenrechner (Umrechnung von Kugelkoordinaten):
$\Theta = 60°$, $\Phi = 30°$,   r = 1 m
x = 1   0.5   0.5   = 0.25 m
y = 1   0.5   0.866 = 0,433 m
z = 1   0.866   = 0.866 m
Kontrolle: x,y,z in Formel (13.1) eingesetzt, ergibt r = 1 m.

Die Formeln (13.2) bedeuten anschaulich, daß die Winkel Θ und Φ zusammen mit dem konstanten Radius r alle Punkte einer Kugelfläche festlegen, d.h. P = P(r,Θ,Φ). Die genaue Kenntnis der Sinus- und Cosinus-Funktionen ist prinzipiell entbehrlich, denn mit gegebenen Winkeln sind x,y,z auch geometrisch konstruierbar.

Mit diesen Überlegungen ist leicht zu sehen, warum die Kugelfläche als ein zweidimensionaler Raum bezeichnet wird. Sie ist ein Raum, weil sie

13. Zur Definition des gekrümmten Raumes mit Hilfe der Mathematik

aus lauter Punkten besteht und zweidimensional, weil die Lage jedes Punktes durch zwei unabhängige Koordinaten Θ und Φ oder x und y (oder zwei andere) bestimmt ist. Die dritte Koordinate liegt fest (Radius r) oder kann berechnet werden (z mit Formel (13.1)). Weiterhin ist eine Kugelfläche anschaulich gekrümmt und damit ein gekrümmter zweidimensionaler Raum, im Gegensatz zur nicht gekrümmten, zweidimensionalen Ebene.

Wie läßt sich der Begriff gekrümmt präzisieren? Eine Möglichkeit besteht darin zu sagen, eine Fläche ist gekrümmt, wenn sie sich nicht vollständig in eine Ebene legen läßt. Man betrachte die Verbindungsstrecke $P_1 P_2$ zweier beliebiger Punkte P_1 und P_2 der Fläche in Abb. 13.3. Liegt die Strecke $P_1 P_2$ vollständig in der Ebene für alle Punkte P_1 und P_2, ist die Fläche eben. In der Mathematik (Differentialgeometrie) geht man diesen Weg nicht, um Krümmungen zu definieren, da man damit kein Maß für die Größe der Krümmung einer Fläche hat. Die Größe der Krümmung läßt sich einfacher definieren durch die Kehrwerte der Radien von Kreisen, die die Fläche in möglichst hoher Ordnung berühren (Schmiegkreise, (130) - (132)). Gibt es Berührkreise mit unterschiedlichen Radien, was die Regel ist, nimmt man einen arithmetischen Mittelwert. Für die Kugelfläche sind die Berührkreise die Großkreise der Kugel selbst, für Nord- und Südpol also die Längenkreise. Die Krümmung einer Kugel ist somit um so geringer, je größer der Kugelradius ist. Eine Ebene ist anschaulich eine Kugel mit unendlich großem Radius, dessen Kehrwert null die Krümmung der Ebene darstellt.

Mit dieser anschaulichen Definition der Krümmung sind sowohl Kugel als auch ein Zylinder gekrümmt. Es gibt eine zweite wichtige und ebenfalls anschauliche Methode, die Krümmung einer Fläche zu definieren, für die das nicht mehr gilt, sondern für die eine Kugel als gekrümmt angesehen werden muß, ein Zylinder aber nicht. Diese zweite Definition wird als die innere Krümmung einer Fläche bezeichnet im Gegensatz zur obigen, äußeren Krümmung und benutzt die folgenden Überlegungen.

Versucht man eine Kugelfläche oder einen Teil von ihr, z.B. eine Kugelkappe, zu einer flachen Kreisscheibe zu verformen, so ist das nicht ohne Risse oder Verzerrungen möglich. Ein Kreiszylinder läßt sich da-

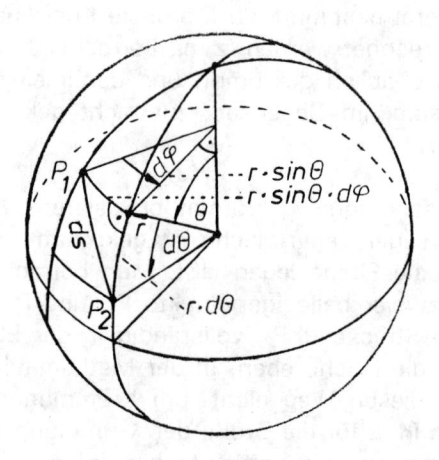

Abb. 13.4 Kugelkoordinaten zweier nahe nebeneinanderliegender Punkte der Abb. 11.6

ds wird mit dem Satz des Pythagoras berechnet; er gilt genügend genau, wenn $d\Theta$, $d\Phi$ genügend klein gewählt werden.

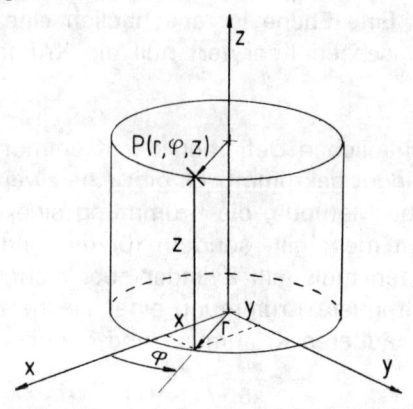

Abb. 13.5 Zylinderkoordinaten

$P(r,\Phi,z) = P(x,y,z)$ mit $x = r\cos(\Phi)$, $y = r\sin(\Phi)$, $z = z$.

13. Zur Definition des gekrümmten Raumes mit Hilfe der Mathematik

gegen ohne Verzerrungen in die Ebene abrollen. So sieht man einer Buchseite nicht an, ob sie im Rotationsdruck oder eben bedruckt worden ist und ein Zylinder ist ohne Faltungen aus einem Blatt Papier herstellbar, eine Kugel nicht, s. Abb. 13.2.

Das läßt sich leicht mathematisch fassen. Bekanntlich ist der Kreisumfang

(13.3) $$U = 2\pi r$$

Zeichnet man einen Kreis auf der Kugelfläche - ist der Mittelpunkt der Nordpol, so erhält man die Breitenkreise - und mißt man Umfang und Radius längs der Kugelfläche mit genügend kleinen Maßstäben, so stellt man fest:

(13.4) $$U < 2\pi r$$

Extrem wird es für den Äquator, hier ist der Umfang genau das Vierfache des Radius. Dabei ist ein Kreis auf einer Fläche die Gesamtheit der Punkte, die von einem gegebenen Punkt denselben Abstand haben, wobei sämtliche Längen auf der Fläche gemessen werden.

Entsprechend haben kleine Quadrate mit der Seitenlänge a auf Kugelflächen Diagonalen, die länger sind als a $\sqrt{2}$. Anderserseits gibt es Flächen - Sattelfläche der Abb.13.2 - für die

(13.5) $$U > 2\pi r$$

wird. Diese Flächen haben eine negative innere Krümmung, Kugeln haben eine positive innere Krümmung. Zeichnet man dagegen auf eine Zylinderfläche einen Kreis, so besteht kein Unterschied zur Ebene, es gilt Formel (13.3). Man drückt das auch so aus: Auf der Kugelfläche gilt die sphärische, in der Ebene und auf Zylindern die normale (euklidische) Geometrie.

Diese inneren Eigenschaften von Flächen lassen sich im allgemeinen Fall und damit für beliebige Figuren gültig, auf den Abstand zweier dicht nebeneinander liegender Punkte, beschrieben durch die sogenannte Metrik, zurückführen. Mit Hilfe dieses Begriffes werden wesentliche Aussagen der allgemeinen Relativitätstheorie über gekrümmte Räume präzise nachvollziehbar.

Man betrachte zwei nahe nebeneinanderliegende Punkte des normalen Raumes. Ihr Abstand ds erfüllt:

(13.6) $$ds^2 = dx^2 + dy^2 + dz^2$$

wenn dx, dy, dz die Koordinatendifferenzen der beiden Punkte sind. Diese Formel nennt man die Metrik des normalen Raumes. Sie drückt die einfache Tatsache aus, daß im normalen Raum der Satz des Phythagoras insbesondere für dicht nebeneinander liegende Punkte gilt.

Für die Kugelfläche ist analog, s. Abb. 13.4,

(13.7) $$ds^2 = r^2 (d\Theta^2 + \sin^2(\Theta)d\Phi^2)$$

Zahlenbeispiel: Auf der Erdoberfläche liegen bei $\Theta = 60°$, Φ beliebig zwei Orte im Abstand $d\Theta = 1°$, $d\Phi = 1°$. Wie groß ist ihr Abstand in Kilometer? $1° = 0{,}0175$ im Bogenmaß, $r = 6370$ km, $\sin(60°) = 0{.}866$, ds = 147 km.

Die Genauigkeit der Rechnung läßt sich beliebig vergrößern, indem man den Großkreis durch beide Orte mehrfach unterteilt und Formel (13.7) wiederholt anwendet, d.h. integriert. Was nahe nebeneinander liegend heißt, ist nicht absolut definiert und das ist auch nicht erforderlich, denn mit einer Metrik wie (13.7) läßt sich auch ohne eine solche Definition der Abstand irgendwelcher Punkte auf einer Fläche beliebig genau ermitteln, im Normalfall durch mehrfache Anwendung der obigen Beziehung. Alle Größen r, Θ, Φ kann man bestimmen, ohne die Kugelfläche zu verlassen. Den Radius aus dem Umfang der Kugel, den Winkel Φ durch gleichmäßige Unterteilung der Breitenkreise, Θ durch entsprechende Unterteilung der Längenkreise; die Einzelheiten des Verfahrens lassen wir zunächst noch dahingestellt. Nimmt man an, die gekrümmte Fläche sei der unbekannte Raum, in dem man lebt, hat man jedenfalls keine anderen Möglichkeiten als in der Fläche zu messen. Der Raum, in dem die gekrümmte Fläche eingebettet ist, ist nicht erreichbar, bzw. ein solcher existiert eventuell gar nicht.

13. Zur Definition des gekrümmten Raumes mit Hilfe der Mathematik

Betrachten wir (13.7) noch genauer, worin unterscheidet sie sich von (13.6), bzw von

(13.8) $$ds^2 = dx^2 + dy^2$$

der Metrik für die Ebene? Wie streng gezeigt werden kann (130), lassen sich für die Kugelfläche keine Koordinaten k_x oder k_y so finden, daß für alle Punkte Formel (13.8) gilt. Für einen bestimmten Punkt geht das natürlich immer, indem man die Maßeinheit ändert, aber bei Ausdrücken für alle Punkte befinden sich vor den quadratischen Gliedern stets irgendwelche Funktionen. Wählt man die Längeneinheiten so, daß $r = 1$ wird, lautet z.B. Formel (13.7)

(13.9) $$ds^2 = d\Theta^2 + \sin^2(\Theta)d\Phi^2$$

Wäre $\sin(\Theta)$ für alle Θ gleich 1 wählbar, so wäre

(13.10) $$ds^2 = d\Theta^2 + d\Phi^2$$

für alle Punkte der Kugelfläche. Dies entspräche der Metrik (13.8) der Ebene. So etwas gibt es jedoch nicht. Das ist auch plausibel, denn dies hieße, die Kugelfläche mit einem engen Netz kleiner unverzerrter Quadrate mit den Seitenlängen $d\Theta$ und $d\Phi$ zu überziehen, mit anderen Worten, sie in die Ebene abzurollen. Soll dies Netz kugelförmig gekrümmt sein, müssen irgendwelche Quadrate deformiert werden. Mit derartigen Überlegungen wird die obige Behauptung plausibel, ein gültiger Beweis ist wesentlich aufwendiger (130).

Die Metrik eines Zylinders gewinnt man aus der zu Abb. 13.4 analogen Darstellung des Zylinders von Abb. 13.5:

(13.11) $$ds^2 = r^2 d\Phi^2 + dz^2$$

Wählt man hier die Längeneinheit so, daß $r = 1$ gilt, hat man sofort die Metrik der Ebene. Sie gilt für alle Punkte, der Zylinder hat die innere Krümmung null.

Damit haben wir für einen zweidimensionalen Raum (einer Fläche) drei Möglichkeiten festzustellen, ob er gekrümmt ist. Die erste Möglichkeit

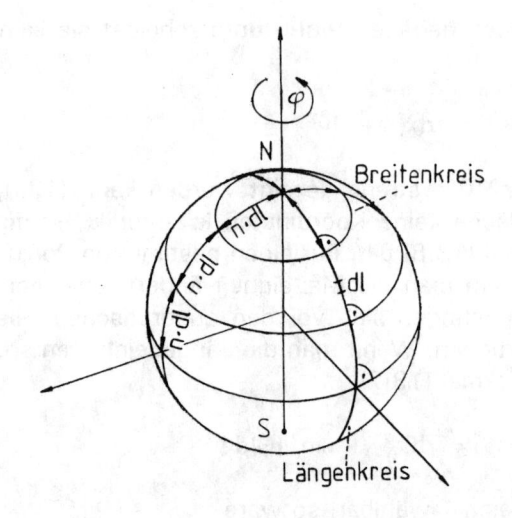

234 Der gekrümmte Raum der allgemeinen Relativitätstheorie

Abb. 13.6 Zur Konstuktion eines Koordinatensystems auf der Kugelfläche S_2

Kreise um N mit dem Radius r = n dl sind Breitenkreise, Längenkreise durchschneiden sie senkrecht. dl, Φ, 90Grad-Winkel werden auf der Kugelfläche gemessen, der umgebende Raum muß nicht bekannt sein.

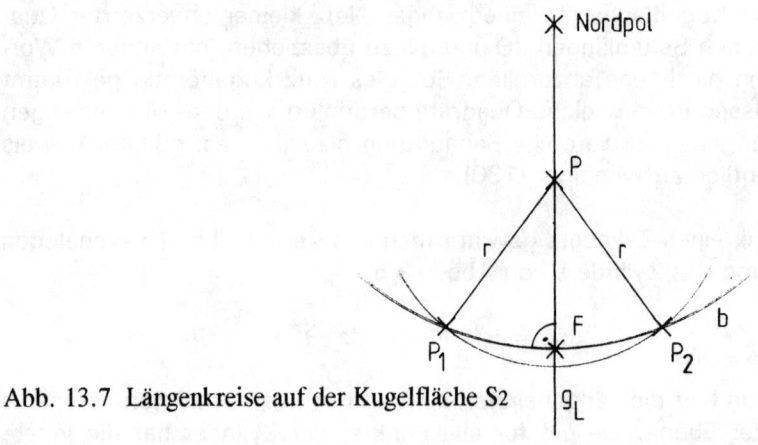

Abb. 13.7 Längenkreise auf der Kugelfläche S_2

Alle Punkte P, die von zwei gegebenen Punkten P_1 und P_2 des Breitenkreises b denselben Abstand haben, bilden einen Längenkreis g_L mit dem Fußpunkt F senkrecht auf b. (Das gilt analog zum Lot auf eine Gerade in der normalen Ebene.)

besteht darin, ihn in den dreidimensionalen Raum einzubetten und nachzuschauen, ob er eine gekrümmte Fläche bildet. Nach diesem Verfahren sind Kugelfläche und Zylinder gekrümmt (äußere Krümmung). Die zweite Möglichkeit besteht darin, in der Fläche selbst Messungen vorzunehmen und zu prüfen, ob z.B. für Kreise die Formel (13.4) gilt. Diese innere Krümmung besitzen Kugelflächen, Zylinder nicht. Mit der dritten Möglichkeit läßt sich die innere Krümmung einer Fläche mit Hilfe ihrer Metrik untersuchen. Läßt sich die Metrik durch Koordinatentransformationen auf die Form (13.8) bringen, hat die Fläche keine innere Krümmung, sie kann aber, wie ein Zylinder, eine äußere Krümmung besitzen.

13.3 Dreidimensionale Kugelflächen

Gehen wir zu dreidimensionalen gekrümmten Räumen über. Ihre Krümmung ist nicht unmittelbar anschaulich darstellbar, dazu müßten sie in einen ebenfalls unanschaulichen vierdimensionalen ebenen Raum eingebettet werden. Eine gewisse Anschaulichkeit ermöglichen Analogieschlüsse, Schnitte sowie Projektionen, die letzten beiden Methoden, weil sie zur Verringerung der Dimension führen. Im wesentlichen werden die Begriffe des vorigen Kapitels über zweidimensionale Kugelflächchen auf dreidimensionale Kugelflächenverallgemeinert. Man gelangt zu ihnen über Kreis und Kugel durch Analogie:

(13.12) $\quad r^2 = x^2 + y^2$
(Kreis)

(13.13) $\quad r^2 = x^2 + y^2 + z^2$
(Kugelfläche oder Sphäre S_2)

(13.14) $\quad r^2 = x_1^2 + x_2^2 + x_3^2 + x_4^2$
(dreidimensionale Kugelfläche oder Sphäre S_3)

Wählt man in (13.13) $z = z_0$, so erhält man beliebig viele Kreise

(13.15) $\quad r^2 - z_0^2 = x^2 + y^2$

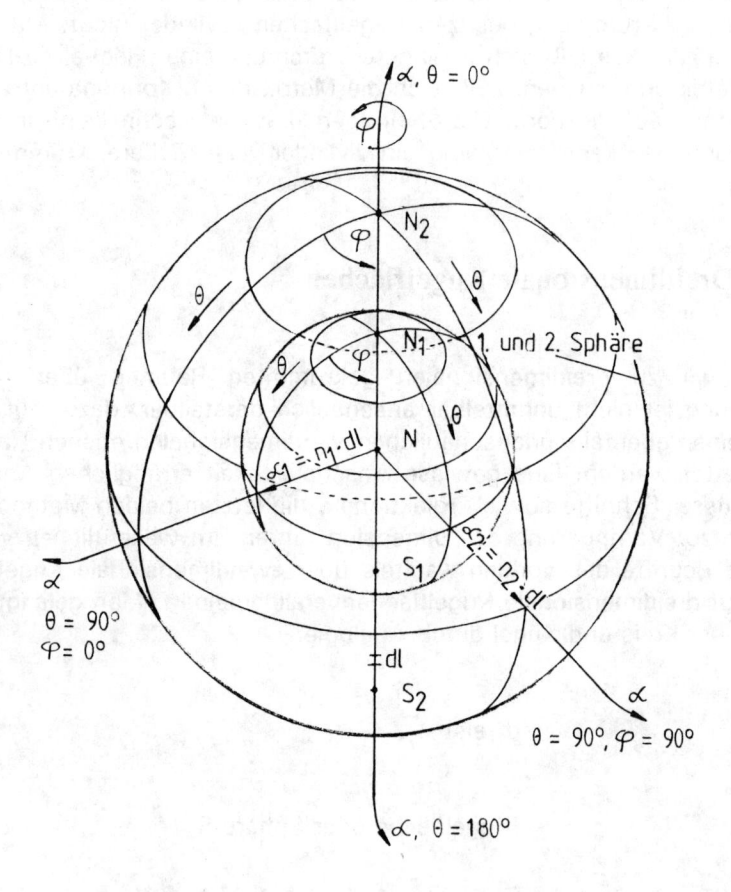

Abb. 13.8 Zur Konstuktion eines Koordinatensystems auf der dreidimensionalen Kugelfläche S_3.

α-Linien stehen senkrecht auf den S_2-Kugelflächen um N mit dem Radius $\alpha = n\,dl$; eine ausgezeichnete α-Linie legt auf den S_2-Kugelflächen deren Nordpole N_1, N_2 ... fest und hat dort die Koordinaten Θ mit null Grad und Φ beliebig.

13. Zur Definition des gekrümmten Raumes mit Hilfe der Mathematik 237

Diese Kreise sind punktfremd für verschiedene z_0 und liegen im normalen Raum in den Ebenen, für die $z = z_0$ ist.

Entsprechend liefert in (13.14) $x_4 = x_{4,0}$ beliebig viele punktfremde zweidimensionale Kugelflächen

(13.16) $\qquad r^2 - x_{4,0}^2 = x_1^2 + x_2^2 + x_3^2$

Sie liegen in dreidimensionalen Räumen (x_1, x_2, x_3, $x_4 = x_{4,0}$), die ebenfalls punktfremd sind. Im vierdimensionalen Raum hat nämlich ein Punkt $P = P(x_1, x_2, x_3, x_4)$ vier Koordinaten und $x_4 = x_{4,0}$ legt einen dreidimensionalen Raum fest, so wie $z = z_0$ einen zweidimensionalen Raum (Ebene) im normalen Raum festlegt. (Man weiß: $y = y_0$ ist in der Ebene eine Parallele zur x-Achse.) Analog gibt es im vierdimensionalen Raum unendlich viele dreidimensionale Räume (im normalen Raum unendlich viele zweidimensionale Räume), die zueinander parallel sind. "Parallel sein" heißt hier nichts anderes als "keine gemeinsamen Punkte haben".

Der vierdimensionale Raum entsteht, s. Kap. 8 und Abb. 8.1, indem man zu den drei Koordinaten von Punkten im normalen Raum eine vierte Koordinate hinzunimmt und analog wie mit drei Koordinaten rechnet. Eine anschauliche Rechtfertigung über die Vorstellung gibt es dafür nicht, d.h. man behauptet nicht, daß es den vierdimensionalen Raum so "gibt" wie den normalen Raum. Der vierdimensionale Raum ist lediglich widerspruchsfrei denkbar. Phänomenologisch gesehen gibt es ihn als gedachten Raum, weil sein Begriff widerspruchsfrei ist, es gibt ihn nicht als Vorstellungsraum und auch nicht als wirklichen, physikalischen Raum, wenn man von der Zeit als weitere Koordinate absieht.

Die Metrik der dreidimensionalen Kugelfläche läßt sich durch zu Formel (13.7) ähnliche Überlegungen erhalten. Das Ergebnis lautet (121):

(13.17) $\quad ds^2 = r^2 [d\alpha^2 + \sin^2(\alpha) (d\Theta^2 + \sin^2(\Theta) d\Phi^2)]$

mit $\quad 0 <= \alpha <= 180°$
$\quad 0 <= \Theta <= 180°$
$\quad 0 <= \Phi <= 360°$

Zahlenbeispiel: Welchen Abstand haben zwei Punkte einer S_3 vom Radius der Erde mit gleicher Koordinate $a = 90°$, $\Theta = 60°$, $d\Theta = d\Phi = 1°$, $r = 6370$ km. Wegen $\sin(90°) = 1$ und $da = 0$ ergibt sich ds $= 147$ km, wie im Zahlenbeispiel zuvor.

Viel wichtiger, als die Formel herleiten zu können, ist zu verstehen, was sie aussagt. Die Größe r ist eine Konstante, keine Koordinate. Sie wird zu einer Koordinate, wenn die Sphäre S_3 in einen vierdimensionalen Raum eingebettet wird. Auf der Sphäre S_3 gibt es als Koordinaten die drei Winkel a, Θ, Φ, analog zu Θ, Φ für die S_2.

Welche Eigenschaften haben die durch Formel (13.17) definierten Sphären S_3? Ein Mathematiker kann als erstes durch Rechnung nachweisen, daß sich Formel (13.17) nicht auf die Form (13.6) bringen läßt, auch nicht für andere Koordinaten und damit die von null verschiedene innere Krümmung von Sphären S_3 nachweisen. Man kann dasselbe anschaulich mit dem zweiten Verfahren des vorigen Kapitels erreichen und für Kreise auf der Sphäre S_3 Radien und Umfänge untersuchen. Sei $a = 90°$ und $da = 0$, d.h. es werden nur die Punkte mit konstantem a untersucht. (13.17) reduziert sich zu (13.7)

$$ds^2 = r^2 (d\Theta^2 + \sin^2(\Theta) d\Phi^2)$$

da $\sin(90°)$ den Wert 1 hat. Für zweidimensionale Kugelflächen ist die Beziehung (13.4) bereits nachgewiesen worden. Dasselbe Ergebnis folgt auch für $\Theta = 90°$ und $d\Theta = 0$, nur erhält man eine zweidimensionale Kugelfläche in den Koordinaten a und Φ. Auf der Sphäre S_3 gibt es somit unendlich viele Kreise, deren Umfang und Radius nicht die Beziehung (13.3) erfüllen. Die Sphäre ist deshalb gekrümmt.

Der Nachweis hat allerdings noch eine Lücke. Man wende dieselben Schlüsse auf die Metrik des normalen Raumes in Kugelkoordinaten an und wähle in

(13.18) $\qquad ds^2 = r^2 (d\Theta^2 + \sin^2(\Theta) d\Phi^2) + dr^2$

$r =$ konstant und $dr = 0$. Auch hier erhält man die Kugelflächen (13.7) mit dem beliebigen, konstanten Radius r

13. Zur Definition des gekrümmten Raumes mit Hilfe der Mathematik   239

$$ds^2 = r^2 (d\Theta^2 + \sin^2(\Theta) d\Phi^2)$$

Selbstverständlich erfüllen auf ihnen Kreise die Beziehung (13.4), obwohl der normale Raum z.B. wegen (13.6) nicht gekrümmt ist. Diese Kreise liegen aber sämtlich auch in einer Ebene, die die Kugelfläche schneidet, und für in dieser Ebene gemessene Radien gilt der normale Zusammenhang zwischen Radius und Umfang. Eine derartige Ebene gibt es für Sphären S_2 oder S_3 nicht, es sei denn S_2 wird in den normalen oder S_3 wird in den vierdimensionalen Raum eingebettet. Dann hat man statt der Kugelfläche die gesamte Kugel und damit alle Punkte im Inneren. Zusätzlich hat man noch einmal auf andere Weise gezeigt, daß der vierdimensionale euklidische Raum eben ist.

Um die obige Überlegung genauer einzusehen, wähle man in (13.17) a ungleich $0°$, beliebig, z.B. für $a = 60°$ die Formel

$$ds^2 = r^2 \sin^2(60°) (d\Theta^2 + \sin^2(\Theta) d\Phi^2)$$

Für jedes dieser a erhält man eine Kugelfläche in den Koordinaten Θ, Φ mit dem Radius $r \sin(a)$ in einem dreidimensionalen Raum. Alle diese dreidimensionalen Räume sind aber zu einander punktfremd, im Gegensatz dazu ist für (13.18) der dreidimensionale Raum stets derselbe. Die Punktfremdheit dieser Räume liegt auf der Hand: a hat stets einen anderen Wert, das bedeutet im vierdimensionalen Raum einen anderen Punkt bzw. eine andere Punktmenge; für das $60°$-Beispiel solche Punkte, deren a-Koordinate $60°$ beträgt. Im normalen Raum gibt es zu jedem konstanten Θ in Formel (13.7) einen (Breiten-)Kreis und eine Ebene, die ihn enthält. Alle diese Ebenen sind zu einander parallel. Analog dazu gibt es im vierdimensionalen Raum zu jedem konstanten a in Formel (13.17) eine zweidimensionale Kugelfläche und einen dreidimensionalen Raum, der sie enthält. Alle diese dreidimensionalen Räume sind zueinander parallel, d.h. zueinander punktfremd.

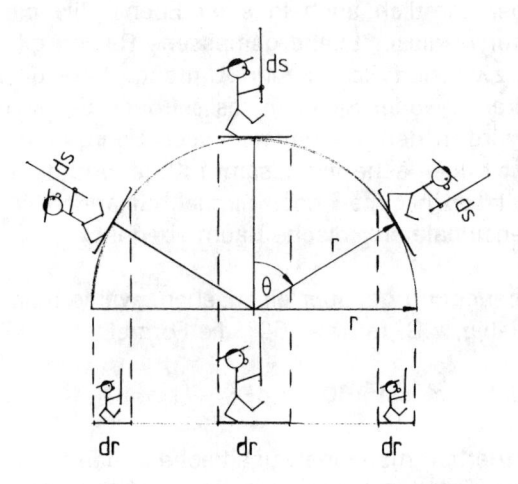

240 Der gekrümmte Raum der allgemeinen Relativitätstheorie

Abb. 13.9 Der Geometer mißt mit seinem schrumpfenden Meterstab dr radial die gleiche Länge wie längs einer gekrümmten Fläche mit dem konstanten Maßstab ds (145).

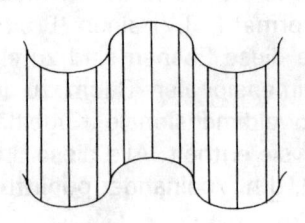

Abb. 13.10 Eine wellenförmige Zylinderfläche hat eine äußere Krümmung ungleich null. Die innere Krümmung ist null, wie für eine Ebene; auch global besteht zu ihr kein Unterschied.

13.4 Zur Konstruktion eines Koordinatensystems für die dreidimensionale Kugelfläche

Unsere nun folgenden Überlegungen zur Konstruktion eines Koordinatensystems auf einer dreidimensionalen Kugelfläche sollen nicht die Kenntnisse eines Mathematikers bereichern, dazu sind sie nicht genügend abstrakt. Sie sollen beispielhaft zeigen, wie man mit Zirkel und Lineal in einem dreidimensionalen gekrümmten Raum mit bekannten geometrischen Eigenschaften Punkte erkennt und wiedererkennt, d.h. ihnen Koordinaten zuweist. Ist das Universum eine dreidimensionale Sphäre, ist die Konstruktion prinzipiell übertragbar. Ist sie dort in dieser oder vielleicht modifizierter Form durchführbar, hat man auch einen Nachweis dafür, daß das Universum in Wirklichkeit sphärisch ist.

Obwohl die dreidimensionale Kugelfläche S_3 mit der Metrik (13.17) nicht anschaulich vorstellbar ist, kann man dennoch auf ihr die Koordinatenlinien a, Θ, Φ analog zur normalen Kugelfläche S_2 konstruieren, s. Abb. 13.6 und 13.8.

Gegeben sei zunächst eine Kugelfläche S_2 und ein idealer Maßstab der Länge dl. Man wähle willkürlich auf S_2 einen Punkt N als Nordpol. Breitenkreise (Θ = konstant) sind alle n Kreise um N mit dem Radius r = n dl (Der Radius hat nacheinander alle Vielfache von dl). Längenkreise sind die Senkrechten auf den Breitenkreisen durch den Nordpol N, s. Abb. 13.7. Unterteilungen eines Kreisbogens, rechte Winkel etc. erhält man durch zur normalen Geometrie analoge Konstruktionen. Die Längenkreise treffen sich bei dieser Konstruktion wegen der Kugeleigenschaften in einem Punkt, dem Südpol S. Der Bogen NS hat die Länge π (180°) und dl läßt sich in Grad eichen.

Zahlenbeispiel: Einer Seemeile entspricht eine Meridianminute. Welche Länge bedeutet das? dl/(2 π 6370 km) = (1/60°)/360°. dl = 1.85 km.

Mit diesen Hinweisen ist auf S_2 ein Koordinatensystem (Θ, Φ) konstruierbar. Treffen sich die Längenkreise nicht in einem Punkt, befindet man sich nicht im S_2.

Für die Sphäre S_3 wählt man beliebig einen Punkt N und konstruiert die n Kugelflächen um N mit dem Radius a = n dl. Auf jeder dieser Kugelflächen legt man Längen- und Breitenkreise wie für S_2 fest, sobald man deren Nordpole kennt. Um die Nordpole festzulegen, wird ein Kugelradius ausgezeichnet. Seine senkrechte Fortsetzung ist die a-Linie mit Θ = 0, Φ beliebig. Sie trifft alle n Kugelflächen mit a = n dl in deren Nordpol.

Senkrechte Fortsetzung bedeutet die Konstruktion eines Lotes auf einer Kugelfläche. Wie in der Ebene hat jeder Punkt eines Lotes gleiche Abstände von allen Punkten auf einen Kreis um den Fußpunkt des Lotes.

Alle a-Linien müssen sich in einem Punkt S, den Südpol von S_3 treffen. Der Bogen NS ist gleich π und damit ist dl in Grad für a eichbar. Funktioniert diese Konstruktion nicht, befindet man sich nicht in einer S_3.

Anschaulich vorstellbar ist die Konstruktion nur zu Beginn, nicht anschaulich vorstellbar ist, wie die a-Linien über den Südpol S hinweg wieder zu N führen und gleichzeitig die Kugeln a = konstant ab 90° wieder kleiner werden. Liegt ein S_3 vor, wird man aber feststellen, daß sich alle a-Linien in einem Punkt S treffen, die Länge π haben und die Radien der Kugelflächen a = konstant durch r sin(a) gegeben sind. Anschaulich darstellbar sind die zweidimensionalen Kugelflächen, die entstehen, wenn man a oder Θ konstant wählt.

13.5 Deutung der Metrik als Maßstabsverzerrung

Man betrachte die Metrik (13.7) und seine Kugelfläche. Diese Fläche senkrecht auf die x,y-Ebene projiziert, ergibt eine Kreisscheibe mit Radius r. Die Breitenkreise bleiben dabei unverzerrt, die Längenkreise bilden die Durchmesser der Kreisscheibe, d.h. das Element r sin(Θ) dΦ behält seine Länge, da es ein Teilstück eines Breitenkreises ist und r dΘ wird verkürzt zu r cos(Θ) dΘ, da es ein schräg gestelltes Geradenstück auf einem Längenkreis ist. In der Ebene hat die Projektion einer Kugelfläche deshalb die Metrik

(13.20) $$ds^2 = r^2 (\cos^2(\Theta) d\Theta^2 + \sin^2(\Theta) d\Phi^2)$$

13. Zur Definition des gekrümmten Raumes mit Hilfe der Mathematik

Nimmt man nun an, in Richtung der Radien r sei der wahre Abstand ds nicht durch r cos(Θ) dΘ = dr_p sondern durch

$$\frac{r_p}{\cos(\Theta)}$$

gegeben, so gibt es keinen prinzipiellen Unterschied zur Metrik einer Kugelfläche. Dies veranschaulicht Abb. 13.9, der Vermessungsingenieur (145), der vom Mittelpunkt zum Rand der Kreisscheibe fortschreitet, wird zusammen mit seinem Meterstab ständig kleiner. Hat er den Radius r ausgemessen, ist das Ergebnis dasselbe, wie die Messung auf der Kugeloberfläche ohne schrumpfenden Maßstab.

Wie in Kap. 11.5 ausgeführt, läßt sich ein Gravitationsfeld prinzipiell als Ursache für das Schrumpfen von Maßstäben ansehen.

Zahlenbeispiel: An welcher Position in Abb. 13.9 ist der Maßstab des Geometers auf die Hälfte geschrumpft? ds = 1/2 ds / cos(a); cos(a) = 0.5. Für a = 60° hat sich der Maßstab dl in radialer Richtung um die Hälfte verkürzt.

Analog zur obigen Projektion kann man eine dreidimensionale Kugelfläche auf die Kugel im normalen Raum projizieren. Aus Formel (13.17) wird

(13.21) $ds^2 = r^2 [\cos^2(a) \, da^2 + \sin^2(a) \, (d\Theta^2 + \sin^2(\Theta) \, d\Phi^2)]$

Nimmt man wieder an, in Richtung der Radien r sei der wahre Abstand ds nicht durch r cos(a) da = dr_p sondern durch

$$\frac{dr_p}{\cos(a)}$$

gegeben, so gibt es auch hier keinen prinzipiellen Unterschied zur Metrik (13.17) einer Sphäre S_3.

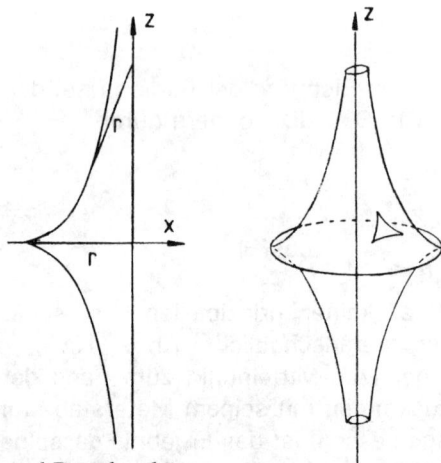

Abb. 13.11 Traktrix und Pseudosphäre

Die Pseudospähre hat in jedem seiner Punkte dieselbe negative Krümmung und ist deshalb das Analogon zur Kugel. Auf der Pseudosphäre gilt die hyperbolische Geometrie, in ihr haben Dreiecke eine Winkelsumme kleiner als 180 Grad. Die Pseudosphäre entsteht durch Rotation der Traktrix.

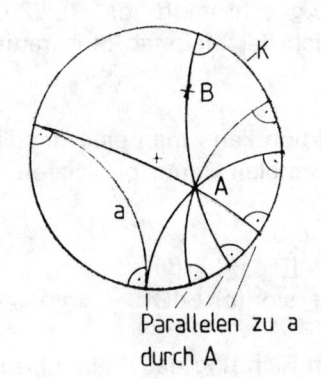

Abb. 13.12 Poincaré-Modell der hyperbolischen Geometrie im Einheitskreis

Alle Durchmesser des Kreises K und alle Kreislinien senkrecht auf dem Umfang von K sind hyperbolische Geraden. Zu der Geraden a gibt es unendlich viele Parallelen durch den Punkt A, d.h. Geraden, die die Gerade a nicht schneiden. Das euklidische Parallelenaxiom ist nicht mehr erfüllt, alle übrigen Axiome der euklidischen Geometrie gelten, so ist durch zwei Punkte A und B genau eine Gerade bestimmt.

13. Zur Definition des gekrümmten Raumes mit Hilfe der Mathematik 245

Das Bild 13.8 läßt sich wiederholen; der Geometer darf jetzt in alle Richtungen des Raumes fortschreiten. Zusammen mit dem sich verkürzenden Meterstab gewinnt man eine unmittelbar anschauliche Darstellung einer dreidimensionalen gekrümmten Fläche.

13.6 Andere gekrümmte Flächen

Zum Abschluß dieses Kapitels sind einige Bemerkungen unerläßlich, die aber für das Verständnis eines endlichen kosmologischen Raumes der allgemeinen Relativitätstheorie entbehrlich sind.

Es hatte sich der Unterschied zwischen äußerer und innerer Krümmung eines Raumes ergeben. Die innere Krümmung läßt sich aus seiner Metrik herleiten. Sie ist auch das, was sich aus den Feldgleichungen der allgemeinen Relativitätstheorie ableiten läßt. Die allgemeine Relativitätstheorie ermöglicht deshalb im Normalfall keine Entscheidung darüber, ob ein gekrümmter Raum real in einem flachen Raum höherer Dimension eingebettet ist, mit anderen Worten, ob er zusätzlich eine äußere Krümmung besitzt.

In manchen Fällen lassen sich aber aus den globalen Eigenschaften eines Raumes Aussagen über seine äußere Krümmung gewinnen. Z.B. hat ein Zylinder zwar die Metrik der normalen Ebene, durchläuft man ihn senkrecht zu seiner Höhe, kehrt man wieder zum Ausgangspunkt zurück, so daß man zwischen Zylinder und Ebene durch globale Messungen unterscheiden kann. Für eine wie Wellpappe gekrümmte Fläche, s. Abb.13.10, läßt sich auch durch globale Untersuchungen kein Unterschied zur Ebene feststellen. In diesen Fällen benötigt man den sie einbettenden umgebenden Raum.

Ein weiterer Punkt betrifft die mit Metriken analog zu (13.17) verbundenen nichteuklidischen Geometrien (140) - (146). Auf der Kugelfläche gilt die sogenannte sphärische Geometrie. Faßt man auf der Kugelfläche die beiden radial gegenüberliegenden Punkte zu einem Punkt zusammen, so erhält man eine Halbkugel mit halben Äquator. Die Metrik ändert sich dabei nicht, man erhält eine zur sphärischen ähnliche Geometrie, die elliptisch genannt wird (143). Typisch für diese beiden

Geometrien ist: Die Winkelsumme im Dreieck ist größer als $180°$, zu einer gegebenen Geraden (= Großkreis) gibt es keine parallele Gerade (sondern nur dazu parallele Breitenkreise; sie sind keine "kürzeste Verbindung zweier Punkte").

Von wesentlich größerer Bedeutung ist die Metrik, in der die Sinus-Funktion für a von (13.17) durch die hyperbolische Winkelfunktion sinh(a) ersetzt ist. Die Metrik lautet:

(13.30) $\qquad ds^2 = r^2 [da^2 + \sinh^2(a) (d\Theta^2 + \sin^2(\Theta) d\Phi^2)]$

mit a beliebig
$0 <= \Theta <= 180°$
$0 <= \Phi <= 360°$

Sie definiert die hyperbolische Geometrie (von Gauß und Lobatschewski) (140). Sie läßt sich im normalen Raum durch die sog. Pseudosphäre, Abb. 13.11, darstellen - allerdings nur teilweise, so wie ein Zylinder nur einen Teil der normalen Ebene darstellt. Der wirkliche Abstand zweier Punkte auf der Pseudosphäre, wie er aus (13.6) berechnet werden kann, stimmt dem aus Formel (13.30) überein. Die (sog. stereographische) Projektion auf die normale Ebene liefert eine Kreisscheibe, in der die hyperbolischen Geraden (= kürzeste Verbindung zweier Punkte im hyperbolischen Raum) zu Kreisen werden, die senkrecht auf dem Kreisrand stehen, oder zu Durchmessern (die ja auch senkrecht auf dem Kreisrand stehen und Kreise mit unendlich großem Radius sind). Dies entspricht dem berühmten Poincare`schen Modell der hyperbolischen Geometrie, s. Abb. 13.12.

Wichtigste Eigenschaften sind: Die Winkelsumme im Dreieck ist kleiner als $180°$, wie man unmittelbar sieht, wenn man auf die Pseudoshäre Dreiecke zeichnet. Zu jedem Punkt P außerhalb einer Geraden g gibt es unendlich viele Geraden durch p, die g nicht schneiden, d.h. parallel sind. Die hyperbolische und die normale (euklidische) Geometrie unterscheiden sich nur in einem Axiom, dem Parallelenaxiom, voneinander. Die elliptische und sphärische Geometrie unterscheiden sich von ihnen noch in anderen Axiomen.

Die Metrik (13.30) der hyperbolischen Geometrie hat für die Kosmolo-

13. Zur Definition des gekrümmten Raumes mit Hilfe der Mathematik

gie (unendlich expandierendes Universum) die gleiche Bedeutung wie die Metrik (13.17) (endliches Universum). Wie das Poincaré'sche Modell zeigt, ist auch sie mit Maßstabsveränderungen als Teil der normalen Ebene interpretierbar. Dazu ein Zitat: "Gelegentlich in Lehrbüchern geäußerte Ablehnung, das Poincaré'-Modell so früh wie möglich zur Illustration der Sachverhalte der hyperbolischen Geometrie heranzuziehen, ist offenbar durch den Wunsch verursacht, die Vorstellung psychologisch zu stützen, daß die hyperbolische Geometrie eine mögliche Geometrie des realen physikalischen Raumes ist." Schreiber (144).

Abb. 14.1 Kosmologisches Prinzip: "Die Welt, mein Kind, nichts als Käfige und die in einem großen." (116)

14. Kosmologie

14.1 Einleitung

Die experimentelle Bestätigung der allgemeinen Relativitätstheorie liegt in der Überprüfung der Aussagen der Schwarzschild-Metrik. Die spektakulärsten, in der Öffentlichkeit am meisten beachteten Thesen zum gekrümmten Raum betreffen aber die Kosmologie, die Lehre von der Gestalt und der Entstehung des Kosmos.

Die heutige Kosmologie ist spekulativ, und nur in den Kernaussagen qualitativ durch Beobachtungen gesichert. Man weiß zwar nicht, ob die Ausdehnung des Universums unendlich oder endlich ist, ob die beobachtete Expansion des Universums sich unendlich lange fortsetzen wird oder sich nach endlicher Zeit umkehrt, aber die damit verbundenen, theoretisch möglichen Raummodelle sind untersucht worden. Aus dem vorigen Kapitel über den mathematischen Begriff des gekrümmten Raumes wird eine mathematische Vorstellung über den Zusammenhang von Metrik und Koordinatensystem für zwei- und dreidimensionale Kugelflächen (abstrakter als sphärische Räume bezeichnet) vorausgesetzt. Ziel ist die physikalische Interpretation dieser mathematischen Begriffe als mögliche kosmologische Räume.

Im Vordergrund steht dabei die Robertson-Walker-Metrik, angewendet auf den Fall des endlichen, gekrümmten Raumes.

14.2 Der endliche gekrümmte kosmologische Raum aus der Sicht der Schwarzschild-Metrik

Um die These eines endlichen Universums als mögliche Konsequenz der allgemeinen Relativitätstheorie in ihrer Tragweite zu verstehen, soll zunächst auf der Basis der bisherigen Erkenntnisse auf die Frage nach der Endlichkeit des Universums eingegangen werden. Legt man einen materiefreien Raum zugrunde, gab es zwei Meinungen: Es existiert Nichts oder es existiert der leere Raum, (s. Kap.12). Legt man eine

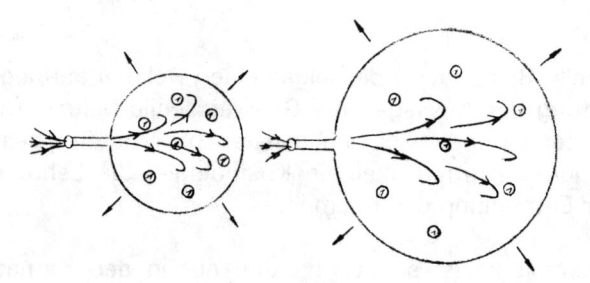

Abb. 14.2 Ein Luftballon wird aufgeblasen. Die Geldstücke auf seiner Oberfläche entfernen sich um so schneller voneinander, je weiter sie voneinander entfernt sind. Jedes Geldstück kann sich als Mittelpunkt der Expansion ansehen (121). Die Koordinaten der Geldstücke auf dem Ballon ändern sich nicht, nur sein Radius.

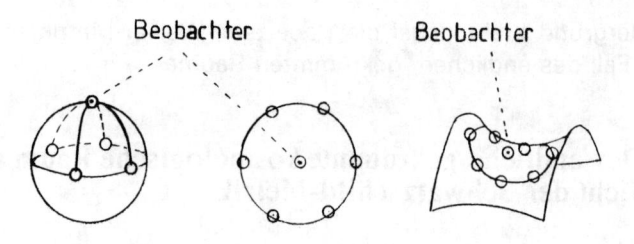

Abb. 14.3 Galaxienverteilung im Weltall

In gleichem Abstand vom Beobachter liegen bei gleicher Dichte auf einer Kugel weniger Galaxien als in der Ebene, auf einer Sattelfläche sind es mehr.

kugelförmige Masse zugrunde, ergab sich aus der Schwarzschild-Metrik:

a) ein unendlicher Raum, da der Radius r unbegrenzt wachsen darf
b) im Unendlichen ist dieser Raum ein Minkowski-Raum, d.h. er ist dort flach, nicht gekrümmt, mit anderen Worten euklidisch.

Grob betrachtet, bildet sich ein Universum, indem man zu einer kugelförmigen Masse viele kugelförmige Massen hinzufügt, so viele wie das Weltall Sonnen umfaßt und man darf vermuten:

a) der Raum wird dadurch nicht kleiner, d.h. er bleibt unendlich
b) in der Nähe jeder kugelförmigen Masse hat er die Gestalt der Schwarzschild-Metrik
c) in großer Entfernung zu allen von ihnen ist er flach, d.h. nicht gekrümmt.

Die Konsequenz lautet: Das Universum sollte bei diesem Vorgang nicht endlich werden, sondern unendlich bleiben oder mit anderen Worten, nimmt man an, das Universum bestünde aus nur einer kugelförmigen Masse, ist es unendlich, wie die Schwarzschild-Metrik aussagt, fügt man viele weitere Massen hinzu, so viele wie das Universum umfaßt, sollte es insgesamt nicht schrumpfen.

Warum dennoch das Universum für möglicherweise endlich gehalten wird, zeigt die Diskussion des sog. kosmologischen Prinzips und die damit verbundene Robertson-Walker-Metrik.

14.3 Das kosmologische Prinzip und das mitbewegte Koordinatensystem

Das Universum ist teilweise hierarchisch aufgebaut:

a) Planeten mit Monden kreisen um Sonnen und bilden Sonnensysteme
b) Sonnensysteme bewegen sich um ein gemeinsames Zentrum und bilden eine Galaxie

c) Galaxien bilden ein Galaxiensystem und umkreisen ihren gemeinsamen Schwerpunkt

So bildet unser Milchstraßensystem eine Galaxie und zusammen mit Andromedanebel und weiteren Galaxien die lokale Gruppe, ein Galaxiensystem (102). Es spricht einiges dafür, daß auch Galaxiensysteme in Superhaufen strukturiert sind, aber darüberhinaus vermutet man keine weiteren Strukturen (116) (126). Sie alle erscheinen am Sternenhimmel als diskrete Punkte, der Sternenhimmel ist weder gleichmäßig hell oder dunkel und die Vorstellung eines homogenen Weltalls kann bestenfalls im Mittel gerechtfertigt sein.

Genau diese Annahme, im Weltall sei kein Ort vor den übrigen ausgezeichnet, alle Richtungen seien gleichwertig, in allen erscheine die Welt in gleicher Weise (Isotropie) und in allen räumlichen Bereichen, gleichgültig wo diese Teilräume liegen, habe die Welt die gleiche Gestalt (Homogenität), diese Annahme wird gemacht und als kosmologisches Prinzip bezeichnet. Dabei sind Isotropie und Homogenität zwei sich in gewisser Weise gegenseitig einschließende Begriffe.

Das kosmologische Prinzip, Abb. 14.1, kann für die Galaxienhaufen des Universums als erfüllt angesehen werden. Man stellt sie sich als Staubkörner vor, die voneinander gewisse Abstände haben. Für jedes Staubkorn gibt es Koordinaten und Koordinatenwerte; die Milliarden von Sonnen mit ihren Planetensystemen innerhalb eines Galaxiensystems haben in kosmologischen Betrachtungen dieselbe Position.

Gedanklich sind eine Reihe von Einwänden gegen das kosmologische Prinzip möglich. Es ist der Erfolg, der es rechtfertigt, da mit diesem einfachsten Kosmosmodell eine Reihe von Beobachtungen überraschend gut erklärt werden (116).

Weltmodelle mit Galaxienhaufen als Staubkörner lassen sich für beliebige Koordinatensysteme entwickeln. Als besonders zweckmäßig erweisen sich sog. mitbewegte Koordinaten. Man geht aus von Kugelkoordinaten a, Θ, Φ (Kap. 13), jeder Galaxienhaufen ist durch die drei Koordinaten im Universum lokalisierbar. Θ und Φ sind Winkel, im normalen Raum ist a eine Entfernung in radialer Richtung, im dreidimensionalen gekrümmten Raum ebenfalls ein Winkel, aber auch radiale

Abstände kann man in Grad angeben, wenn man entsprechend eicht. So ist eine Seemeile eine Bogenminute auf der Erdoberfläche. Das Universum wird in mitbewegten Koordinaten beschrieben, wenn jede Galaxie genau die Koordinaten für alle Zeiten behält, die sie zu Beginn bekommen hat. Dazu betrachte man den Luftballon in Abb. 14.2 mit darauf befestigten Geldstücken. Deren Position ist durch Θ und Φ festgelegt. Der Radius ändert sich, je stärker der Ballon aufgeblasen wird, ist aber für alle Geldstücke derselbe. Wie sich zeigt, gilt die entsprechende Situation für das Universum, es verändert sich allein unter Einfluß der Gravitationskräfte. Das hat zur Folge, daß alle Galaxienhaufen untereinander unverändert ihre Lage behalten wie Geldstücke auf einem Luftballon. Was sich in der Zeit ändert, ist eine Größe, die analog als Weltradius bezeichnet wird. Auf das Luftballon-Beispiel reduziert, gibt es nur zwei Fragen:

a) welche Art gekrümmten Raumes bildet das Universum zu einem bestimmten Zeitpunkt,
b) wie ändert sich der Radius des Weltalls als Funktion der Zeit?

Die zweite Frage wird hier nur soweit diskutiert, wie sie zum Verständnis der ersten beiträgt.

Elegant läßt sich für dieses Modell die Gleichzeitigkeit zweier Ereignisse definieren. Die Synchronisation von Uhren mit Lichtsignalen, wie in der speziellen Relativitätstheorie, versagt nicht nur wegen der Entfernungen sondern auch, weil Galaxien relativ zueinander beschleunigt werden und relativ zueinander ruhende Uhren unterschiedlich schnell ablaufen könnten. Aber von jeder Galaxie aus kann der augenblickliche Weltradius (so wie der Umfang des Luftballons) beobachtet werden und für alle Galaxien besteht dieselbe Uhrzeit, wenn der Weltradius für sie denselben Wert besitzt.

14.4 Die Robertson-Walker-Metrik

So, wie sich aus einer zentralsymmetrischen Massenverteilung die Schwarzschild-Metrik herleiten läßt und sie den dazu gehörigen Raum beschreibt, gilt entsprechend die Robertson-Walker-Metrik, wenn man das kosmologische Prinzip voraussetzen darf. In ihrer allgemeinsten Form umfaßt sie alle drei Arten konstanter Räume (sphärisch, normal, d.h. euklidisch, hyperbolisch). Beschränkt man sich auf den theoretisch wichtigsten Fall eines endlichen Raumes gilt die sphärische Form der Robertson-Walker-Metrik:

(14.1) $$ds^2 = R^2 [\, d\alpha^2 + \sin^2(\alpha) (\, d\Theta^2 + \sin^2(\Theta)\, d\Phi^2\,)\,] - c^2\, dt^2$$

(Für die übrigen beiden Fälle ist sin(α) durch α (normaler Raum) und sinh(α) (hyperbolischer Raum) zu ersetzen, im normalen Raum wird so r durch das Produkt R α beschrieben.)

Es bedeuten

α, Θ, Φ die Kugelkoordinaten wie für die Sphäre S3 in Formel (13.17)
dα, dΘ, dΦ sind die Differenzen dieser Koordinaten für zwei nahe Punkte,
dt   ist die Zeitdifferenz für zwei dicht aufeinanderfolgende Ereignisse, ausgedrückt in der Koordinatenzeit t.
ds   ist der raumzeitliche Abstand zweier naher Punkte, wie für die Schwarzschild-Metrik, und beschreibt das, was mit idealen Maßstäben und Uhren gemessen wird.

R wird als Weltradius bezeichnet, er ist eine Funktion der Zeit und läßt sich mit der allgemeinen Relativitätstheorie unter Zusatzannahmen berechnen (s.Abb. 14.7 und Kap. 14.7).

Jeder Galaxienhaufen hat während der gesamten Entwicklung des Universums die konstanten Koordinaten α, Θ, Φ, d.h. es besteht ein mitbewegtes Koordinatensystem. Ursprung des Koordinatensystems kann jeder beliebige Punkt des endlichen Universums sein, da wegen des kosmologischen Prinzips alle Punkte des Universums gleichwertig sein sollen.

Die nun folgende Diskussion der Robertson-Walker-Metrik ist im wesentlichen eine physikalische Interpretation der mathematischen Ausführungen über konstante gekrümmte Räume von Kap. 13 und ist in

14. Kosmologie

vielem ähnlich zur Untersuchung der Schwarzschild-Metrik.

Am einfachsten ist in Formel (14.1) das letzte Glied $c^2 \, dt^2$ zu verstehen. t beschreibt die Koordinatenzeit. Sie stimmt im Gegensatz zur Schwarzschild-Metrik mit der Eigenzeit aller im bewegten Koordinatensystem ruhenden Uhren überein, denn für $d\alpha$, $d\Theta$, $d\Phi$ gleich null gilt:

(14.2) $\qquad ds^2 = -c^2 \, dt^2$

ds ist der raumzeitliche Abstand zweier Ereignisse, in diesem Sonderfall, da die räumlichen Koordinaten sich nicht ändern, beschreibt ds das Eigenzeitintervall von im mitbewegten Koordinatensystem ruhenden Uhren. Im Vergleich dazu besitzt der entsprechende Teil der Schwarzschild-Metrik (11.5) noch einen Faktor A, der den Unterschied zwischen der Eigenzeit und Koordinatenzeit und damit das Nachgehen von Uhren in Gravitationsfeldern ausdrückt. Im mitbewegten Koordinatensystem ruhende Uhren sind in Wirklichkeit frei fallende Uhren. Um welchen Faktor sie langsamer gehen als weit entfernte Uhren außerhalb des Feldes, wird nicht mit (14.2) beantwortet. Diese Frage paßt schlecht oder gar nicht zum kosmologischen Prinzip, für das alle Punkte gleichwertig sind und ein Außerhalb nicht besteht.

Setzt man in Formel (14.1) dt gleich null, erhält man den räumlichen Teil der Robertson-Walker-Metrik:

(14.3) $\quad ds^2 = R^2 \, [\, d\alpha^2 + \sin^2(\alpha) \, (\, d\Theta^2 + \sin^2(\Theta) \, d\Phi^2 \,) \,]$

ds ist jetzt der räumliche Abstand zweier naher Punkte. Dabei ist der augenblickliche Wert des Weltradius R für die Diskussion der Raumkrümmung unerheblich.

Formel (14.3) kann unmittelbar mit Formel (13.17) verglichen werden. Sie sind identisch, der räumliche Teil der Robertson-Walker-Metrik stellt eine dreidimensionale Kugelfläche dar. Dies ist die naheliegenste Deutung. In Frage käme auch - so wie für die normale (euklidische) Ebene die Zylinderfläche - der elliptische Raum, dem anschaulich die halbe dreidimensionale Sphäre entspricht. Alle Ausführungen über mathematische gekrümmte Räume in Kap. 13 sind auf den Kosmos übertragbar, insbesondere hat man damit eine anschauliche Vorstellung über dreidimensionale gekrümmte Räume, ihre Projektion in den normalen Raum und die Erstellung eines gekrümmtem Koordinatensystems.

Wegen der großen Bedeutung soll die mathematische Überlegung für endliche Räume noch einmal für kosmologische Zusammenhänge wiederholt werden: Von einem endlichen, abgeschlossenen Universum wird gesprochen, weil die Robertson-Walker-Metrik mit der Metrik einer dreidimensionalen Kugelfläche übereinstimmt. Andere gewichtige Argumente für diese These bietet die allgemeine Relativitätstheorie nicht, jedenfalls nicht solche, die Bestandteil von Lehrbüchern geworden sind. Die eigentliche physikalische Leistung liegt in der Herleitung der Metrik aus den Einsteinschen Feldgleichungen, die geometrische Deutung ist der leichtere Schritt.

Ist ein endliches Universum theoretisch abgeleitet, entsteht die naheliegende, aber grundlegende Frage: Welche Möglichkeiten gibt es, die Existenz eines endlichen, geschlossenen Universums zu erkennen und nachzuweisen? Darauf soll in den folgenden Kapiteln eingegangen werden, in denen außerdem, wie für die Schwarzschild-Metrik, neben der relativistischen die relativistisch-klassische Interpretation erörtert wird.

Um das Verständnis eines endlichen, gekrümmten Raumes zu vertiefen, zuvor einige Überlegungen zu den Fragen: Wo liegt der Rand des Universums, welches ist die Position, an der der Urknall (s.u.) stattfand, kann man das Universum verlassen? Solche Überlegungen sind sinnvoll oder sinnlos, je nach Voraussetzung.

Nimmt man an, es gäbe nur den sphärischen endlichen Raum des Universums und nichts darüber hinaus, so sind diese Fragen sinnlos. Zunächst sind alle mathematischen Räume als wirklicher Raum widerspruchsfrei denkbar, insbesondere ein dreidimensionaler sphärischer Raum. Außerhalb von ihm soll nichts sein, dann gibt es auch keinen Rand, dieser Begriff setzt ein außen voraus. Die Position des Urknalls gibt es nicht (mehr) im heutigen Universum, das gilt ganz analog zum Luftballonbeispiel. Wo ist auf dem Luftballon der Ort, an dem mit dem Aufblasen begonnen wurde? Wo ist auf dem Luftballon der Ort, zu dem er sich wieder zusammenzieht, wenn die Luft abgelassen wird?

14. Kosmologie

Man kann es nur so ausdrücken: Zu jedem Zeitpunkt besteht ein anderer, zunächst wachsender sphärischer Raum, alle Galaxien haben in ihm eine bestimmte Position, hat sich ein größerer Raum kontinuierlich gebildet, gibt es den vorigen nicht mehr. Anschaulich und deshalb als bewiesen anzusehen ist das für zweidimensionale Kugelflächen, beweisbar ist es für dreidimensionale Kugelflächen, indem man zweidimensionale Schnitte betrachtet, die zweidimensionale Kugelflächen bilden. Ein endliches Universum kann nicht verlassen werden, denn hat eine Position a, Θ, Φ zulässige Werte, dann liegt sie irgendwo im Universum und nicht außerhalb oder sie sind unzulässig, dann gibt es diese Position nicht. Man starte beispielsweise irgendwo mit einem Raumschiff. Man kann beliebig drei zueinander senkrechte Richtungen wählen und sich "gerade", d.h. auf dem kürzesten Weg in eine Richtung bewegen mit dem Ergebnis: wie auf jeder Kugelfläche gelangt man schließlich zum Ausgangspunkt zurück, bewegt man sich "nicht gerade", so geschieht dasselbe noch schneller, wenn es "gleichmäßig" geschieht, dann nämlich bewegt man sich auf einem Kreis mit noch kleinerem Radius.

Sinnvoll werden diese Fragen, wenn man sich die dreidimensionale Sphäre in einen vierdimensionalen euklidischen Raum eingebettet vorstellt. In Analogie dazu befindet sich der Luftballon irgendwo im normalen Raum. Durch das Aufblasen bildet die Oberfläche des Ballons eine kontinuierlich sich ändernde, stets neue Kugelfläche im Raum. Den Ausgangspunkt gibt es auf ihr nicht, aber an sich. Es ist im umgebenden Raum der Kugelmittelpunkt, ein bestimmter Punkt im umgebenden Raum. In gleicher Weise gibt es auch den Rand, allgemeiner: Punkte außerhalb der Kugelfläche. Ist in diesem Fall das Universum mit einem Raumschiff zu verlassen? Das hängt von den physikalischen Annahmen ab. Der umgebende Raum soll existieren, dann ist er prinzipiell auch erreichbar, aber aus der obigen Formel für die Metrik ist nicht zu entnehmen, wie das geschehen könnte. Aus der Metrik ist nicht zu entnehmen, ob der umgebende Raum existiert, sie paßt zu den beiden Annahmen: es gibt den umgebenden Raum und es gibt ihn nicht .

Wenn in der Kosmologie vom endlichen Universum gesprochen wird, meint man damit ein Universum, das sich nicht in einem Raum höherer Dimension befindet und unter dieser Voraussetzung die vorigen Fragen zu stellen, gilt zu Recht als sinnlos.

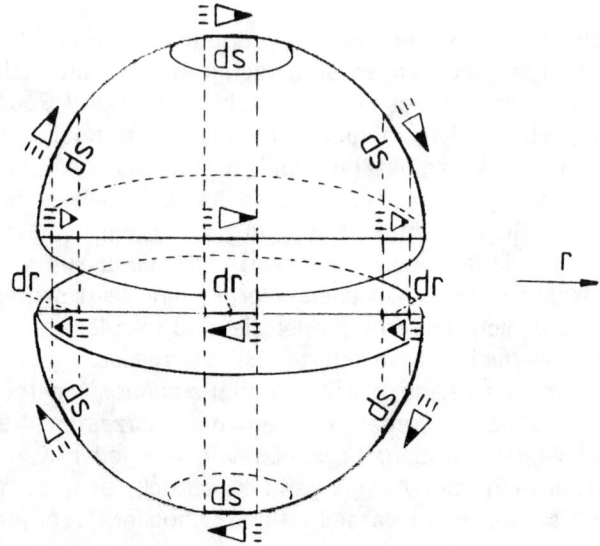

Abb. 14.4
Die Robertson-Walker-Metrik läßt sich als Rotationsfläche wie die Schwarzschild-Metrik veranschaulichen.

Für $\Theta = 90$ Grad ergibt sich eine Kugelfläche. Licht oder ein Raumfahrer bewegt sich im gekrümmten Raum längs eines Großkreises (relativistische Interpretation) oder in einer normalen (euklidischen) Ebene längs einer Geraden, wobei die Maßstäbe dr mit wachsendem Abstand vom Schwerpunkt des Weltalls schrumpfen und nicht mehr den wirklichen Abstand ds anzeigen (relativistisch-klassische Interpretation). (Soll das kosmologische Prinzip gelten, hat die Frage $r > R$ wegen der Größe von R zumindest keine praktische Bedeutung.)

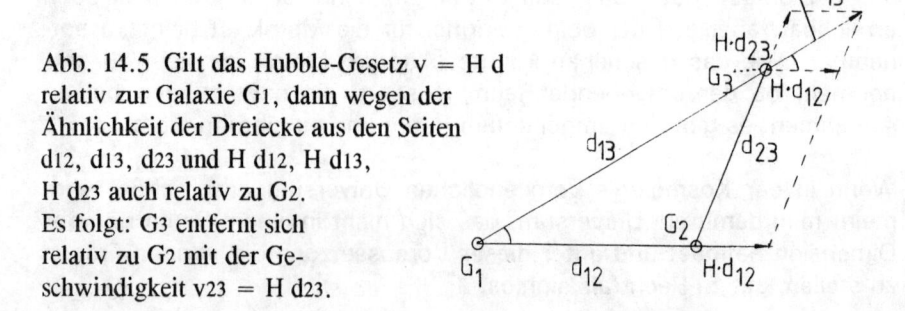

Abb. 14.5 Gilt das Hubble-Gesetz $v = H\,d$ relativ zur Galaxie G_1, dann wegen der Ähnlichkeit der Dreiecke aus den Seiten d_{12}, d_{13}, d_{23} und $H\,d_{12}$, $H\,d_{13}$, $H\,d_{23}$ auch relativ zu G_2.
Es folgt: G_3 entfernt sich relativ zu G_2 mit der Geschwindigkeit $v_{23} = H\,d_{23}$.

14.5 Die relativistisch-klassische Interpretation der Robertson-Walker-Metrik als Maßstabsveränderungen

So wie die Schwarzschild-Metrik verstanden werden konnte als der formelmäßige Ausdruck für die Änderung von Maßstäben in einem zentralsysmmetrischen Gravitationsfeld, beschreibt die Robertson-Walker-Metrik die möglichen Änderungen von Maßstäben, sobald das kosmologische Prinzip erfüllt ist. Dies wird als relativistisch-klassische Interpretation bezeichnet, weil sich mit ihr die Vorstellung eines flachen Raumes verbindet.

Es ist auf viele Arten möglich, die Robertson-Walker-Metrik auf den normalen Raum abzubilden. Im einfachsten Fall wird die dreidimensionale Sphäre auf eine Kugel in den normalen Raum projiziert. Das ist in Kap.13 mit Formel (13.21) durchgeführt worden. Die Robertson-Walker-Metrik nimmt die Gestalt an:

$$(14.5) \qquad ds^2 = A\, dr^2 + r^2 (\,d\Theta^2 + \sin^2(\Theta)\, d\Phi^2\,)$$

mit

$$A = \frac{1}{\cos^2(\alpha)} \quad \text{oder als Funktion von r:} \quad A = \frac{1}{1 - r^2/R^2}$$

Dabei gilt: $0 <= r <= R$, $r = R \sin(\alpha)$, $dr = R \cos(\alpha)\, d\alpha$

Das Universum ist jetzt ein normaler (euklidischer) Raum, seine Punkte haben die Kugelkoordinaten r, Θ, Φ. Wird der Abstand zweier Punkte mit normalen Maßstäben ds gemessen, gibt ds die wahre Länge nur dann an, wenn ds tangential gestellt ist. Ist ds radial gestellt, so ist die wahre Länge $ds \cos(\alpha)$. In Abb. 14.4 ist das für den Fall $\Theta = 90°$, der Äquatorebene, grafisch dargestellt - analog zu Abb. 11.8 der Schwarzschild-Metrik - und entspricht mathematisch der Abbildung 13.8.

Global betrachtet unterscheiden sich beide Interpretationen. In der relativistisch-klassischen Interpretation ist bei dieser Projektion das kosmologische Prinzip nur angenähert erfüllt, da R einen endlichen Wert hat. Das ändert sich für eine stereografische Projektion. Darauf soll nicht

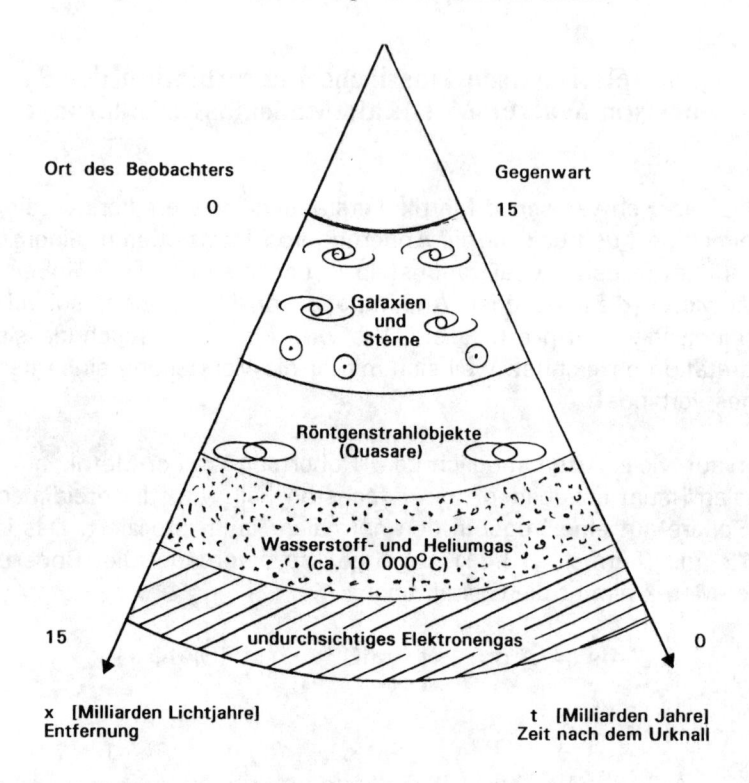

Abb. 14.6 Der Blick ins Weltall: Objekte in großer Entfernung sieht man so, wie sie vor langer Zeit aussahen. (126)

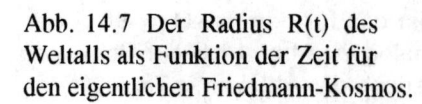

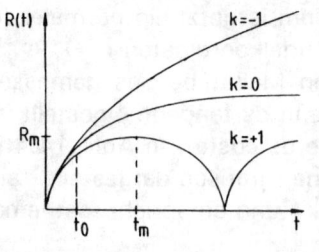

Abb. 14.7 Der Radius R(t) des Weltalls als Funktion der Zeit für den eigentlichen Friedmann-Kosmos.

$k = -1$: unendlicher hyperbolischer Raum
$k = 0$: unendlicher normaler (euklidischer) Raum
$k = +1$: endlicher sphärischer Raum (Zahlenwerte für $k = +1$ siehe Anhang)
R_m: maximaler Radius, t_0: heutige Zeit, t_m: Zeitpunkt größter Ausdehnung

weiter eingegangen werden. Wegen des immensen Wertes von R fehlt ein Bezug zu astronomischen Beobachtungen und es berührt die Methode nicht prinzipiell.

Als Koordinatenzeit t kann in diesem Maßstabsmodell, ebenso wie in der Interpretation als dreidimensionaler gekrümmter Raum, die Eigenzeit von in den Galaxien ruhenden Uhren verwendet werden.

Der Koordinatenursprung liegt im Zentrum des Universums und ist gleichzeitig der Ort des Urknalls (s.u.). Galaxien gibt es nur innerhalb der Kugel mit dem Radius R, im Abstand R vom Ursprung ist die Gravitationskraft maximal. Die Ausdehnung des Universums (s.u.) bedeutet auch hier eine Zeitabhängigkeit für R.

In diesem Modell kann ein Raumschiff den kugelförmigen Teil des Weltalls verlassen. Es hängt von der Größe der Gravitationskräfte im Abstand R ab, wieviel Energie dazu benötigt wird, aber prinzipiell ist es möglich.

14.6 Beobachtungen im Universum

Die Robertson-Walker-Metrik enthält sowohl in der sphärischen als auch in der nichtsphärischen Form einen Faktor R(t), dessen Zeitabhängigkeit man zur Interpretation der möglichen kosmischen Räume nicht kennen muß. Das ändert sich, wenn durch Beobachtung überprüft werden soll, welcher dieser Räume real existiert.

Zunächst einmal ist das heutige Universum, wie es beobachtbar ist, unstetig, nicht homogen und anisotrop, wenn man an Materieanhäufungen in Form von Sonnen und Planeten und den großen freien Raum zwischen ihnen denkt. Für Galaxien gilt ähnliches, erst Galaxienhaufen sind näherungsweise gleichmäßig über das Universum verteilt. Keine Richtung im Universum ist dann ausgezeichnet (isotrop) und an jedem Ort ist die Dichte der Galaxienhaufen etwa gleich (homogen). Erst in diesen Größenbereichen passen Beobachtung und Robertson-Walker-Metrik zusammen.

Eine erste wesentliche Beobachtung im Universum liegt in der Entdeckung der radialen Fluchtgeschwindigkeit aller Galaxien relativ zu einem beliebigen Beobachtungspunkt (z.B. der Erde). Für diese Bewegung gilt das berühmte Hubblesche Gesetz:

(14.6) $\qquad v_{galaxie} = H(t) \, d_{galaxie}$

v ist die Fluchtgeschwindigkeit einer Galaxie im Abstand d vom Beobachter, H(t) die Hubble-Konstante. Je weiter eine Galaxie vom Beobachter entfernt ist, desto größer ist auch die Geschwindigkeit, mit der sie sich vom Beobachter entfernt (101) (102) (126) (127).

Beobachtbar ist dieses Gesetz nur von der Erde aus, es läßt sich aber leicht zeigen, daß es dann für jeden anderen Beobachtungsort genauso lauten muß, s. Abb. 14.5. Das heißt aber, jede Galaxie im Weltraum kann sich als Mittelpunkt des Universums ansehen. Zur weiteren Erklärung betrachte man das Luftballonbeispiel, Abb. 14.2. Der Luftballon wird aufgeblasen, die Geldstücke darauf entfernen sich immer stärker voneinander und je weiter sie voneinander entfernt sind, um so schneller. Das gilt relativ zu jedem der Geldstücke. Man kann sich vorstellen, daß der Ballon sich ins Unendliche ausdehnt, aber auch, daß er, wenn eine maximale Größe erreicht ist, wieder Luft abgibt und schrumpft. Beide Vorstellungen treffen auch für die Entwicklung des Weltalls zu.

Nicht beobachtbar ist die Ausdehnung des Universums an irgendwelchen irdischen Abmessungen. Durch komplizierte Rechnungen läßt sich zeigen, daß die Galaxien selbst, wie die Geldstücke auf dem Luftballon, ihre Abmessungen nicht ändern. (Betrachtet man die Flucht der Galaxien ganz unkompliziert als das Auseinanderfliegen von Bruchstücken nach einer Explosion, so versteht es sich von selbst, daß die Bruchstücke für sich ihre Größe nicht ändern.) Die Flucht der Galaxien ist durch die Rotverschiebung des von ihnen ausgesandten Lichts nachgewiesen. Je höher die Fluchtgeschwindigkeit desto geringer wird die Frequenz von auf der Erde empfangenen Lichtsignalen, sie verfärben sich von blau nach rot.

Die radiale Fluchtgeschwindigkeit der Galaxien wird als Folge einer vor ca. 15 Milliarden Jahren erfolgten Explosion, dem Urknall, angesehen und es liegt nahe zu fragen, wo im Weltall er stattgefunden haben

14. Kosmologie

kann. Wegen des Hubbleschen Gesetzes kann sich jede Galaxie als Mittelpunkt ansehen, höchstens eine kann es sein. Interpretiert man die Robertson-Walker-Metrik relativistisch-klassisch, ist der Ort des Urknalls der Schwerpunkt des Weltalls, an dieser Stelle liegt der Mittelpunkt der Kugel, auf die der Raum der Robertson-Walker-Metrik projiziert wird. Betrachtet man das Weltall relativistisch als dreidimensionale Sphäre, dann gibt es keinen Mittelpunkt. Die dreidimensionale Sphäre ändert ihr Volumen, sie kann auf Null schrumpfen. Wie der Luftballon hat sie keinen ausgezeichneten Punkt und der Ausgangspunkt liegt nicht auf dem Ballon bzw. der Sphäre, oder etwas weniger präzise: alle Punkte waren Ausgangspunkt des Urknalls.

Eine weitere wichtige kosmologische Beobachtung ist die Hintergrundstrahlung. Dies sind Mikrowellen aus dem Weltall, die von allen Seiten nahezu isotrop auf die Erde treffen. Man nimmt an, daß sie aus den Anfängen des Weltalls übrig geblieben ist - nach folgenden Modell: Beim Urknall hat sich zunächst heißes Gas in alle Richtungen ausgebreitet, aus diesem Gas haben sich dann die Galaxien mit den Sonnen gebildet. Die von dem heißen Gas ausgesandten Lichtwellen sind noch heute sichtbar, wenn sie von Gasresten stammen, die sich in weiter Entfernung von der Erde befanden. Da sich alle Materie - Gasreste ebenso wie Galaxien - fast mit Lichtgeschwindigkeit wegbewegen, wenn sie nur weit genug entfernt sind (Hubblesches Gesetz), wird helles Licht zur Mikrowelle auf Grund der Rotverschiebung.

Eine Eigenschaft des heutigen Universums, die dem Standardmodell nicht widerspricht, aber mit seiner Hilfe nicht erklärt werden kann, liegt in den relativ geringen Dichteschwankungen des Weltalls. Aus ihnen ergibt sich ein noch homogeneres Universum in seiner Frühzeit, da sich anfänglich geringe Dichtefluktuationen im Laufe der Entwicklung verstärken (müßten). Was dem Standardmodell fehlt, ist ein "glättender Mechanismus" (114), der die heutige Homogenität des Weltalls erklären könnte.

Fließbach (114) beschreibt dieses Phänomen so: "Das kosmologische Standardmodell liefert ... keine Erklärung für diese außerordentliche Flachheit (Anm.: des Universums). Man kann auch zeitlich umgekehrt argumentieren: Kleine Krümmungen ... zu früher Zeit müßten heute zu großen Krümmungen geführt haben. Von daher gesehen ist die heutige (relative) Flachheit ein Rätsel. (Anm.: $k = 0$, s. Kap. 14.7)

"Ein verwandtes Problem ist das Dichtefluktuationsproblem: Anfangs sehr kleine Dichteschwankungen verstärken sich unter dem Einfluß der Gravitation. Die heutige relative Homogenität der Materieverteilung im Großen, insbesondere aber die Isotropie der Hintergrundstrahlung erfordert im Standardmodell ein unwahrscheinlich homogenes Universum in seiner Frühzeit."

(Auf Grund der Überlegungen in Teil I zum Ehrenfest-Paradox und zu den Beschleunigungsspannungen von Dewan-Beran (Kap. 6.2) kann man sich einen "glättenden Mechanismus" denken: Da die Ausbreitungsgeschwindigkeit des Kosmos abnimmt, müssen sich kompakte Teile des Kosmos wegen der abnehmenden Lorentz-Kontraktion ausdehnen und zwar auf Kosten der weniger kompakten Bereiche; mit anderen Worten, dichtere Bereiche werden sich auf Kosten weniger dichter Bereiche ausdehnen und eine Glättung bewirken, sofern kein Staubmodell vorliegt. In gleicher Weise müßte mit dieser Überlegung die Hintergrundstrahlung heute homogener erscheinen, als sie ursprünglich einmal gewesen ist. Ähnlich wirkt die abnehmende Gravitationskraft durch die Expansion des Weltalls - gemäß der relativistisch-klassischen Interpretation dehnen sich Maßstäbe dann real aus. Analog zum Beispiel der rotierenden Scheibe v. Abb. 7.5-2 entstehen Ausdehnungskräfte unterschiedlicher Größe für unterschiedlich kompakte Bereiche. Im Unterschied zur rotierenden Scheibe befinden sich die stärker kontrahierten Elemente am inneren Rand (Schwarzschild-Radius) und offen ist, wie stark sie radial oder tangential verkürzt sind (Kap. 11.8) - eine Anregung zu eigenen Gedanken und eine weitere Veranschaulichung der beiden Interpretationsweisen, (noch) keine Wiedergabe von Fachliteratur.)

In der Fachliteratur wird für dieses Problem das sog. Inflationäre Modell eingeführt und für die Anfangszeit des Universums eine besonders schnelle Ausdehnung (Inflation) angenommen (114, 128-1). Die damit verbundenen quantenmechanischen Überlegungen können hier nicht wiedergegeben werden, da sie kein Thema für Raum-Zeit-Konzepte der speziellen und allgemeinen Relativitätstheorie darstellen.

Eine weitere beobachtete mögliche Zwischenstufe auf der Entwicklung zu einer Galaxie sind die Röntgenstrahlung aussendenden Quasare. Galaxien und deren Sterne, Quasare sowie die Gaswolken, von denen die Hintergrundstrahlung ausgesandt wird, befinden sich unterschiedlich weit von der Erde entfernt, so daß man das Bild 14.6 zeichnen kann (126). Betrachtet man weit entfernte Objekte, blickt man gleichzeitig zurück in die Vergangenheit, weil die Objekte so sichtbar werden, wie sie aussahen, als das Licht ausgesandt wurde.

Insbesondere für die Hintergrundstrahlung entsteht dabei folgende Frage: Sie soll von Objekten stammen, die 15 Milliarden Lichtjahre entfernt sind. Sie wurde somit vor 15 Milliarden Jahren ausgesandt. Zu dieser Zeit hatte das Universum noch die geringe Ausdehnung von ca. 300000 Lichtjahren, das Gas kann sich gar nicht in der Entfernung von 15 Milliarden Lichtjahren befunden haben, von wo die Hintergrundstrahlung heute herkommen soll. Die Erklärung für diesen scheinbar widersprüchlichen Sachverhalt liegt im mitbewegten Koordinatensystem. Man betrachte die Hintergrundstrahlung, die ihren Ursprung in einer Gaswolke an einer bestimmten Position (a_0, Θ_0, Φ_0) hat. Diese Position behält die Gaswolke, solange sie besteht und wird von der Galaxie übernommen, die sich aus der Gaswolke entwickelt. Als Ursprung der Hintergrundstrahlung wird die Position (a_0, Θ_0, Φ_0) angesehen, die heute eine Entfernung von 15 Milliarden Lichtjahren hat. Heute befindet sich an dieser Stelle ebenfalls eine Galaxie, wie man erst in mehr als 15 Milliarden Lichtjahren sehen kann.

In der gleichen Weise kann man erklären, warum die Hintergrundstrahlung aus allen Richtungen auf die Erde trifft, obwohl das Weltall vor 15 Milliarden Jahren nur die Ausdehnung in der Größenordnung einer Galaxie hatte und man schließen könnte, die Hintergrundstrahlung dürfte nur aus dieser Richtung eintreffen. Hat sich die Hintergrundstrahlung, als sie entstand, gleichmäßig von allen Richtungen auf die Position, die heute die Erde hat, zubewegt, gilt das auch heute noch für die Strahlung, die die Erde noch nicht erreicht hat.

Das Hubblesche Gesetz, das durch die Rotverschiebung nachgewiesen wurde, und die Entdeckung der Hintergrundstrahlung sind die Hauptstützen für die These eines Urkalls, des sog. kosmischen Standardmodells. Es wird nicht von allen Astrophysikern akzeptiert.

14.7 Die kosmologischen Alternativen zum endlichen sphärischen Raum: das unendliche euklidische und unendliche hyperbolische Weltall.

Die Robertson-Walker-Metrik ergab sich aus dem kosmologischen Prinzip. In Kap. 14.4 wurde der sphärische Teil der Robertson-Walker-Metrik behandelt, der sich auf ein endliches Universum bezieht. Die beiden anderen Alternativen beziehen sich auf ein euklidisch-unendliches oder hyperbolisch-unendliches Weltall. Alle drei unterscheiden sich voneinander durch einen Faktor k, wenn man für die Robertson-Walker-Metrik eine andere Darstellung wählt. (111) - (121)

k = 1, sphärischer Raum, die Bewegungsenergie des Weltalls ist gering, die heutige Expansion des Weltalls wird sich umkehren.

k = 0, normaler (euklidischer) Raum, die Expansion des Weltalls endet in sehr großer Entfernung, im Unendlichen; Bewegungsenergie und Gravitationsenergie halten sich die Waage.

k = -1, die Bewegungsenergie des Weltalls übersteigt die Gravitationskräfte, auch in beliebiger (unendlicher) Entfernung bleibt die Expansion bestehen.

Alle drei Fälle lassen sich durch die Zeitabhängigkeit des Weltradius R unterscheiden. Für den physikalisch einfachsten Fall des Staubmodells - man nimmt an, die Galaxien verhalten sich wie Staubkörner, sie bilden kein Gas, das einen inneren Druck besitzt - läßt sich R(t) berechnen, das Ergebnis ist in Abb. 14.7 dargestellt. Allen gemeinsam ist die These eines Urknalls. Dieses einfachste, aber aussagekräftige kosmologische Modell wird nach seinem Entdecker als eigentlicher Friedmann-Kosmos bezeichnet.

Natürlich würde es genügen, den Weltradius R als Funktion der Zeit t zu beobachten, um eine Entscheidung zwischen den drei Modellen zu ermöglichen. Dazu reichen die Beobachtungszeiträume nicht aus. Es verbleiben jedoch folgende Möglichkeiten:

a) Die Fälle k = 1, 0, -1 unterscheiden sich in ihrer Bewegungsenergie bzw. in der Größe der bestehenden Gravitationskräfte. Diese sind von der Gesamtmasse des Weltalls abhängig und bei gegebenem Volumen von der Dichte der Materie im Weltall. Liegt sie oberhalb eines kritischen Wertes, ist das Weltall endlich und die Expansion wird sich umkehren. Die Dichte des Weltalls läßt sich durch Galaxienzählungen und weitere Beobachtungen ermitteln. Da es im Weltall sog. dunkle Materie gibt, die nicht unmittelbar beobachtbar ist, sind Zweifel erlaubt, aber "die gegenwärtig beobachtete Massendichte liegt unterhalb der kritischen Dichte... wir müßten in einer offenen Welt leben" Stephani (116).

b) Wird Licht in einem endlichen Weltall in eine beliebige Richtung ausgesandt, trifft es nach endlicher Zeit wieder am Ausgangspunkt ein. Es kann das Weltall nicht verlassen, seine stets "gerade" Bahn ist kreisförmig geschlossen. Die dazu benötigte Zeit läßt sich berechnen, sie ist genau so groß, wie das Universum besteht. Wird das Lichtsignal kurz nach dem Urknall emittiert, hat es beim Kollaps des Weltalls die Rundreise noch nicht beendet. Wheeler (121).

c) Die mathematischen Beziehungen für Kreisumfänge, Winkelsummen in Dreiecken, Volumen von Kugeln, die Tatsache, daß es keine Parallelen gibt, d.h. alle Eigenschaften der sphärischen Geometrie sind in einem endlichen Weltall erfüllt, aber wegen der erforderlichen großen Abstände nicht mit üblichen Maßstäben überprüfbar.

d) Nimmt man an, daß die Galaxien im Weltall gleichverteilt sind und zählt man die Galaxien als Funktion der Entfernung, so ist für die verschiedenen Raumformen ein unterschiedliches Ergebnis zu erwarten, s. Abb. 14.3. Für ein endliches Universum ist die Galaxienanzahl geringer als für den normalen Raum (und am größten für den hyperbolischen Fall), weil die zugehörigen Kreisumfänge bzw. Kugelflächen für endliche Räume am kleinsten sind. Entsprechende Abschätzungen sind durchgeführt worden, haben aber kein signifikantes Ergebnis (101) (116).

Abschließend einige Zitate zur Frage, ob das Weltall nachweisbar endlich ist:

"Die Frage nach der Struktur des Weltalls im großen ist ... ungelöst. Endliches oder unendliches Weltall - eine Entscheidung ist derzeit nicht möglich." Sexl (101)

"Als besten, mit allen Beobachtungsdaten verträglichen Wert haben wir (Anm.: für die mittlere Dichte den Wert) 0.1 angenommen. Demnach leben wir in einem offenen, sich fortwährend ausdehnenden Universum abnehmender Dichte." Unsöld, Baschek (127) Die - seltenere - Gegenthese vertritt Berry (111).

14.8 Die relativistische Interpretation (gekrümmter Raum) und die relativistisch-klassische Interpretation (Maßstabsveränderungen) des endlichen kosmologischen Raumes im Vergleich

14.8.1 Überblick

Ob das Weltall endlich oder unendlich ist, läßt sich nur durch Beobachtung entscheiden, die allgemeine Relativitätstheorie erlaubt beide Varianten. Unabhängig davon und ebenso nur durch Beobachtung zu entscheiden, ist die Frage, ob der Raum des Universums real gekrümmt ist (relativistische Interpretation), oder ob es keine in Gravitationsfeldern idealen Maßstäbe und Uhren gibt, wie es der relativistisch-klassischen Interpretation entspricht. Diese alternativen Deutungen wurden für den endlichen Fall ausführlich erläutert und gelten ganz analog auch für ein hyperbolisch-unendliches Weltall, worauf nicht weiter eingegangen wird.

Zu einer Unterscheidung zwischen beiden Alternativen - die wegen der These von Poincare' höchstens unterschiedlich plausibel ausfallen kann - lassen sich die nachfolgenden Argumente anführen. Sie beruhen weitgehend auf den Unterschieden zwischen innerer und äußerer Krümmung, und zwischen lokalen und globalen Flächeneigenschaften, die mathematisch in Kap. 13 diskutiert worden sind.

a) Zur Robertson-Walker-Metrik passen als Räume nicht nur die dreidimensionale Kugelfläche sondern auch der elliptische Raum, der ebenfalls geschlossen ist, sowie offene Modelle, nämlich Rotationsflächen elliptischer Integrale (130). Die Entscheidung für die dreidimensionale Sphäre rechtfertigt man damit, daß sie die allgemeinste und einfachste Lösung darstellt - ist der Raum gekrümmt, darf man ohne weitere, unterscheidende Kriterien jeden dieser gekrümmten Räume auswählen.

b) Global besteht zwischen den Räumen der beiden Interpretationen ein Unterschied. Hat man beispielsweise die Metrik $ds^2 = dx^2 + dy^2$, die sowohl für die normale Ebene als auch für einen Zylinder gültig ist, kann man mit Lichtsignalen oder durch eine Raumfahrt zwischen beiden unterscheiden. In Richtung der Zylinderachse ausgesandte Lichtsignale verschwinden im Unendlichen, senkrecht dazu treffen sie nach endlicher Zeit aus der entgegengesetzten Richtung am Ausgangspunkt ein. Ähnlich liegt es mit der endlichen dreidimensionalen Sphäre: Lichtstrahlen oder Raumschiffe können sie niemals verlassen. Sämtliche a, Θ, Φ - Positionen sind zwar erreichbar, doch liegen diese Punkte stets auf der dreidimensionalen Sphäre. Lichtstrahlen, die vom Punkt a, Θ, Φ ausgesandt wurden, erreichen ihren Gegenpol $180° - a$, $180° - \Theta$, Φ und fliegen dort geradeaus weiter und kehren "von hinten" zum Ausgangspunkt zurück.

Diese Vorhersagen sind mit der Maßstabsinterpretation nicht vereinbar, im globalen Bereich unterscheiden sie sich: Erreicht ein radial ausgesandtes Lichtsignal den Rand des Universums (Θ, Φ beliebig, $r = R(t)$), verläßt es dieses (wie Licht einen kollabierenden Stern), und bewegt sich weiter in dem nun galaxienfreien Raum, für den die Schwarzschild-Metrik gilt. D.h. der Lichtstrahl verschwindet im Unendlichen und erleidet dabei eine Rotverschiebung. Etwas anderes gilt für ein Raumschiff. Auch dieses verläßt das Universum und bewegt sich im Raum der Schwarzschild-Metrik. Dabei verliert es wegen der Gravitationskräfte ständig an Geschwindigkeit. Wird sie im endlichen Abstand zu null, kehrt das Raumschiff um, betritt wieder das Universum, kehrt zum Ausgangspunkt zurück und kommt dabei aus derselben Richtung, in der es den Startort verlassen hat.

Selbstverständlich gibt es viele Gründe, an denen ein solches Unterfangen scheitert, aber es veranschaulicht einen prinzipiellen Unterschied in beiden Modellen. Wie zuvor erläutert, dauert aber beispielsweise eine Rundreise von Lichtteilchen viel zu lange, um als Experiment in Frage zu kommen.

c) Da die allgemeine Relativitätstheorie den Newtonschen Grenzfall enthalten muß, wenn die Gravitationskräfte klein sind, was in kosmischen Dimensionen der Fall ist, darf man entsprechendes auch für das zugehörige Raummodell erwarten: Reicht die Bewegungsenergie der Galaxien nicht aus für einen hyperbolisch- oder euklidisch-unendlichen Raum, entsteht nach dem Newtonschen Gravitationsgesetz ein wieder zusammenfallendes Universum. Aber Lichtwellen und Raumschiffe können es verlassen, das Universum hat einen Rand. Es ist im Newtonschen Grenzfall nicht vorstellbar, daß ein radial sich bewegendes Objekt, wenn es am Weltrand angelangt ist, dort zur entgegengesetzten Seite des Weltalls springt, um dann radial nach innen zum Ausgangspunkt aus entgegengesetzter Richtung zurückzukehren. In einem endlichen abgeschlossenen Weltall wird das aber erwartet. Im nachfolgenden Kapitel wird gezeigt, wie gut das Friedmann-Modell auch zu den klassischen Vorstellungen paßt.

d) Ein vielleicht entscheidendes Argument liegt in der Anwendung der Robertson-Walker-Metrik auf kollabierende Sterne und auf die Entstehung von Galaxien. Auch für diese Fälle ist die Robertson-Walker-Metrik erfüllt, wie im abschließenden Kapitel gezeigt wird, aber von einem abgeschlossenen Raum, außerhalb dessen nichts ist, kann keine Rede sein, denn beide Vorgänge lassen sich prinzipiell mit Weltraumteleskopen beobachten.

Mit diesem Argument dürfte die relativistisch-klassische Interpretation an Gewicht gewinnen, und die Deutung als Maßstabsänderung in den Vordergrund treten, aber die mit der Vorstellung eines endlichen, gekrümmten Weltmodells entwickelten mathematischen und physikalischen Methoden werden ihre Bedeutung behalten und die relativistischen Thesen zu Raum und Zeit stets eine Vertiefung der klassischen Position bleiben und umgekehrt.

14.8.2 Das Newtonsche Gravitationsgesetz und der Urknall

Die wichtigsten kosmologischen Ergebnisse der allgemeinen Relativitätstheorie sind die These der Expansion des Universums, die sich im Hubbleschen Gesetz ausdrückt, die These vom Urknall und damit verbunden die Vorstellung eines sphärischen, euklidischen oder hyperbolischen Raumes. Die genau gleichen Vorhersagen, allerdings innerhalb des normalen Raums, ergeben sich auch unter der Anwendung der Newtonschen Gravitationstheorie. Wie bei jeder Explosion im Weltraum sind auch beim Urknall die drei Fälle möglich:

$k = 1$. Die Explosionsenergie ist größer als die Gravitationsenergie, d.h. die Explosionsstücke entweichen ins Unendliche
$k = 0$. Die Explosionsenergie ist genauso groß wie die Gravitationsenergie, und die Explosionsstücke haben im Unendlichen die Geschwindigkeit null
$k = -1$. Die Explosionsenergie ist kleiner als die Gravitationsenergie, d.h. die Explosionsstücke kommen in endlicher Entfernung zum Stillstand und bewegen sich wegen der bestehenden Gravitationskräfte zum Ausgangspunkt zurück, wo sie zusammenstürzen.

Gleiche Vorhersagen gelten auch für weitere Details. So entsprechen der von Einstein eingeführten sog. kosmologischen Konstanten in der Newtonschen Kosmologie abstoßende Kräfte, die erst in großer Entfernung wirksam werden (111).

Es ist nicht verwunderlich, daß die Newtonsche Gravitationstheorie in kosmischen Bereichen mit der allgemeinen Relativitätstheorie übereinstimmt, da in großen Entfernungen geringe Gravitationskräfte herrschen und dies in beiden Theorien zu fast identischen Bewegungsgleichungen führt. Eine andere Frage ist es, warum das für das relativistische Raummodell nicht gelten soll. Man kann es fordern, da zu der (quadratischen) Abnahme der Gravitationskräfte mit wachsender Entfernung die Vorstellung eines unendlichen Raumes gehört. Das spricht für die relativistisch-klassische Interpretation der Robertson-Walker-Metrik, sie wäre als Ausdruck für Maßstabsänderungen anzusehen.

14.8.3 Die Robertson-Walker-Metrik und der Gravitationskollaps von Sternen

Die Robertson-Walker-Metrik führt in der Kosmologie zu der Vorstellung des Universums als sphärischer, euklidischer oder hyperbolischer Raum oder alternativ zu der Vorstellung eines unendlichen normalen (euklidischen) Raumes mit Verkürzung von Maßstäben und Verzögerung von Uhren in Anwesenheit von Materie. Wichtig war der Fall eines endlichen Raumes. Wesentliches Argument für seine Existenz war die Interpretation der Robertson-Walker-Metrik mit möglichst wenigen Annahmen. Da wir uns im Inneren des expandierenden Universums befinden und zu dem Begriff Universum die Vorstellung, man betrachte es von außerhalb, schlecht paßt, ist die Annahme eines endlichen sphärischen oder elliptischen Raumes ohne Zweifel elegant. Sie steht aber in Widerspruch zu einer andersartigen Interpretation der Robertson-Walker-Metrik im Zusammenhang mit dem Gravitationskollaps von Sternen und der Entstehung von Galaxien.

Ist in einem Stern der Kernbrennstoff verbraucht, besteht kein Gleichgewicht mehr zwischen dem thermischen Druck durch Kernfusion und dem Gravitationsdruck. Der Stern kühlt aus und kollabiert (114). Wie läuft ein solcher Prozess ab? Ein plausibles, in der Literatur diskutiertes Modell für den Kollaps ist: Mit Ende der Kernfusion besteht der Stern aus lauter Staubteilchen, denn die abgekühlte Sternmaterie bildet kein Gas mehr, das einen inneren Druck besitzt. In diesem Zustand wirken nur noch Gravitationskräfte, die Staubteilchen stürzen zu einem wenige Kilometer großen Neutronenstern zusammen, oder bei größerer Masse und damit größeren Gravitationskräften zu einem schwarzen Loch.

Das ist genau die theoretische Bedingung für die Anwendbarkeit der Robertson-Walker-Metrik. Die einzige bestehende Kraft ist die Gravitation, Staubteilchen sind im Stern die Atome, im Universum die Galaxienhaufen. Nur ein Unterschied besteht: Der Sternkollaps ist von aussen beobachtbar, sein Gravitationsfeld wird außerhalb der Sternoberfläche durch die Schwarzschild-Metrik beschrieben, die Masse des Sterns ist meßbar.

Ganz entsprechend wird das Staubmodell bei der Entstehung von Galaxien aus kosmischen Nebel angewendet. In beiden Fällen macht es keinen Sinn zu sagen, der Stern oder die Galaxie bildet einen endlichen, abgeschlossenen d.h. sphärischen oder elliptischen Raum und außerhalb dieses Raumes ist nichts. Es ist nicht einzusehen, warum für den kosmischen Raum etwas anderes gelten soll. Dazu das Zitat: "Ein expandierender "Staubstern", also ein Ausschnitt eines Friedmann-Kosmos, der nach außen von einer statischen Schwarzschild-Metrik umgeben ist (vgl. das Modell des kollabierenden Sterns ...), ist vielleicht auch ein recht gutes Weltmodell." Stephani (116)

15. Verzeichnisse

15.1 Abkürzungen und Symbole

+-	plus oder minus
$\leq$	kleiner oder gleich
$\vert =$	ungleich
$\sqrt{a} = a^{1/2}$	Wurzel aus a
Dt, Dt`...	Differenzen von Größen, z.B. Uhrzeiten t
dt, dt`...	Differenzen, die als klein anzusehen sind
$\vert x \vert$	Betrag von x
a, β, Φ, Θ	Winkel, wie üblich in griechischen Buchstaben
π	Kreiszahl 3.14...
EZ, τ	Eigenzeit
+, -, /	plus, minus, geteilt durch; ein Multiplikationszeichen wird nicht verwendet.
<, >	kleiner, größer als

Piktogramme

$\equiv \triangleright$, $\odot$ Rakete, Sonne

(Formeln und Abbildungen werden innerhalb der Kapitel aufsteigend, aber nicht stets fortlaufend numeriert, um die Zusammenhänge besser sichtbar zu machen.)

15.2 Nützliche und hypothetische Zahlen (112) (116) (121)

Lichtgeschwindigkeit c:	$2.998 \cdot 10^8$ m/s
Gravitationskonstante G:	$6.67 \cdot 10^{-11}$ m³/(kg s²)
Ein Lichtjahr:	$9.46 \cdot 10^{15}$ m
Ein Jahr:	$3.156 \cdot 10^7$ s
Masse der Sonne:	$1.99 \cdot 10^{30}$ kg
Radius der Sonne:	$6.96 \cdot 10^8$ m
Hubble-Konstante H_0 :	$1 / (1.8 \cdot 10^{10}$ Jahre)
Verzögerungsparameter q_0 :	1 +- 1

15. Verzeichnisse

(geschätzt, ein positives q_0 bedeutet: Die Ausdehnungsgeschwindigkeit des Weltalls nimmt ab)

Das Weltall besteht bis heute die Zeit t_0 : 10^{10} Jahre
(Faktor 2 bis 3 als Unsicherheit)

Dichte des Weltalls, heute:
aus Galaxienbeobachtungen: $3 \cdot 10^{-28}$ kg/m³
geschätzt, einschl. dunkler Materie: 10^{-27} kg/m³
(Faktor 10 als Unsicherheit)

Hypothetisch, berechnet für ein endliches Weltall mit den obigen Werten für H_0 und q_0 :

Maximale Ausdehnung des Weltalls Rm: $3.6 \cdot 10^{10}$ Lichtjahre
Sie wird erreicht zum Zeitpunkt t_m : $5.7 \cdot 10^{10}$ Jahre
(Das Weltall wird doppelt solange bestehen)

Bis heute vergangene Zeit t_0 : 10^{10} Jahre
Heutige Ausdehnung R_0 : $1.8 \cdot 10^{10}$ Lichtjahre
Heutige Dichte: $1.2 \cdot 10^{-26}$ kg/m³
(40 mal größer als der Wert aus Galaxienbeobachtungen)

Heutiges Volumen $V_0 = 2 \pi^2 R_0^3 =$ $9.7 \cdot 10^{79}$ m³
Gesamtmasse des Weltalls: $11.6 \cdot 10^{53}$ kg
das entspricht: $6 \cdot 10^{23}$ Sonnenmassen

(Von den hypothetischen Werten stimmt t_0 gut mit dem aus dem Alter von Gesteinen und Sternen berechneten Wert überein, die heutige Dichte wird dagegen zu hoch ermittelt. Daraus resultiert die Suche nach "dunkler Materie".)

15.3 Glossar

(Ohne Anspruch auf Vollständigkeit)

1. Spezielle Relativitätstheorie:

Antinomie: Innerer, formal nicht auflösbarer Widerspruch einer Theorie. Oft durch geringfügige Einschränkungen der Theorie zu beseitigen.

ausgezeichnetes Inertialsystem: Ein Inertialsystem, das sich von anderen in bestimmten Eigenschaften unterscheiden soll. So kann man theoretisch annehmen, die Lichtgeschwindigkeit habe nur in einem Inertialsystem den Wert c und prüfen, ob das mit dem Relativitätsprinzip vereinbar ist.

Dimension: s. Abb. 8.1. Eigenschaft von Räumen; gibt die Anzahl der unabhängigen Koordinaten an, mit der die Lage eines Punktes im zugehörigen Raum festliegt.

Eigenzeit, Eigenzeitintervall: Die Zeit, die eine mit einem bewegten oder ruhenden Körper verbundene Uhr anzeigt. Eine elementare physikalische Messung, die von jeder Theorie richtig vorhergesagt werden muß.

Einstein-Konvention zur Definition der Gleichzeitigkeit von Uhren in Inertialsystemen: Räumlich entfernte Uhren laufen nach dieser Konvention synchron, wenn die mit ihnen gemessenen Lichtgeschwindigkeiten den Wert c ergeben.

Ein-Weg-Lichtgeschwindigkeit: Messung der Lichtgeschwindigkeit in eine Richtung (und nicht hin und zurück) unter Verwendung zweier Uhren. Sie hat große theoretische Bedeutung, ist aber nicht durchführbar, da die Uhren zuvor synchronisiert sein müssen, wozu wiederum Lichtsignale erforderlich sind.

Galilei-Transformation: s. Lorentz-Transformation

Inertialsystem: (inertia, lat. die Trägheit) Ein Bezugssystem, das sich

15. Verzeichnisse

wie träge, keinen Kräften unterworfenen Massen geradlinig und gleichförmig bewegt. Bezugssystem ist die Abstraktion für den Meßplatz, an dem man arbeitet und eine wichtige Eigenschaft ist seine Geschwindigkeit relativ zu anderen Meßplätzen.

Längenkontraktion: Relativ zu einem Inertialsystem bewegte Körper sind (oder erscheinen) in Bewegungsrichtung verkürzt. Der Nachweis erfolgt mit dem berühmten Michelson-Morley-Experiment. Die Längenkontraktion ist Ausgangspunkt verschiedener Paradoxien.

Lorentz-Transformation: Physikalische Formeln zur Umrechnung von Orts- und Zeitkoordinaten innerhalb von Inertialsystemen. Sie sind die Basis der speziellen Relativitätstheorie und ersetzen die klassische Galilei-Transformation, für die eine einheitliche Zeit $t = t`$ für alle Inertialsysteme besteht.

Paradoxie, Paradoxon: Scheinbar widersprüchliche Folgerungen aus einer Theorie, keine Antinomie. In der speziellen Relativitätstheorie entstehen sie durch die Zeitdilatation (Zwillingsparadoxie) und die Längenkontraktion (z.B. Garagenparadoxie).

Minkowski-Raum: s. vierdimensionales Raum-Zeit-Kontinuum

Phänomenologie, phänomenologisch: Teilgebiet der Philosophie, bzw. philosophische Richtung, die über Wesen und Seinsweise von Gegenständen Aussagen macht. So sind physikalische und seelische Vorgänge wirklich, sie existieren, Gedanken- und Vorstellungsinhalte sind gedacht oder vorgestellt, mathematische Gegenstände sind ideal, und real, wenn sie Teil der Wirklichkeit sein können, wie z.B. Kugelflächen im wirklichen Raum. Das philosophische Problem der speziellen Relativitätstheorie lautet: Ist der wirkliche Raum ein vierdimensionales Raum-Zeit-Kontinuum?

Prinzip der Konstanz der Lichtgeschwindigkeit Die Lichtgeschwindigkeit hat in allen Inertialsystemen den Wert c, bzw. sie wird in allen Inertialsystemen wegen des Relativitätsprinzips so gemessen.

Raum: s. u.

Relativitätsprinzip: Kein Inertialsystem ist durch physikalische Messungen vor anderen ausgezeichnet. Alle Naturgesetze haben in Inertialsystemen dieselbe Gestalt.

Ruhemasse, Ruhelänge: Betrag der Masse, Länge eines Körpers, gemessen in dem Inertialsystem, in welchem er ruht.

spezielle Relativitätstheorie: Einsteins konsequente Anwendung des Relativitätsprinzips mit revolutionären Vorhersagen über bewegte Längen und Uhren, sowie den Zusammenhang von Masse und Energie. Sie ist physikalische Grundlage.

relativistische und relativistisch-klassische Interpretation: Die physikalischen Gleichungen der speziellen Relativitätstheorie lassen sich in Hinblick auf Raum und Zeit unterschiedlich deuten. In der Vorhersage physikalisch meßbarer Phänomene unterscheiden sich beide Interpretationen nicht.

vierdimensionales Raum-Zeit-Kontinuum: Nicht der Raum für sich und die Zeit für sich sind wirklich, sondern nur die Vereinigung beider zu einem vierdimensionalen Kontinuum. oder vierdimensionalen Raum ("Kontinuum" ist ein anderer Begriff für "Raum in seiner allgemeineren Bedeutung"). Wegen der Längenkontraktion und Zeitdilatation gibt es keine von Inertialsystemen unabhängige Längen und Zeitintervalle. Es gibt nur einen vierdimensionalen räumlich-zeitlichen Abstandsbegriff, der eine vom Inertialsystem unabhängige Bedeutung besitzt und den Begriff eines vierdimensionalen Raumes rechtfertigt.

Zeitdilatation, Zeitdehnung: Bewegte Uhren laufen langsamer, ein Weltraumfahrer bleibt jünger als sein Zwilling auf der Erde. Sie ist Ausgangspunkt der Uhren- oder Zwillingsparadoxie.

2. Allgemeine Relativitätstheorie:

allgemeine Relativitätstheorie: Von Einstein weiterentwickelte Newtonsche Gravitationstheorie. Ein erweitertes Relativitätsprinzip, das für in Gravitationsfeldern ruhende und für beschleunigte Bezugssyteme und nicht nur für Inertialsysteme gilt, erlaubt verbesserte Vorhersagen z.B.

über die Bewegung von Planeten und den Gang von Uhren in Gravitationsfeldern.

dunkle Materie: Nicht leuchtende Gaswolken im Weltall. Soll das Weltall endlich sein, muß der Anteil an dunkler Materie deutlich höher sein als der der sichtbaren Materie z.B. in Form von Sonnen. Sein genauer Wert ist nicht bekannt.

Feld: Räumlicher Bereich, in denen Kräfte oder andere physikalische Größen auftreten. So spricht man von Gravitationsfeldern als den Bereichen, in denen Gravitationskräfte vorhanden sind und entsprechend von elektrischen oder magnetischen Feldern.

Friedmann-Kosmos: Der - endliche oder unendliche - Kosmos, wie er sich mit einfachsten physikalischen Annahmen aus dem kosmologischen Prinzip ableiten läßt. Er ist in einem Urknall entstanden und dehnt sich ständig weiter aus, entweder ins Unendliche oder nur bis zu einer maximalen Größe, um danach zu schrumpfen und schließlich wieder in sich zusammenzustürzen.

Gaußsches Koordinatensystem: Krummliniges Koordinatensystem, wie es für gekrümmte Räume benötigt wird, s. Abb. 11.8. Längen- und Breitenkreise der Erdoberfläche bilden ebenfalls ein Gaußsches Koordinatensystem.

Geometrie(n): Statt von gekrümmten Räumen läßt sich von nichteuklidischen Geometrien sprechen. So ist die sphärische Geometrie die Geometrie im gekrümmten Raum einer Kugelfläche.

Gravitationsfeld: s. Feld

Gravitationskollaps: Zusammenbruch eines erkalteten Sterns unter dem Einfluß der Schwerkraft. Theoretisch bildet sich dabei ein Neutronenstern oder ein schwarzes Loch.

Kosmologie: Lehre von der Entstehung und Entwicklung des Weltalls

kosmologisches Prinzip: s. Abb. 14.1. Das Weltall ist in alle Richtungen und in allen Entfernungen gleichartig aufgebaut. Eine vereinfachte

Annahme zur Entwicklung von Weltraummodellen.

Newtonsches Gravitationsgesetz: Newtons Annahme über die Größe und Richtung von Gravitationskräften zur Berechnung von Planetenbahnen. Als Grenzfall ist es für die Entwicklung der allgemeinen Relativitätstheorie von großer Bedeutung.

Metrik: Maß, wichtiger Begriff in physikalischen und mathematischen gekrümmten Räumen. Die Metrik legt fest, welchen Abstand zwei (nahe beieinander liegende) Punkte von einander besitzen. Je nach Metrik haben z.b. Punkte einer Kugelfläche als Abstand die Länge ihrer Sehnen oder ihrer Kreisbögen.

Poincaré'sches Modell: s. Abb. 13.12. Darstellung der hyperbolischen Geometrie in der normalen (euklidischen) Ebene.

Poincaré'sche These: Für sie ist ein gekrümmter physikalischer Raum stets als normaler (euklidischer) Raum interpretierbar, in dem stattdessen Maßstäbe Veränderungen unterliegen.

Raum: Mehrfache Bedeutung: a) der normale, uns umgebende dreidimensionale Raum. b) Oberbegriff für alles, was aus Punkten bestehend vorstellbar und für dessen Punkte ein Abstand definierbar ist. In dieser Verwendung ist die Kugelfläche ein Raum (mit zwei Dimensionen). Der Abstand zweier Punkte ist die Länge ihres Kreisbogens.

Raumzeit: Oberbegriff für Räume, die Orts- und Zeitkoordinaten besitzen. So ist das vierdimensionale Raum-Zeit-Kontinuum eine Raumzeit wie allgemein die gekrümmten Räume der allgemeinen Relativitätstheorie unter Einschluß der Zeit.

relativistische und relativistisch-klassische Interpretation: Die verschiedenen Metriken in der allgemeinen Relativitätstheorie lassen sich in Hinblick auf Raum und Zeit unterschiedlich deuten. In der Vorhersage physikalisch meßbarer Phänomene unterscheiden sich beide Interpretationen nicht prinzipiell. Sie sind eine Detailierung des Poincaré'schen Prinzips.

Robertson-Walker-Metrik: Die Metrik für Räume des Friedmann-Kosmos

Schwarzschild-Metrik: Die Metrik für Räume in zentralsymmetrischen Gravitationsfeldern, z.B. Sonnen.

Schwerefeld: s. Gravitationsfeld

Urknall: Die Entstehung des Universums vor ca. 15 Milliarden Jahren durch eine gewaltige Explosion, wie sie im Friedmann-Kosmos gefordert wird und durch das Hubble-Gesetz bestätigt wird. (Es bestehen Alternativen.)

15.4 Literaturverzeichnis und Quellenhinweise

(Die Literaturhinweise sind exemplarisch und vollständig nur als Quellenangaben für die Ideen dieses Buches. Die Seitenangaben beziehen sich auf die Quelle, die Kapitelangaben auf die Verwendung im Text und ersetzen ein Namensverzeichnis. Zahlen mit Bindestrich, z.B. (38-1), sind Ergänzungen der 2. Auflage. Vor allem zur relativistisch-klassischen Interpretation sind in der 2. Aufl. eine Reihe weiterer Arbeiten aufgenommen worden, die dem Autor vorher nicht bekannt waren.)

I. Spezielle Relativitätstheorie

Einführungen: (1) - (6), sowie (10)

(1) In Baden-Württemberg: Bader, F.; Dorn, F. (Hrsg.): Physik - Hannover: Schroedel-Verlag 1986 (Die spezielle Relativitätstheorie gehört zu den physikalischen Grundlagen. Ihre relativistische Interpretation wird bereits in der Schule gut vermittelt.) Kap. 1., 2.1, 2.4, 6.3, 8.8, 4.5 (Seite 415)
(2) Sexl, R.; Schmidt, H. K.: Relativitätstheorie, Stuttgart: J.B. Metzlersche Verlagsbuchhandlung 1988 Kap. 1., 2.1, 2.4
(3) Gerthsen, Ch; Kneser, H. O.; Vogel, H.:Physik. 15. Aufl. - Berlin, Heidelberg, New York: Springer Verlag 1986 Kap. 1., 2.1, 2.4, 8.8
(4) Westphal, W. H.; Physik. 26. Aufl. - Berlin, Heidelberg, New York: Springer Verlag 1970 Kap 1., 2.1, 2.4, 8.8
(5) Pohl, R. W.; Elektrizitätslehre. 21. Aufl. - Berlin, Göttingen, Heidelberg: Springer Verlag 1975 Kap. 1., 2.1, 2.4, 8.8

(6) Joos, G.: Lehrbuch der theoretischen Physik. 15. Aufl. -Wiesbaden: Aula-Verlag 1989 Kap. 1., 2.1, 2.4, 8.8
(9) Lorentz, H. A.; Einstein, A.; Minkowski, M.: Das Relativitätsprinzip - Darmstadt: Wissenschaftliche Buchgesellschaft 1958 Kap. 2.4

Lehrbücher der speziellen Relativitätstheorie: (11) - (13)

(10) Einstein, A.: Zur Elekrodynamik bewegter Körper. Ann. d. Phys. 17 (1905) in: (9) (Einsteins berühmte Begründung der speziellen Relativitätstheorie) Kap. 2.4, 3.5, 4.1, 4.4
(11) French, A. P.: Die spezielle Relativitätstheorie -Braunschweig, Wiesbaden: Friedr. Vieweg u. Sohn 1986, (Seite 225) Kap. 8.3, 7.5, 6.3
(12) Schröder, U. E.: Spezielle Relativitätstheorie - Thun, Frankfurt am Main: Verlag Harri Deutsch 1987 Kap. 4.1, 4.5
(13) Ruder, H.; Ruder, M.: Die spezielle Relativitätstheorie.Braunschweig, Wiesbaden: Friedr. Vieweg u. Sohn 1993
(14) Landau, L. D.; Lifschitz, E. M.: Lehrbuch der theoretischen Physik, Bd. 2 - Berlin: Akademie-Verlag 1967 (Seite 23) Kap. 6.3
(15) Bronstein, I. N.; Semendjajew, K. A.: Taschenbuch der Mathematik - Thun, Frankfurt am Main: Verlag Harri Deutsch 1987 (Seite 32) Kap. 2.5

Experimentelle Bestätigungen der speziellen Relativitätstheorie: (20) - (29)

(20) Häfele, J. C.; Keaton, R. E.: Around-the-World Atomic Clocks: Predicted Relativistic Time Gains. Science 177, 166 (1972) Kap. 3.2
(21) Häfele, J. C.; Keaton, R. E.: Around-the-World Atomic Clocks: Observed Relativistic Time Gains. Science 177, 168 (1972) Kap. 3.2, 11.2
(22) Alley, C.: Maryland-Experiment 1975, in: (2), Seite 23ff, (Experiment von (21) in höherer Genauigkeit) Kap. 3.2, 11.2
(23) Rossi, B.; Hall, D. B.: Variation of the Rate of Decay of Mesotrons with Momentum. Phys. Rev. 59, 223 (1941) (Das zeitlich erste Experiment mit Teilchenzerfällen) Kap. 3.2
(24) Frisch, D. H.; Smith, J. H.: Measurement of the Relativistic Time Dilation Using Mesons. Am. J. Phys. 31, 342 (1963) Kap. 3.2
(24a) Bailey, J. et al.: Nature 268, 301 (1977) (sehr genaue Messung der Lebensdauer von Mesonen im Speicherring) Kap. 3.2
(25) Ives, H. E.; Stilwell, G. R.: An Experimental Study of the Rate of a Moving Atomic Clock. J. Opt. Soc. Am. 28, 215 (1938); (Experimentelle Verbesserung in: J. Opt. Soc. Am. 31. 369 (1941)) Kap. 3.2

(26) Kaufmann, W.: Über die Konstitution des Elektrons. Ann. d. Phys. 4. Folge, Bd. 19, 487 (1906) (Messung von m(v) für Elektronen, wahrscheinlich erste Messung von m(v) überhaupt) Kap. 3.3
(27) Grove, D. J.; Fox, J. G.: Phys. Rev. 90, 378 (1953) (Messung von m(v) für Protonen mit großer Genauigkeit) Kap. 3.3
(28) Michelson, A. A.; Morley, E. H.: On the Relative Motion of the Earth and the Luminiferous Ether. Am.J. Sci. 33 (1887) (Vorversuche fanden 1881 in Berlin statt.) Kap. 3.4, 3.5
(29) Kennedy, R. J.; Thorndike, E. M.: Experimental Establishment of the Relativity of Time. Phys. Rev. 42, 400 (1932) Kap. 3.4, 3.5

Herleitung der Lorentztransformationen auf der Basis einer relativistischen Interpretation: (30), (31), (33) - (36) und dazu ähnliche Überlegungen.

(30) Robertson, H. P.: Postulate versus Observation in the Special Theory of Relativity. Rev. Mod. Phys. 21, 378 (1949) Kap. 4.1
(30-1) Ellis, R.; Bowmann, P.: Conventionality in distant simultaneity. Philos. Sci. 34, 116 (1967)
(30-2) Süßmann, G.: Begründung der Lorentz-Gruppe. Z. Naturforsch. 24a, 495 (1969)
(31) Berzi, V.; Gorini,V.: Reciprocity Principle and the Lorentz Transformations. J. Math. Phys. 10, 1518 (1969) (Herleitung aus Reziprozitätsprinzip) Kap. 4.3
(31-1) Feenberg, E.: Conventionality in Distant Simultaneity. Found. of Phys. 4, 121 (1974) Kap. 8.6.2
(31-2) Ruark, A. E.: The Physical Rationale for Special Relativity. Found. of Phys. 5, 21 (1975)
(31-3) Treder, H.-J.: Aktive und passive Verallgemeinerungen der Lorentz-Poincaré-Transformationen und das Licht- und das Relativitätsprinzip von Einstein. I.+II. Teil. Experimentelle Technik der Physik 23, 113+211 (1975) (Seite 211, 217) Kap. 5.4
(31-4) Mittelstaedt, P.: Conventionalism in Special Relativity. Found. of Phys. 7, 573 (1977)
(31-5) Grön (Grøn), Ö.; Nicola, M.: The Consistency of the Postulates of Special Relativity. Found. of Phys. 6, 677 (1976)
(31-6) Havas, P.: Simultaneity, Conventialism, General Covariance, and the Special Theory of Relativity. Gen. Rel. and Grav. 19, 435 (1987)
(32) Cremer, T.; Interpretationsprobleme der speziellen Relativitätstheorie. Thun, Frankfurt am Main: Verlag Harri Deutsch 1988 Kap. 7.4

(33) Ives, H. E.: Impact of a Wave-Packet and a Reflecting Particle. J. Opt. Soc. Am. 33, 163 (1943) (Herleitung aus Energieerhaltungsatz) Kap. 4.1
(34) Mittelstaedt, P.: Der Zeitbegriff in der Physik - Mannheim, Wien, Zürich: BI Wissenschaftsverlag 1989 Kap. 4.1
(34-1) Hentschel, K.: Interpretationen und Fehlinterpretationen der speziellen und allgemeinen Relativitätstheorie durch Zeitgenossen Albert Einsteins. Science Networks Bd. 6. Historical studies. Basel, Boston, Berlin: Birkhäuser Verlag 1990 (umfangreiche Literaturangaben vornehmlich zur relativistischen Interpretation)
(35) Pfarr, J.: Zur Interpretation des Michelson Versuchs. In: Nitsch, J.; Pfarr, J.; Stachow, E.-W. (Hrsg.): Grundlagenprobleme der modernen Physik - Mannheim, Wien, Zürich: BI Wissenschaftsverlag 1981 Kap. 4.1
(36-1) Sen, A.: How Galileo could have derived the special theory of relativity. Am. J. Phys. 62, 157 (1994)
(36) Raab, I.: Der Einfluß der Metrik auf die Definition der trägen Masse in der Relativitätstheorie. Acta Physica Austriaca 28 216 (1968) Kap. 4.1
(37) Janich, P.: Grenzen der Naturwissenschaft: Erkennen als Handeln - München: C. H. Beck'sche Verlagsbuchhandlung 1992 Kap. 4.4
(38-1) Sexl, R. U.; Schmidt, H. K.: Relativitätstheorie. Grundkurs Physik in der Sekundarstufe II. Stuttgart: J. B. Metzlersche Verlagsbuchhandlung 1979
(38-2) Sexl, R. U.; Schmidt, H. K.: Raum - Zeit - Relativität. Braunschweig, Wiesbaden: Vieweg u. Sohn 1978
(38-3) Sexl, R. U.; Urbantke, H. K.: Relativität, Gruppen, Teilchen. Spezielle Relativitätstheorie als Grundlage der Feld- und Teilchenphysik. 3. Aufl. Wien, New York: Springer Verlag 1992 (Seite 45f, anschauliche Beschreibung der Interpretation durch Ehrenfest, 1913) (Seite 35, 45) Kap. 5.4
(38-4) Sexl, R. U.: Die Hohlwelttheorie. Der mathematische und naturwissenschaftliche Unterricht (MNU) 36, 453 (1983) (unsinnige Theorie, philosophisch bedeutsam) (Seite 459) Kap. 5.4
(38-5) d'Jnverno, R..: Einführung in die Relativitätsheorie. Weinheim: VCH 1995 (Machsches Prinzip) Kap. 8.7

Herleitung der Lorentztransformationen auf der Basis einer relativistisch-klassischen Interpretation und dazu ähnliche Überlegungen: (40) - (48)

(Eine zu (34-1) vergleichbare historische Literaturstudie gibt es nicht, überdurchschnittlich viele Literaturhinweise finden sich in (95-2), (45-1). Als Einstieg: Aus dem englisch-amerikanischen Sprachraum: Erlichson (47), besonders intensiv: Prokhovnik (49-3), Nachfolger von G. Builder, sowie Mansouri, Sexl

(46-3).)

(40) Lorentz, H. A.: Elektromagnetische Erscheinungen in einem System, das sich mit beliebiger, das Licht nicht erreichter Geschwindigkeit bewegt. Proc. Acad. Sc. Amsterdam 6, 809 (1904) in: (9) Kap. 3.5, 4.2

(41) Lorentz, H. A.: Der Interferenzversuch Michelsons. Aus: Versuch einer Theorie der elektrischen und optischen Erscheinungen in bewegten Körpern (Leiden 1895) in: (9) Kap. 3.5, 4.2

(42) Lorentz, H. A.: The Theory of Electrons and its Appl- ication to the Phenomena of Light and Radiant Heat - New York: 1909, 1915 Kap. 4.2

(43) Broad, C. D.: Scientific Thoought - London: Routledge and Kegan, Paul 1923 und New York: Humanities Press 1969 (Broad hat die Gleichwertigkeit beider Interpretationen wahrscheinlich als erster bewiesen, die relativistische Interpretation aber vorgezogen.) Kap. 4.2

(44) Ives, H. E.: Derivation of the Lorentz Transformations. Philosoph. Mag. 36, 392 (1945) Kap. 4.2

(44-1) Holst H.: Voort fysike Verdensbilkede oy Einsteins Relativitetsheori. Kopenhagen 1920 s. (33-1) (Seite 221), Kap. 5.4

(44-2) Builder, G.: Ether and Relativity. Australian J. Phys. II, 279 (1958), sowie in (70)

(45) Raab, I.: Untersuchungen über das Uhrenparadoxon, Dissertation - Innsbruck 1963 Kap. 4.2

(45-1) Erlichson, H.: The Lorentz-Fitzgerald Contration Hypothesis and the Combined Rod Contraction - Clock Retardation Hypothesis. Phil. Sci. 38, 605 (1971)

(45-2) Podlaha, M.: The axiomatic foundations of the theory of special relativity - reply to Stiegler. Int. J. Theor. Phys. 11, 69 (1974)

(45-3) Prokhovnik, S. J.: Did Einstein`s Programme supersede Lorentz`s? Brit. J. Philos. Sci. 25, 336 (1974)

(45-4) Janossy, J.: Theory of relativity based on physical reality. Budapest 1971 Kap. 5.4

(45-5) Podlaha, M. F.: Some new aspects of relativity: remarks on Zahar`s Paper. Brit. J. Philos. Sci. 27, 261 (1976)

(45-6) Grieder, A.: Relativity, Causality and the `Substratum`. Brit. J. Philos. Sci. 28, 33 (1977)

(45-6) Lorenzen, P.: Relativistische Mechanik mit klassischer Geometrie und Kinematik. Math. Z. 155, 1 (1977)

(45-7) Lorenzen, P.: Zur Revision der Einsteinschen Revision. PN 16, 382 (1976/77)

(46) Rindler, W.: Einstein's Priority in Recognizing Time Dilation Physically. Am. J. Phys. 38, 1111 (1970) Kap. 4.2

(46-1) Mansouri, R.; Sexl, R. U.: A Test Theory of Special Relativity: I. Simultaneity and Clock Synchronisation. Gen. Rel. and Grav. 8, 497 (1977) (Die Definitionen zur Messung der Ein-Weg-Lichtgeschwindigkeit sind korrekt, aber unüblich, deshalb Kritik von (55-6)) (Seite 503, 512) Kap. 5.4

(46-2) Mansouri, R.; Sexl, R. U.: A Test Theory of Special Relativity: II. First-Order Tests. Gen. Rel. and Grav. 8, 515 (1977)

(46-3) Mansouri, R.; Sexl, R. U.: A Test Theory of Special Relativity: III. Second-Order Tests. Gen. Rel. and Grav. 8, 809 (1977)

(46-4) Giannoni, C.: Clock Retardation, Absolute Space, and Special Relativity. Found. of Phys. 9, 427 (1979)

(46-5) Prokhovnik, S. J.: An introduction to the non-Lorentzian relativity of Builder. Speculations Sci. and Technol. (Schweiz) 2, 225 (1979)

(46-6) Sjödin, T.: A Note on Poincare's Principle and the Behaviour of Moving Bodies and Clocks. Z. Naturforsch. 35a, 997 (1979) (historisch) (Seite 997) Kap. 8.7

(46-7) Podlaha, M. F.: Critique of Some Statements in the Theory of Relativity. Nuovo Cimento 66B, 9 (1981)

(46-8) Chang, T.: A Space-Time Theory with a Privileged Frame. Found. of Phys. 13, 1013 (1983)

(47) Erlichson, R.: The Rod Contraction-Clock Retardation Ether Theory and the Special Theory of Relativity. Am. J. Phys. 41, 1068 (1973) Kap. 1., 4.2

(47-1) Vargas, J. G.: Revised Robertson's Test Theory of Special Relativity. Found. of Phys. 14, 625 (1984)

(47-2) Ungar, A. A.: The Lorentz transformation group of the special theory of relativity without Einstein's isotropy convention. Philos. Sci. 53, 395 (1986)

(47-3) Spavieri, G.: Nonequivalence of ether theories and special relativity. Physical Rev. A 34, 1708 (1986)

(47-4) Wilhelm, H. E.: Lorentz Transformation as a Galilei Transformation with Physical Length and Time Contractions. Z. Naturforsch. 43a, 859 (1987)

(48) Brandes, J.: A new evaluation and restrictive interpretation of the Lorentz transformation. Internationaler Kongress für Relativtät und Gravitation, München 1988

Brandes, J.: The Test of the Second Principle in Special Relativity and the Proof of the Lorentz Theory. Bericht - Physikalisches Staatsinstitut der Universität Hamburg 1968 (unveröffentlicht) Kap. 1., 4.2

(48-1) Renninger, M: Die Lorentz-Transformatioenen als Ausdruck der Superposition gegenläufiger Raum-Zeit-Beziehungen, Preisgabe des Relativitäts-

prinzips. Ann. Physik 44, 378 (1987)
(48-2) Hoyer, U.: Theorie der Lorentztransformationen. Z. Allg. Wiss. theor. 19, 28 (1988)
(48-3) Maciel, A. K. A.; Tiomno, J.: Experimental Analysis of Absolute Space-Time Lorentz Theories. Found. of Phys. 19. 521 (1989)
(48-4) Maciel, A. K. A.; Tiomno, J.: Reply to "Nonequivalence of ether theories and special relativity. Comments on recent interpretation of Lorentz` ether theory". Found. of Phys. Lett. 2. 601 (1989)
(48-5) Selieri, F.: Space-time Transformations in Ether Theories. Z. Naturforsch. 46a, 419 (1990)
(48-6) Montanus, H.: Special relativity in an absolute Euclidean space-time. Phys. Essays (Canada) 4, 350 (1991)
(48-7) Ungar, A. A.: Formalism to deal with Reichenbach`s special theory of relativity. Found. of Phys. 21, 691 (1991)
(48-8) Ungar, A. A.: Thomas precession and its associated grouplike structure. Am. J. Phys. 59, 824 (1991)
(48-1) Renninger, M: Die Lorentz-Transformatioenen als Ausdruck der Superposition gegenläufiger Raum-Zeit-Beziehungen, Preisgabe des Relativitätsprinzips. Ann. Physik 44, 378 (1987)
(48-2) Hoyer, U.: Theorie der Lorentztransformationen. Z. Allg. Wiss. theor. 19, 28 (1988)
(48-3) Maciel, A. K. A.; Tiomno, J.: Experimental Analysis of Absolute Space-Time Lorentz Theories. Found. of Phys. 19. 521 (1989)
(48-4) Maciel, A. K. A.; Tiomno, J.: Reply to "Nonequivalence of ether theories and special relativity. Comments on recent interpretation of Lorentz` ether theory". Found. of Phys. Lett. 2. 601 (1989)
(48-5) Selieri, F.: Space-time Transformations in Ether Theories. Z. Naturforsch. 46a, 419 (1990)
(48-6) Montanus, H.: Special relativity in an absolute Euclidean space-time. Phys. Essays (Canada) 4, 350 (1991)
(48-7) Ungar, A. A.: Formalism to deal with Reichenbach`s special theory of relativity. Found. of Phys. 21, 691 (1991)
(48-8) Ungar, A. A.: Thomas precession and its associated grouplike structure. Am. J. Phys. 59, 824 (1991)
(49-1) Ungar, A. A.: The abstract Lorentz transformation group. Am. J. Phys. 60 (1992)
(49-2) Wilhelm, E.: Physical foundations and implications of Lorentz transformations in comparison with experiments and absolute space-time physics. Phys. Essays (Canada) 6, 420 (1993)

(49-3) Prokhovnik, S. J.: The Physical Interpretation of Special Relativity - a Vindication of Hendrik Lorentz. Z. Naturforsch. 48a, 925 (1993)
(49-4) Herrmann, R. A.: Special relativity and a nonstandard substratum. Special Sci. Technol. (UK) 17, 2 (1994)

Zur Messung der Ein-Weg-Lichtgeschwindigkeit: (50) - (55), (46)

(50) Tyapkin, A. A.: On the Impossibility of the First-Order Relativity Test. Lett. Nuovo Cimento 7, 760 (1973) (Tyapkin hat die Aussichtslosigkeit solcher Experimente wegen der relativistisch-klassischen Interpretation klar erkannt.) Kap. 5.2
(51) Cialdea, R.: A New Test on the Second Postulate of Special Relativity Sensitive to First-Order Effects. Lett. Nuovo Cimento 4, 821 (1972) Kap. 5.2
(52) Weinberg, H.; Mosel, M.: Theory for a Unidirectional Interferometric Test of Special Relativity. Am. J. Phys. 39, 606 (1971) Kap. 5.2
(53) Stedman, G. E.: A Unidirectional Test of Special Relativity. Am. J. Phys. 40, 782 (1972) (enthält weitere Literaturhinweise) Kap. 5.2
(54) Erlichson, H.: Comment on "A Unidirectional Test of Special Relativity?". Am. J. Phys. 41, 1298 (1973) Kap. 5.2
(55) Stedman, G. E.: Reply to Erlichson: Is the Apparent Speed of Light Independent of the Sense in Which It Traverses s Closed Polygonal Path? Am. J. Phys. 41, 1300 (1973) Kap. 5.2
(55-1) Ruderfer, M.: Remarks on Erlichson's discussion on one-way light tests. Am. J. Phys. 43, 279 (1975)
(55-2) Erlichson, H.: A comment on Ruderfer's letter. Am. J. Phys. 43, 279 (1975)
(55-3) Podlaha, M. F.; Sjödin, T.: An Explanation of the Clock Problem and of the First-Order Experiments from Nonrelativistic Premisses. Lett. Nuovo Cimento 20, 593 (1977)
(55-4) Erlichson, H.: Einstein synchronization. Am. J. Phys. 46, 1071 (1978)
(55-5) Brown, G. B.: Reply by the author. Am. J. Phys. 46, 1071 (1978) (reply to Erlichson)
(55-6) Podlaha, M. F.: Light signal synchronisation and clock transport synchronisation in the theory of relativity. Brit. J. Philos. 30, 376 (1979)
(55-7) Ohrstrom, P.: Conventionality in distant simultaneity. Found. of Phys. 10, 333 (1980)
(55-8) Chang, T.: A suggestion to detect the anisotropic effect of the one-way velocity of light. J. Phys. A 13, 207 (1980)
(56-1) Podlaha, M. F.: On the impossibility to measure the one-way velocity of

light (complementary remarks to Sjödin's paper). Lett. Nouvo Cimento 28, 216 (1980)
(56-2) Vargas, J. G.: Relativistic experiments with signals on a closed path (reply to Podlaha). Lett. Nuovo cimento 28, 289 (1980)
(56-3) Clifton, R. K.: Some recent controversy over the possibility of experimentally determining isotropy in the speed of light. Philos. Sci. 56, 688 (1989)
(56-4) Podlaha, M. F.: Notes about relativity and about liberty in science. British Society for Philosophy of Science: Physical Interpretations of Relativity Theory II. Proceedings, London 3.-8. Sept. 1990 (Sunderland, UK: Sunderland Polytechnic 1990) 222-63 vol. 2

(Obwohl diese Messungen ihr eigentliches Ziel nicht erreicht haben, sind sie in der Regel Verbesserungen von (25))

Experimentelles zur relativistisch-klassischen Interpretation:

(Für die relativistisch-klassische Interpretation gilt ein Relativitätsprinzip; als gelungen können sog. Äthertheorien gelten, die es beweisen oder ihm innerhalb der Meßgenauigkeiten nicht widersprechen.).

s.a. (48-3)
(57-1) Shamir, J., Fox, R.: A New Experimental Test of Special Relativity. Nuovo Cimento 62 B. 258, (1969) (reply s. (57-2))
(57-2) Ruderfer, M.: Comments on "A New Experimental Test of Special Relativity". Lett. Nuovo Cimento 3, 658 (1970)
(57-3) Wesley, J. P.: Comments on Prokhovnik's critique of Marinov's experiment. Found. of Phys. 10, 803 (1980) (Mit einer Erwiderung von Prokhovnik)
(57-4) Kelly, E. M.: Interferometer ether-drift experiment nullified by resynchronisation of observers clock. Opt. Lett. (USA) 11, 697 (1986) (kritisch zu Marinov)
(57-5) Sherwin, Ch. W.: New expewrimental test of Lorentz's theory of relativity. Physical Rev. A 35, 3650 (1987) (kein Test einer aktuellen Theorie)
(57-7) Winterberg, F.: A Crucial Test for Einstein's Special Theory of Relativity Against the Lorentz-Poincare' Ether Theory of Relativity. Z. Naturforsch. 41a, 1261 (1986)
(57-8) Winterberg, F.: Possible Evidence for Weak Violation of Special Relati-

vity. Z. Naturforsch. 42a, 1374 (1987)
(58-1) Rodrigues, W. A. jr.; Tiomno, J.: On Experiments to Detect Possible Failures of Relativity Theory. Found. of Phys. 15, 945 (1985)
(58-2) Spavieri, G.: The Arago experiment as a test for modern ether theories and special relativity. Nuovo Cimento 91B, 143 (1986)
(58-3) Chang, T.; Torr, D. G.: A Modified Lorentz Theory as a Test Theory of Special Relativity. Found. of Phys. Lett. 1, 353 (1988)
((58-4) Maciel, A. K. A.; Tiomno, J.: Experiments to detect possible weak violations of special relativity. Phys. Rev. Lett. 55, 143 (1985)
(58-5) Spavieri, G.: Comments on Chang and Torr`s "Dual properties of spacetime under an alternative Lorentz transformation". Comparison of ether theory predictions with the result of a recent optical experiment. Found. of Phys. Lett. 2, 61 (1989)
(58-6) Spavieri, G.; Bergamaschi, J.: Observation of starlight with coupled telescopes: a first-order test of the isotropy of space. Nuovo Cimento B 104B, 497 (1989)

Längenparadoxien:

(60) Wood, R. W.: Physical Optics - MacMillan, 2nd ed. 1911 (Seite 690) Kap. 7.3
(61) Gardner, M.: Mathematical Games. Sc. Am. 232(4), 126 (1975) Kap. 7.4

Ehrenfest-Paradoxie:

(62) Ehrenfest, P.: Gleichförmige Rotation starrer Körper und Relativitätstheorie. Phys. Z. 10, 918 (1909) Kap. 7.5

Einstein kannte die Lösung nicht, s. (80), später hat er die Thesen von Herglotz et al. akzeptiert (67-5).

Kontroverse Diskussionen zu (62), sowie Theorie rotierender Bezugssysteme: Lösungen: (62-2), (65-4) Experimentelles: (65-1), (67-2) - (67-4)

(62-1) Herglotz, G.: Über den vom Standpunkt des Relativitätsprinzips aus als "starr" zu bezeichnenden Körper. Ann. Physik 31, 393 (1910) (Vertiefung von (62))
(62-2) Ives, H. E.: Theory of the Double Fizeau Toothed Wheel. J. Opt. Soc. Am. 29, 472 (1939) (vermutl. erste Lösung)

(62-3) Berenda, C. W.: The Problem of the Rotating Disk. Phys. Rev. 62, 280 (1942)
(63) McCrea, W. H.: Rotating Relativistic Ring. Nature 234 399 (1971) Kap. 7.5
(63-1) Weinstein, D. H.: Ehrenfest's paradox. Nature 232, 548 (1971)
(64) Sama, N.: On the Ehrenfest Paradox. Am. J. Phys. 40, 415 (1972) Kap. 7.5
(64-1) Pachner, J.; Miketinac, M. J.: Exact equations for the stationary equilibrium of relativistic rotating objects. Phys. Rev. D 6, 1474 (1972)
(65) Cavalleri, G.: On Some Recent Papers Regarding the Ehrenfest's Paradox. Lettere Nuovo Cimento 3, 608 (1973) Kap. 7.5
(65-1) Phipps, T. E.: Kinematics of a "Rigid" Rotor. Lett. Nuovo Cimento 9, 467 (1974)
(65-2) Strauss, M.: Rotating frames in special relativity. Int. J. Theor. Phys. 11, 107 (1974)
(65-3) Davies, P. A.; Jennison, R. C.: Experiments involving mirror transponders in rotating frames. J. Phys. A: Math. Gen. 8, 1390 (1975)
(65-4) Grön (Grøn), Ö.: Relativistic description of a rotating disk. Am. J. Phys. 43, 869 (1975)
(65-5) Browne, P. F.: Relativity of rotation. J. Phys. A: Math. Gen. 10, 727 (1977)
(65-6) Davies, P. A.; Ashworth, D. G.: Angular velocity in rotating systems. J. Phys. A: Math. Gen. 10, L147 (1977) (reply to Browne)
(65-7) Pecht, A.: Remarks on steady rotation about a fixed axis in realtivity. Acta Mech. (Österreich) 29, 283 (1978)
(65-8) Grön (Grøn), Ö.: Relativistic Description of a Rotating Disk with Angular Acceleration. Found. of Phys. 9, 353 (1979) (zweite Lösung)
(66-1) Grünbaum, A.; Janis, A. I.: The Rotating Disk: Reply to Grön. Found. of Phys. 10, 494 (1980)
(66-2) Grön (Grøn), Ö.: The Rotating Disk: Reply to Grünbaum and Janis. Found. of Phys. 10, 499 (1980)
(66-3) Phipps, T. E. Jr.: Do Metric Standards Contract? - A Reply to Cantoni. Found. of Phys. 10, 811 (1980) Kap. 7.5
(66-4) Cantoni, V.: Comments on: "Do Metric Standards Contract? " Found. of Phys. 10, 809 (1980) (reply to Phipps)
(66-5) Suresh, A.: The elastic rotating cylinder. Int. J. Eng. Sci. (GB) 18, 885 (1980)
(66-6) Grön (Grøn), Ö.: Special-Relativistic Resolution of Ehrenfest's Paradox: Comments on Some Recent Statements by T. E. Phipps, Jr.. Found. of Phys.

623 (1981)
(66-7) Phipps, T. E. Jr.: Light on Light: A Response to Grön. Found. of Phys. 11, 633 (1981)
(66-8) Rodrigues, W. A. jr.: The Standard of Length in the Theory of Relativity and Ehrenfest Paradox. Nouvo Cimento 74B, 199 (1983)

(67) W. Pauli, in: (64), analog: Herglotz, G. (60-1), Einstein in (67-6) Kap 7.5.

(67-1) Carmeli, M.: The Dynamics of Rapidly Rotating Bodies. Found. of Phys. 15, 889 (1985)
(67-2) Logunov, A. A.; Chugreev, Y. u. V.: Special theory of relativity and centrifuge experiments. Fiz. Astron. (USSR) 43, 3 (1988) (exp. Vorschläge für rotierende Scheiben)
(67-3) Kelly, E. M.: Resolution of the Ehrenfest Paradox by New Contraction (Expansion) Criteria. Z. Naturforsch. 43a, 865 (1988)
(67-4) Vargas, J. G.; Torr, D. G.: Testing of the line element of special relativity with rotating systems. Physical Rev. A 39, 2878 (1989)
(67-5) Held, A. Hrsg.: General Relativity and Gravitation. One Hundred Years After the Birth of Albert Einstein. Bd. 1, 2. New York, London: Plenum Press 1980
(67-6) Stachel, J.: Einstein and the Rigidly Rotating Disk. In (67-5), (Seite 1)

Uhrenparadoxie: (72) - (76)
(vor allem 73-3, 73-5)

(70) American Association of Physics Teachers: Special Relativity Theory. Selected Reprints. New York: American Institute of Physics 1962 (Literaturhinweise Uhrenparadoxie) Kap. 7.6.1
(71) Marder, L.: Reisen durch die Raum-Zeit. Braunschweig, Wiesbaden: Friedr. Vieweg u. Sohn 1979 (Literaturhinweise Uhrenparadoxie) Kap. 7.6.1
(71-1) Langevin, P.: L'evolution de l'espace et du temps. Scientia 10, 31 (1911) (vermutl. Entdecker der Zwillingsparadoxie)
(72) McCrea, W. H.: The Clock Paradox in Relativity Theory. Nature 167, 680 (1951) Kap. 7.6.1, 7.6.2
(73) Ives, H. E.:The Clock Paradox in Relativity Theory. Nature 168, 246 (1951) (Ergänzung zu (72)) Kap. 7.6.1, 7.6.2
(73-1) Dingle, H.: The twin paradox of the theory of relativity. Antenna (Italien) 53, 17 (1981) (H. Dingles eigene Zusammenfassung kurz vor seinem

Tod)
(73-2) Palacios, P.: Relatividad. Madrid: 1960 (Palacios hat wegen der Uhrenparadoxie eine Relativitätstheorie ohne Zeitdilatation entwickelt)
(73-3) Schleichert, H.: Lösungsversuche für das Uhrenparadoxon, erkenntnislogisch betrachtet. PN 9, 326 (1966) (unter Anwendung formaler Logik)
(73-4) Eisele, A. M.: On the behaviour of an accelerated clock. Helv. Phys. Acta 60, 1024 (1987) (Zerfallszeiten von Elementarteilchen sind unabhängig von der Beschleunigung)
(73-5) Prokhovnik, S. J.: The Twin Paradoxes of Special Relativity: Their Resolution and Implications. Found. of Phys. 19, 541 (1989)
(73-6) Terletzkii, Y. P.: Paradoxes in the Theory of Relativity. New York: Plenum Press 1968 (Seite 41) Kap. 7.6.6
(74) Möller, C. (Møller, C.): The general theory of relativity. Oxford: Clarendon Press 1972. (Seite 294) Kap. 7.6.1, 7.6.5, 7.6.7
(75) siehe z.B. (114), Seite 32; (117) Kap. 7.6.1, 7.6.7
(76) Fock, V.: Theorie von Raum, Zeit und Gravitation. Berlin: Akademie-Verlag 1960. (Seite 264) Kap. 7.6.1

Beispielhaft und um fair zu sein, eine - brillant geschriebene - Ablehnung der Relativitätstheorie:

(78) Brinkmann, K.: Grundfehler der Relativitätstheorie. Tübingen, Zürich, Paris: Hohenrain-Verlag 1988 Kap. 7.6.1
zusätzlich:
(78-1) Theimer, W.: Die Relativitätstheorie. Lehre - Wirkung - Kritik. Bern, München: Francke Verlag 1977 (Zitat Seite 51: "Einstein schlägt zwei Fliegen mit einer Klappe ... Die dritte Fliege, die er erschlägt, ist die Relativitätstheorie selbst ..." aber: viele, nützliche Literaturhinweise.)

Philosophisch-grundlagenwissenschaftliche Beiträge zur Frage der Realität der Lorentz-Kontraktionen: (80) - (84)

(80) Einstein, A.: Zum Ehrenfestschen Paradoxon. Phys. Z. 12, 509 (1911) (Einstein äußert sich zur Realität der Lorentz-Kontraktion in einem Kommentar zu der Arbeit (81)) Kap. 6.1
(80-1) Winnie, J. A.: The Twin-Rod Thought Experiment. Am. J. Phys. 40, 1091 (1972)
(80-2) Podlaha, M. F.: Length contraction and time dilatation in the special theory of relativity - real or apparent phenomena? Indian J. Theor. Phys. 23,

69 (1975)
(81) Varicak, V.: Zum Ehrenfestschen Paradoxon. Phys. Z. 12, 169 (1911) Kap. 6.1

In (82) wird die lineare, in (84) die Kreisbeschleunigung diskutiert.

(82) Dewan, E.; Beran, M.: Note on Stress Effects due to Relativistic Contraction. Am. J. Phys. 28, 517 (1960) Kap. 6.3
(82-1) Syrovatskii, S. I.: On the Problem of the "retardation" of relativistic contraction of moving bodies. Sov. Phys. Usb. 19, 273 (1976)
(82-2) Joseph, G.: Geometrie and special relativity. Philos. Sci. 46, 425 (1979)
(82-3) Atkinson, R. d`E.: Acceleration and the Lorentz transformation. Am. J. Phys. 48, 581 (1980)
(82-4) MacGregor, M. H.: Do Dewan-Beran Relativistic Stresses Actually Exist? Lett. Nuovo Cimento 30, 417 (1981)
(83) Evett, A. A.; Wangsness, R. K.: Note on the Separation of Relativistically Moving Rockets. Am. J. Phys. 28, 566 (1960) (Kommentar zu (82)) Kap. 6.3
(84) Kraus, K.: Note on Lorentz Contractions and the Space Geometry of the Rotating Disc. Z. f. Naturforschung 25a, 792 (1970) Kap. 6.4

Philosophische Raum-Zeit-Diskussionen:

(s. a. (34-1), insbes. zu Reichenbach, H. und Grünbaum, A., außerdem 48-6, 48-7, 37, 45-6 sowie Hugo Dingler)

(85) Jammer, M.: Concepts of force. Cambridge: Harvard University Press 1957. Zitiert in: (10), Seite 219. Kap. 8.7
(85-1) Earman, J.: Space-Time, or how to solve philosophical problems and dissolve philosophical muddles without really thinking. J. Philos. 67, 259 (1970)
(85-2) Grünbaum, A.: Why I am afraid of absolute space. Australian J. Philos. 49, 96 (1971)
(85-3) Büchel, W.: Die Struktur wissenschaftlicher Revolutionen und das Uhren-"Paradoxon". Z. allg. Wiss. theor. 5, 218 (1974)
(85-4) Capek, M.: Relativity and the Status of Becoming. Found. of Phys. 5, 607 (1975) Kap. 8.6.2
(85-5) Maund, B.: The conventionality of temporal relations in relativity theory. Philos. Sci. 41, 394 (1974)

(85-6) Beauregard, L. A.: The sui generis conventionality of simultaneity. Philos. Sci. 43, 469 (1976)
(85-7) Dörling, J.: Did Einstein need General Relativity to solve the Problem of Absolute Space? Or had the Problem already been solved by Special Relativity? Brit. J. Philos. Sci. 29, 311 (1978) Kap. 8.6.2
(85-8) Schock, R.: The inconsistency of the theory of relativity. Z. allg. Wissenschaftstheorie 12, 285 (1981)
(87-1) Buth, M.: Zum Verhältnis von Protophysik und spezieller Relativitätstheorie. PN 20, 213 (1983)
(87-2) De Ritis, R.; Guccione, S.: Can Einstein`s definition of simultaneity be considered a convention? Gen. Rel. and Grav. 17, 595 (1985) (Kritik an Reichenbach - Grünbaum)
(87-3) Mundy, B.: The Physical Content of Minkowski Geometry. Brit. Philos. Sci. 37, 25 (1986)
(87-4) Ghosal, S. K.; Nandi, K. K.; Chakraborty, P.: Passage from Einsteinian to Galilean Relativity and Clock Synchrony. Z. Naturforsch. 46a, 256 (1990)
(87-5) Rietdijk, C. W.: Thought experiments relevant to special and general relativity - and some theses. British Society for Philosophy of Science: Physical Interpretations of Relativity Theory II. Proceedings, London 3.-8. Sept. 1990 (Sunderland, UK: Sunderland Polytechnic 1990) 246 vol. 2
(87-6) Roscoe, D. F.: Geometrized mass as the relativistic aether.British Society for Philosophy of Science: Physical Interpretations of Relativity Theory II. Proceedings, London 3.-8. Sept. 1990 (Sunderland, UK: Sunderland Polytechnic 1990) 256 vol. 2
(87-7) Ghosal, S. K.; Chakraborty, P.; Mukhopadvhyay, D.: Conventionality of distant simultaneity and light speed invariance. Europhys. Lett. (Schweiz) 15, 369 (1991) (kritisch zu Reichenbach)
(87-8) Dieks, D.: Time in special relativity and its philosophical significance. Eur. J. Physics (UK) 12, 253 (1991)
(88-1) Haydn, H. C.: Yes, moving clocks run slowly, but is time dilated? Galileian Electrodyn. (USA) 2, 63 (1991)
(88-2) Anderson, R.. S.J.; Stedman, G. E.: Distance and the conventionality of simultaneity in special relativity. Found. of Phys. Lett. 5, 199 (1992)
(88-3) Anderson, R.. S.J.; Stedman, G. E.: Spatial measures in special relativity do not empirically determine simultaneity relations. A reply to Coleman and Korte. Found. of Phys. Lett. 7, 273 (1994)
(86) Sperner, E.: Einführung in die analytische Geometrie und Algebra. Teil I. Göttingen: Vandenhoeck u. Ruprecht 1969 Kap. 8.1
(87) Liebscher, D.-E.: Relativitätstheorie mit Zirkel und Lineal. Braunschweig,

Wiesbaden: Friedr. Vieweg u. Sohn 1977, (Seite 28) Kap. 8.3
(88) Müller, A.: Die philosophischen Probleme der Einsteinschen Relativitätstheorie. Braunschweig: Friedr. Vieweg u. Sohn 1922. (Seiten 127, 132) Kap. 8.2

(89) Raschewski, P. K.: Riemannsche Geometrie und Tensoranalysis. Berlin: Deutscher Verlag d. Wissenschaften 1959, (Seiten 87,160) Kap. 8.1, 8.3
(90) Minkowski, H.: Raum und Zeit. Vortrag 1908. In: (9) Kap. 8.3

Neuere physikalisch-theoretische Ansätze zu Theorien auf der Basis von ausgezeichneten Inertialsystemen: (91) - (93)

(90-1) Einstein, A.: Äther und Relativitätstheorie. Rede Mai 1920, Leiden in: v. Meyenn, K.: Albert Einsteins Relativitätstheorie - Die grundlegenden Arbeiten. Braunschweig: Friedr. Vieweg u. Sohn 1990 (Seite 116f, 119) Kap. 5.4, 8.7
(90-2) Einstein, A: Über den Äther. Verh. Schweiz. Naturforsch. Ges. 105, Teil II, 85 (1924) aus (66-8)
(90-3) Dingle, H.: Don`t bring back the ether. Nature 14, 113 (1967) Kap. 8.7 (Artikel im übrigen sachlich.)
(90-4) Schaffner, K. F.: The Lorentz Electron Theory of Relativity. Am. J. Phys. 37, 408, (1969) (historisch)
(91) Dirac, P. A. M.: Is there an Äther? Nature 169, 906 (1951) Kap. 8.7
(91-1) Whealton, J. H.: Illustrations of a Dynamical Theory of the Ether. Foundations of Phys. 5, 543 (1975)
(91-2) Prodlaha, M. F.: De Broglie waves, length contraction and time dilatation. Indian J. Theor. Phys. 25, 37 (1977) Kap. 8.7
(91-3) Dudley, H. C.: Is there an ether? Multidisciplinary Res. (USA) 4, 6 (1976) Kap. 8.7
(91-4) Peat, H.: A revolution in Physics. Multidisciplinary Res. (USA) 4, 37 (1976) Kap. 8.7
(91-5) Peat, H.: Can some "anomalous" structural interaction be explained by an "excitable ether"? Multidisciplinary Res. (USA) 4, 44 (1976) Kap. 8.7
(91-6) Feinberg, E. L.: Can the relativistic change in the scales of length and time be considered the result of the action of certain forces? Sov. Phys. Usp. 18, 624 (1976)
(91-7) Prokhovnik, S. J.: The Operation of the Relativistic Doppler Effect. Found. of Phys. 10, 197 (1980)

(91-8) Rembielinski, J.: The relativistic ether hypothesis. Phys. L. 78A, 33 (1980)
(92) Aspden, H.; Eagles, D. M.: Aether Theory and the Fine Structure Constant. Physics Letters 41A, 423 (1972) Kap. 8.7
(93) Dudley, H. C.: Phenomenological Model of the Fitzgerald-Lorentz Contraction Bases on Interactions with the Neutrino Sea. Lettere Nuovo Cimento 5, 641 (1972) Kap. 8.7
(95-1) Duffy, M. C.: Misconceptions about the ether. Indian J. of Theor. Phys. 28, 141 (1980) (Literaturhinweise)
(95-2) Duffy, M. C.: Ether formulations of relativity. Indian J. of Theor. Phys. 28, 295 (1980) (Literaturhinweise) (Seite 310) Kap. 8.7
(95-3) Achuthan, P.; Shankara, T. S.; Venkatesan, K.: Ether - as advocated by Einstein and others. Speculations Sci. and Technol. (Schweiz) 2, 277 (1979) Kap. 8.7
(95-4) Ivert, P.-A.: Poincare`s principle determines the behaviour of moving particles and clocks. Acta Phys. Acad. Sci. Hung. 48, 439 (1980)
(95-5) Pocci, G.; Sjodin, T.: Outline of a relativistic theory for non-Lorentzian ether. NC B 63B, 601 (1981)
(95-6) Shupe, M. A.: The Lorentz-invariant vacuum medium. Am. J. Phys. 53, 122 (1985)
(95-7) Winterberg, F.: Nonlinear relativity at high energies. Atomkernenerg. Kerntech. 44, 88 (1984)
(95-8) Hunt, B. J.: The origins of the FitzGerald contraction. B. J. Hist. Sci. (UK) 21, 67 (1980) (historisch)
(96-1) Mova, S.: Post-relativistic theory of the ether and its impact with some experimental verifications of the special theory of relativity and with recent cosmological observations. G. Fis. (Italy) 38, 163 (1987)
(96-2) Winterberg, F.: Lorentz Invariance as a Dynamic Symmetry. Z. Naturforsch. 42a, 1428 (1987)
(96-3) Whittaker, E.: A History of the Theories of Aether and Electricity, Bd. I + II. The History of Modern Physics 1800 - 1950 Vol. 7. Reprint: Tomash Publishers; American Institute of Physics, USA 1987
(96-4) Cavallieri, G.; Bernasconi, C.: Invariance of light speed and nonconservation of simultaneity of separate events in prerelativistic physics and vice versa in special relativity. Nuovo Cimento B 104B, 545 (1989)
(96-5) Simhony, M.: Structure of matter and space in view of Michelson-Morley, Rutherford and Anderson experiments. Specul. Sci. Technol. (UK) 13, 155 (1990)
(96-7) Claybourne, J. P.: Why an ether is positively necessary and a candidate

for the job. Galileian Electrodyn. (USA) 4, 38 (1993)
(96-8) Rowlands, P.: The abstract ether theory of Oliver Lodge. British Society for Philosophy of Science: Physical Interpretations of Relativity Theory II. Proceedings, London 3.-8. Sept. 1990 (Sunderland, UK: Sunderland Polytechnic 1990) 259-63 vol. 2
(97-1) Mitsopoulos, T. D.: The isotropy of velocity of light and the clock paradox. Phys. Essays (Canada) 6, 233 (1993)
(97-2) Shimmin, W. L.: A conjecture regarding changes in dimensions of bodies moving through the ether. Galileian Electrodyn. (USA) 5, 55 (1994)
(97-3) Selleri, F.: Special relativity as a limit of ether theories. British Society for Philosophy of Science: Physical Interpretations of Relativity Theory II. Proceedings, London 3.-8. Sept. 1990 (Sunderland, UK: Sunderland Polytechnic 1990) 508 vol. 3
(98-1) Genz, H.: Die Entdeckung des Nichts. Leere und Fülle im Universum. München, Wien: Carl Hanser Verlag 1994 (Behandelt allgemeinverständlich quantenmechanische Effekte, die nicht Gegenstand unseres Buches sind.) (Seite 256) Kap. 8.7

II. Allgemeine Relativitätstheorie

allgemein verständlich: (100) - (102)

(100) Einstein, A.: Über die spezielle und die allgemeine Relativitätstheorie. 23. Aufl. Braunschweig, Wiesbaden: Friedr. Vieweg u. Sohn 1992, (Seite 90, 107) Kap. 9., 12
(101) Sexl, R.; Sexl, H.: Weiße Zwerge - Schwarze Löcher. 2. Aufl. Braunschweig, Wiesbaden: Friedr. Vieweg u. Sohn 1979. (Seite 28ff) Kap. 9., 12, 11.2, 11.3, 11.6. 14.6, 14.7, 5.4
(102) Schäfers, K.; Traving, G.: Meyers Handbuch über das Weltall. 3. Aufl. Mannheim, Wien, Zürich: BI Meyers Lexikonverlag 1973 Kap. 14.3, 14.6

Einführungen und Lehrbücher: (110) - (121), (74)
Beiträge zur relativistisch-klassischen Interpretation (Maßstabsveränderungen) finden sich in (110), Seite 122; (120), Seite 254ff; (101), Seite 28ff, (114-1) seite 6, 76, 72, (117). Derartige Interpretationen könnten sich auch in alternativen, physikalisch äquivalenten Relativitätstheorien wiederfinden.

(110) Einstein, A.: Die Grundlage der allgemeinen Relativitätstheorie. Ann. d. Phys. 49, (1916) in: (9). (Seite 122) Kap. 9., 10., 11.6
(111) Berry, M.: Kosmologie und Gravitation. Stuttgart: B. G.. Teubner 1960, (Seite 98,140,142ff,149) Kap. 9., 11.2, 11.3, 11.7, 14.7, 14.8.2
(112) Born, M.: Die Gravitationstheorie Einsteins. 4. Aufl. Berlin, Heidelberg, New York: Springer Verlag 1964 Kap. 9., 14.7
(113) Falk,G.; Ruppel, W.: Mechanik Relativität Gravitation. Berlin, Heidelberg, New York: Springer-Verlag 1983 Kap. 7.6.1, 7.6.7, 9., 14.7 (Seite 319)
(114) Fließbach, T.: Allgemeine Relativitätstheorie. Mannheim, Wien, Zürich: BI Wissenschaftsverlag 1990, (Seite 153, 191) Kap. 9., 11.2, 14.7, 14.8.3
(114-1) Audretsch, J.: Gravitationstheorie in flacher Raum-Zeit. in: Audretsch, J.; Mainzer, K. (Hrsg.): Philosophie und Physik der Raum-Zeit. Grundlagen der Exakten Naturwissenschaften, Bd. 7. Mannheim, Wien, Zürich: BI Wissenschaftsverlag 1988 (Seite 76) Kap. 11
(115) Martin,J. L.: General Relativity. Chichester: Ellis Horwood 1988 Kap. 9., 14.7
(116) Stephani, H.: Allgemeine Relativitätstheorie. 4. Aufl. Berlin: Deutscher Verlag der Wissenschaften 1991, (Seite 198, 222, 240f, 248) Kap. 9.,11.7, 11.9, 12., 14.1, 14.3, 14.7, 14.8.3
(117) Sexl, R. U.; Urbandtke, H. K.: Gravitation und Kosmologie. Mannheim, Wien, Zürich: BI Wissenschaftsverlag 1990 Kap. 9., 14.7, 5.4 (Seite 328)
(118) Straumann, N.: General Relativity and Relativistic Astrophysics. Berlin, Heidelberg, New York: Springer-Verlag 1984 Kap. 9., 14.7
(119) Weinberg, S.: Gravitation and Cosmology. New York: John Wiley u. Sons 1972 Kap. 9., 14.7
(120) H. Weyl, Raum, Zeit, Materie. Berlin: Springer-Verlag 1920, (Seite 254f, 257) Kap. 9., 10., 11.6, 11.8, 14.7
(121) Misner, Ch. W.; Thorne, K. S.; Wheeler, J. A.: Gravitation. San Francisco: W. H. Freeman u. Co. 1973. (Seite 738) Kap. 9.,11.3, 12., 13.3, 14.7
(122) Jammer,M.: Das Problem des Raumes. Darmstadt: Wissenschaftliche Buchgesellschaft 1960. (Seite 182f, 203) Kap. 8.1, 12.
(123) Einstein, A.: Kosmologische Betrachtungen zur allgemeinen Relativitätstheorie. Sitzungsberichte d. Preussischen Akademie d. Wissenschaften 1919. In: (9) Kap. 11.7, 12.
(125) Eisenstaedt, J. (Hrsg.): Studies in the history of general relativity - (Einstein studies, Bd. 3). Basel, Berlin, Stuttgart: Birkhäuser 1992, (Bd.3 Seite 286, Bd.1 Seite 218) Kap. 11.1, 12.
(126) Oberhummer, H.: Kerne und Sterne. Leipzig, Berlin, Heidelberg: Johann

Ambrosius Barth 1991, (Seite 85) Kap. 14.3, 14.6
(127) Unsöld, A.; Baschek, B.: Der neue Kosmos. 5. Aufl. Berlin, Heidelberg, New York: Springer Verlag 1984, (Seite 382) Kap. 14.6
(128-1) Liebscher, D. E.: Kosmologie. Einführung für Studierende der Astronomie, Physik und Mathematik. Leipzig: Heidelberg: Johann Ambrosius Barth 1994 (Seite 158, 215) Kap. 8.7

Differentialgeometrie: (130) - (132)
(Zur Vertiefung des mathematischen Begriffs des gekrümmten Raumes)

(130) Laugwitz, D.: Differentialgeometrie. 3. Aufl. Stuttgart: B. G. Teubner 1977, (Seite 116) Kap. 13.2, 14.8.1
(131) Lipschutz, M. M.: Differentialgeometrie. 2. Aufl. Düsseldorf: McGraw-Hill 1980, (Seite 242) Kap. 13.2
(132) Schöne, N.: Differentialgeometrie. Thun, Frankfurt am Main: Verlag Harri Deutsch 1978, (Seite 51) Kap. 13.2

Nichteuklidische Geometrie: (89), (140) - (146)
(Zur Darstellung nichteuklidischer Geometrien in der euklidischen Ebene, sowie von Projektionen nicht-euklidischer Räume)

(140) Efimov, N. W.: Höhere Geometrie. Berlin: Deutscher Verlag der Wissenschaften 1960, (Seite 160, 516) Kap. 13.6
(141) Greenberg, M. J.: Euclidean and Non-Euclidean Geometries. 2. ed. San Francisco: W. H. Freeman u. Co. 1980, (Seite 327) Kap. 13.6
(142) Meschowski, H.: Nichteuklidische Geometrie. 2. Aufl. Braunschweig, Wiesbaden: Friedr. Vieweg u. Sohn 1961 Kap. 13.6
(143) Meschkowski, H.; Laugwitz, D. (Hrsg.): Meyers Handbuch über die Mathematik: Mannheim, Wien, Zürich: BI Allgemeiner Verlag 1967 Kap. 13.6
(144) Schreiber, P.: Grundlagen der konstruktiven Geometrie. Berlin: Deutscher Verlag der Wissenschaften 1984, (Seite 134) Kap. 13.6
(145) Trudeau, R. J.: The Non-Euclidean Revolution. Basel, Berlin, Stuttgart: Birkhäuser 1987, (Seite 237) Kap. 13.5, 13.6
(146) Yaglom, I. M.: A Simple Non-Euclidean Geometry and Its Physical Basis. Berlin, Heidelberg, New York: Springer-Verlag 1979 Kap. 13.6

15.5 Stichwortverzeichnis

Soweit es besser paßt, werden mit den Seitenzahlen oder an ihrer Stelle das Kapitel, die Abbildung oder die Formel genannt. Manche Begriffe (Geometer) sind nur deshalb aufgeführt, weil sie Kennzeichen einer Textstelle oder Idee sein können. Zusammengeschriebene Begriffe (Deckelparadoxie) werden alphabetisch, zusammengehörige Begriffe (Woodsche Paradoxie) werden unter dem Oberbegriff (Paradoxie) eingeordnet, es sei denn, er ist zu unspezifisch (globale Eigenschaft unter global).

Die Zitatstellen der Autorennamen befinden sich im Literaturverzeichnis, so daß auf ein Namensverzeichnis verzichtet werden konnte.

G:: Glossar - Kap. 15.3; K: Konstanten - Kap. 15.2; L: Literaturverzeichnis - Kap. 15.4

Abstand s. a. Metrik Ebene Abb. 11.7 Kugelkoordinaten Abb. 13.4, (13.7) Raum (8.4), (11.1), (11.3), (11.37) vierdimensionaler (6.1), (8.6), (8.30), (11.2), (11.4) Zylinder (13.11)
Abstände Kap. 6.1
Additionstheorem (2.13), 24, 66, 69
Andromedanebel 252
anisotrop 261
Antinomie, antinomisch G, 95, 109, 115, 128ff, 135, 138, 140
Aphel 197
Äther Kap. 8.7, L: (90-1ff)
Äthertheorie v. Einstein 178 L:(90-1f)

Beobachtungen im Universum Kap. 14.6
Berührkreis 229
Beschleunigungseinwand 117
Beschleunigungsfeld 135

Beschleunigungsspannung Kap. 6.3, 264
Bezugssytem s. Koordinatensystem
Birkhoff-Theorem 224,
Breitenkreis Abb. 13.6, 228,

Deckelparadoxie Kap. 7.4, Abb. 7.3, 7.4
Dichtefluktuation 264
Differentialgeometrie 229
Dimension 142ff, 155, 257, 270, G, Kap. 8.1, Abb. 8.1
Drehwinkel 101,
drei-plus-eins-dimensional s. Raum

Ehrenfest-Paradoxie 90, 94, 264, Kap. 7.5, L: (62)-(67), Abb. 7.5ff, Anwendung ... 219, 264
Eigenzeit, Eigenzeitintervall: 209f, 212f, 220f, 255, 261, G, Kap. 7.6, 239 ... frei fallender Teilchen

(7.92)
Ein-Weg-Lichtgeschwindigkeit 23, 42, 49f, 69 G Messung L: (50)-(55), (46), Kap. 5.2
Einstein-Konvention der Uhrensynchronisation G, Kap. 2.3, 52, 66, 115, 132
Einsteinsche Interpretation s. relativistische Interpretation
Einwand von Weyl Kap. 11.8
Elementarteilchen 28, 38, 41, 65ff, 150,
Ellipsoid 168
Empfindung 149f
Energieerhaltungsätze Kap. 2.5
Expansion d. Weltalls 198, 249, 264, 266f, 271ff

Fallinie 207f
Feld G
Feldstärke, elektrische, magnetische 181f, 184, 186
Fernwirkung 180
Fläche, gekrümmte Kap. 13.6, Abb. 13.3, 13.9, 13.10
Fluchtgeschwindigkeit 262
Flugreise Abb. 3.1
Friedmann-Kosmos G, Kap. 14
Funktion m(v) Abb. 2.3

Galaxie Kap. 14
Galaxienverteilung Abb. 14.3
Galilei-Raum , -Geometrie 159
Galilei-Transformation G, Kap. 2.2, 8.3, Abb. 8.3, (2.6)
Garage-Auto-Paradoxie Kap. 7.2, Abb. 7.1
Gaswolke 265
Gedankenexperiment 114f, 120, 131, 136, 211 Elementarteilchen Kap. 5.2, Abb. 5.1 Ein-Weg-Lichtgeschwindigkeit Kap. 5.3, Abb. 5.2 Einsteinsches ... zur Lorentz-kontraktion Abb. 6.1 Torus Abb. 11.12
Gegenstand 112, 143, 145, 149, 222
Geometer Abb. 13.9
Geometrie
elliptische Kap. 13.6, 197, 245f, 255, 268f, 272f, hyperbolische Abb. 13.11, 13.12 euklidische Abb. 13.12 nichteuklidische G, L: (89), (140)-(146) sphärische Kap. 13.2, 13.3
Geschwindigkeitsaddition, vektoriell Abb. 3.4
Gleichzeitigkeit Abb. 8.6
globale Eigenschaften 245, 268f
Gravitationsdruck 272,
Gravitationsfeld G, Kap. 11, 14
Gravitationsgesetz, Newtonsches G, Kap. 14.8.2
Gravitationskollaps 221, 272 von Sternen G, Kap. 14.8.3
Gravitationskonstante K
Gravitationskraft 195, 261, 264
Gravitationstheorie Newtonsche s. Gravitatonsgesetz
Grenzfall, Newtonscher 178f, 196f, 224, 270,
Großkreis 191, 208, 229, 232, 246

Häfele-Keaton 38,
Hintergrundstrahlung 177, 263ff
Hohlzylinder 90f
Homogenität des Weltalls 61, 252, 261, 263f,
Hookesche Gesetz Kap. 7.5, 112

Hubble-Gesetz Abb. 14.5, (14.6)
Hubble-Konstante K

Impulserhaltungssätze Kap. 2.5
Induktionsgesetz 186
Inertialsystem G, Abb. 2.1, Kap. 2.2
... mit Lichtgeschwindigkeit Kap. 8.5
Inertialsystem, ausgezeichnetes G, physikalische Konsequenzen Kap. 8.7, L (91)-(93)
Inertialsystemforderung Kap. 7.6.6
Inflationäre Modell 264
Interferenz Kap. 3.4, 3.5
Interferometer-Experiment Abb. 3.3, 5.2
Interpretation,
  relativistisch und relativistisch-klassisch G+G, L: (40ff) Abb. 14.4 ... von physikalischen Grössen und Meßwerten Kap. 8.8 experimentelle Untersuchungen L: (57-1ff) Vergleich der Interpretationen Kap. 8.9 Längenmessungen Kap. 6.2 relativistisch-klassische Interpretation (Maßstabsveränderungen) L: (110), (120) (101), der Lorentz-Transformationen Kap. 4.4 der Robertson-Walker-Metrik Kap. 14.5 des endlichen kosmologischen Raumes Kap. 14.8 der Schwarzschild-Metrik Kap. 11.6
Invarianz 82, 157,
Isometrie-Problem 207
Isotropie 61, 252, 264
Ives-Stilwell 44, 48, 51

Kanalstrahlen 39

Kennedy-Thorndike 42ff, 47f, 51 Kap. 3.5, Abb. 3.3
Kernbrennstoff 221, 272
Kernfusion 272
Koordinaten, isotrope Abb. 11.11
Koordinaten, mitbewegte Abb. 14.2
Koordinatensystem s.a. Inertialsystem Kugelfläche Abb. 13.6 dreidimensionale Kugelfläche S3 Abb. 13.8
Koordinatensystem, Gaußsches 195, 207, G Kugelfläche Kap. 13.4; ... für zentralsymmetrische Gravitationsfelder Kap. 11.5
Koordinatensystem, mitbewegtes Kap. 14.3
Koordinatenzeit 138, 213, 220f, 254f, 261
Kosmologie G, Kap. 14.
Kosmos s. Weltall
Kovarianz 218
Körper im physikalischen Raum Kap. 8.6 kreisförmig beschleunigte Kap. 6.4, (6.20) linear beschleunigte Kap. 6.3, (6.12)
Kraftbegriff 180,
Kreisring 90ff, 93, 112, Abb. 6.3, 6.4
Kreisscheibe 107, 109, 111f, 229, 242f, 246
Kreisumfang (13.3)-(13.5)
Krümmung 201, 210f, 215, 222ff, 263 äußere 219, 229, 235, 245, 268, Abb. 13.10 innere 205, 219, 224f, Abb. 13.2
Kugel als Körper Abb. 8.5
Kugelflächen zweidimensionale Kap. 13.2, (13.13), (13.16) dreidimensionale Kap. 13.3, (13.14) Koordinatensystem für dreidimensiona-

le Kugelfläche Kap. 13.4
Kugelgeometrie s. Geometrie, sphärische
Kugelkoordinaten Abb. 11.5, 13.1, 13.4, (13.2)

Laser Kap. 5.3
Laufzeit 197f, 215
Laufzeitverzögerung Abb. 11.4
Längen Kap. 6.1
Längenkontraktion G, Kap. 4.2, (2.11) Nachweis der ... Kap. 3.5
Längenkreis Abb. 13.6, 13.7
Längenparadoxien: L: (60). (61)
Lebensdauer 28, 38, 65f, Abb 5.1
Lichtbahn Abb. 11.1
Lichtgeschwindigkeit K, (13.31), (13.32) Konstanz der ... Kap. 3.4
Lichtjahr K
Lichtkrümmung 209, 223, Abb. 11.1
Loch, schwarzes 158, 221, 272,
lokale Eigenschaften 268
Lorentz-Interpretation s. relativistisch-klassische Interpretation
Lorentz-Kontraktion Realität der ... L: (80)-(84) Lorentz-Kontraktion von Längen und Abständen Abb. 6.2 Einsteins Gedankenexperiment Abb. 6.1 ... eines geschlossenen und segmentierten Kreisringes Abb. 6.3
Lorentz-Transformationen G, Kap. 2.2, (2.1)-(2.3) Diagramm Abb. 8.2 Grenzwert Abb. 8.4 Herleitung auf der Basis einer relativistisch-klassischen Interpretation: L: (40)-(47) auf der Basis einer relativistischen Interpretation: L: (30), (31), (33)-(36) Herleitung

der ... Kap. 4 Schlußfolgerungen aus ... Kap. 2.4
Lot 17, 42, 146, 257 241f
Luftballon 253, 256f, 262f, Abb. 14.2
Lücke (6.26)

Machsche These Kap. 8.7
Masse Abhängigkeit von der Geschwindigkeit Kap. 3.3, (2.30)
Massenerhaltungsätze Kap. 2.5, (2.31)
Maßstabsmodell, -veränderungen, -verzerrung s. Interpretation
Materie dunkle 253, 267 G
Metrik G, 184 Deutung als Maßstabsverzerrung Kap. 13.5 hyperbolische Geometrie (13.30)
Michelson-Morley 42ff, 46, 48, 51, 185 Kap. 3.5, Abb. 3.3
Mikrowellen s. Hintergrundstrahlung
Milchstraßensystem 252,
Minkowski-Diagramm Abb. 8.2
Minkowski-Raum: s. Raum-Zeit-Kontinuum, vierdimensionales
Mittelpunktsebene 205, 297f
Modell, Poincaré'sche G, Abb. 13.12
Myonen 28

Näherungsfunktionen Abb. 2.3
Neutronenstern 169, 272
Newtonsche Näherung s. Grenzfall
Newtonscher Raum Kap. 8.7

Objekte, geometrische in mathematischen Räumen Kap. 8.6

Parabel 204f, 207 Abb. 11.8-11.9
Paradoxie G, Kap. 7 Woodsche Kap.

7.3, Abb. 7.2
parallel 18, 89, 205, 237, 239, 246,
Parallelenaxiom Kap. 13.6
Periheldrehung 196f, 215
Phasendifferenz 69, 71
Phänomenologie, phänomenologisch: G, 148, 237
philosophisch-grundlagenwissenschaftliche Überlegungen Kap. 8.
Planetenbahn Abb. 11.2, 196f,
Polarisation des Vakuums 177
Postulat, erstes s. Relativitätsprinzip
Postulat, zweites s. Prinzip der Konstanz der Lichtgeschwindigkeit
Prinzip der Konstanz der Lichtgeschwindigkeit G, Kap. 4.5, (2.7)-(2.8), Abb. 5.2
Prinzip, kosmologisches G, Kap. 14.3, Abb. 14.1, 14.4
Projektion 144, 235, 256, 259
Projektion von Kugelfläche (13.20), (13.21) stereografische 259
Protophysik Kap. 4.4
pseudoeuklidischen 155
pseudoriemannschen 191
Pseudosphäre 246, Abb. 13.11
Pythagoras 46, 228,

Quasare 265, Abb. 14.8

Rad, rollendes Abb. 6.4
Radarsignal Abb. 11.3-11.4, 197,
Rakete Abb. 6.2, 11.9, 14.4,
Rand des Universums 256f, 264, 269f,
Raum G s. a. Fläche, Geometrie
  leere 177ff der leere, materiefreie
  ... der allgemeinen Relativitätstheorie Kap. 12. eindimensional
  Kap. 8.1 drei-plus-eins-dimensional Kap. 8.1 147f, 151, 153, 161
  endlicher Kap. 14.4 endlicher gekrümmter ... aus Sicht der Schwarzschild-Metrik Kap. 14.2
  flacher fünfdimensional 145 gekrümmter ... der Mathematik Kap. 13. Raum, gekrümmter 142, 145, 178, Kap. 14.8 Raum, gekrümmter Differentialgeometrie: L: (130)-(132) mehrdimensional Kap. 8.1 unendlicher hyperbolischer Kap. 14.7
Raum-Zeit-Intervall 184 (8.30)
Raum-Zeit-Kontinuum, vierdimensionales G, Kap. 8.3 philosophisches Argument zum ... Kap. 8.2 Alternative Interpretation des ... Kap. 8.4
Raum-Zeit-Theorie von Mittelstaedt, ... von Treder, ... von Sexl Kap. 5.4 Abb. 5.4
Raumzeit s. a. Raum, Geometrie G
speziell-relativistische Raumzeit-Thesen Kap. 10
Relativgeschwindigkeit 17, 23
Relativität der Gleichzeitigkeit Kap. 2.3
Relativitätsprinzip 15, 36, 43, 59ff, 65f, 74ff, 83, 85, 95, 109, 129, 161, 174, 176, 178f, 182ff, 186ff, 191, 218, G, Kap. 4.5, 5.4
Relativitätstheorie, allgemeine G, allgemein verständlich: L: (100)-(102) Einführungen und Lehrbücher: L: (110)-(121)
Relativitätstheorie, spezielle G. Einführungen: L (1)-(6), sowie (10) Lehrbücher L (11)- (13) Experi-

mentelle Bestätigungen der ... Kap. 3, L (20)-(29)
Resultierende 45
Revisionsschacht 101
Reziprozitätsprinzip Kap. 4.3
Ring, rotierender Abb. 6.3, 6.4
Robertson-Walker-Metrik G, Kap. 14.4, 14.8.3, Abb. 14.4 (14.1), (14.3), (14.5)
Rotationsfläche Abb. 11.8, 14.4
Rotverschiebung 207f, 262f, 265, 269,
Röntgenstrahlung 265
Ruhemasse, Ruhelänge G, 79, 81, 83, 85ff, 92, 97, 112, 182

Saphiro-Effekt 215,
Sattelfläche 231, Abb. 14.3
schwarzes Loch s. Loch
Schwarzschild-Metrik G, Kap. 11, (11.6) experimentelle Beweise der ... Kap. 11.2 , 11.7 Grundlagen Kap. 11.3 Geometrisches Modell der ... Kap. 11.4, (11.19), (11.20) ... in anderen Koordinaten Kap. 11.8, (11.36) Winkel Φ Abb. 11.10 Singularität der ... Kap. 11.9
Schwerefeld: s. Gravitationsfeld
Senkrechte s. Lot
Singularität Kap. 11.9
Sonne Masse K Radius K
Spannungskräfte 85, 89, 109ff, Kap. 6.2, 6.3, 7.5
Sphäre s. Geometrie, Kugelfläche
Staubmodell 264, 266, 272
Sternkollaps 272
Stoß, ideal unelastische Abb. 2.2
Superhaufen 252

Synchronisation mitbewegtes Koordinatensstem Kap, 14.3
Synchronisationseffekt Kap. 7.6.6
Synchronisationsvorschrift s. Einstein-Konvention

Tensor 183f, 186, 222
These, Poincaré'sche G, Kap. 12.
Torus Abb. 11.12
Traktrix Abb. 13.11
Triangulation 222

Uhr in Gravitationsfeld Abb. 11.5, (11.29)
Uhrenparadoxie s. Zwillingsparadoxie
Uhrensynchronisation s. Einstein-Konvention
Universum s. Weltall
Urknall G, Kap. 14.8.2

Variationsrechnung 215,
Venus 196f, 215, Abb. 11.3
Vergangenheit kausale, nicht kausale Kap. 8.6.2
Verzögerungsparameter K
Vierergeschwindigkeit 186
Viererimpuls 186
Vierervektor 183f, 186,

Wahrnehmung 150, 153
Weltall Blick ins ... Abb.14.6 endliches, abgeschlossenes Kap. 14. unendliches euklidisches und unendliches hyperbolisches Kap. 14.7 Radius R(t) Abb. 14.7 Weltall Konstanten: Zeit, Dichte, maximale Ausdehnung, heutige Ausdehnung, heutige Dichte, heutiges Volumen, Gesamtmasse K

Weltpunkt 153, 159
wesenspsychologischen 149
Winkelfunktion, hyperbolische (13.30), (14.1)
Wirklichkeitsbegriff 188
Woodsche Paradoxie s. Paradoxie

Zahlenbeispiel 13, 18ff, 24, 26, 28f, 128, 133, 151, 157, 202f, 228, 232, 238, 241, 243,
Zeitdilatation, Zeitdehnung: G, Kap. 4.2, 5.4 (2.12) experimenteller Nachweis Kap. 3.2 in allgemeiner Relativitätstheorie: s. Uhr in Gravitationsfeld
zentralsymmetrisch s. Schwarzschild-Metrik
Zentrifugalkraft 41, 90f, 93, 108f Kap. 6.4, 7.5
Zukunft, kausale, nicht kausale Kap. 8.6.2
Zwei-Weg-Lichtgeschwindigkeit 23. 43
Zwillingsparadoxie Kap. 7.6, Abb. 7.5-7.9, L (72)-(76) allgemein relativistische Lösung Kap. 7.6.7 Eigenzeiten Kap. 7.6.2 -7.6.4 Widersprüchliche Folgerungen und Eliminierung Kap. 7.6.5
Zylinderfläche 108, 166, Abb. 13.10
Zylinderkoordinaten Abb. 13.5, (6.1)

Thema: Interpretationen der Relativitätstheorie

Anregungen und / oder Kritik bitte an den Autor:

Jürgen Brandes
Danziger Str. 65
76307 Karlsbad
Tel.: 07202/8878

Wie in der ersten Auflage angekündigt wurde, ist geplant, Beiträge zu beiden Interpretationen im VRI-Verlag, möglichst als Fortsetzungsband zu diesem Buch, zu veröffentlichen. Damit soll eine von besonderen fachlichen Anforderungen unabhängige, interdisziplinäre Diskussion dieser philosophischen Thesen ermöglicht werden. Weitere Informationen beim Verlag oder Autor.

Für Käufer der ersten Auflage, und gleichzeitig als kurze, fachliche Einführung in das Thema, wird ab Oktober lieferbar sein:
J. Brandes:
Die relativistischen Paradoxien und Thesen zu Raum und Zeit: Ergänzungen zur Erstauflage
ca. 30 Seiten   ISBN 3-930879-02-6

Bestellung und Lieferung über den Buchhandel.